Dynamic Characteristics of Saturated Soft Clay and
Its Engineering Application

饱和软黏土动力特性及工程应用

蔡袁强　郭　林　著

科学出版社

北　京

内 容 简 介

本书是一部系统研究饱和软黏土在动荷载作用下力学响应规律及其工程实践应用的学术专著。本书基于作者团队十余年的研究成果,结合理论分析、试验研究与工程实践,全面揭示了饱和软黏土在小应变至大应变范围内的动力特性演化机理,提出了创新的动强度准则与本构模型,并构建了从试验参数获取到工程应用的全链条解决方案,为软土工程长期变形预测和控制提供了重要的理论支撑和技术指导。

本书适合岩土工程、地质工程、土木工程等领域的研究人员、工程师及高校师生阅读,既可作为动力土力学理论研究的参考书目,也可为软土地基工程的设计与施工提供技术指南。

图书在版编目(CIP)数据

饱和软黏土动力特性及工程应用 / 蔡袁强,郭林著. — 北京:科学出版社,2025.6. — ISBN 978-7-03-081675-7

Ⅰ. TU43

中国国家版本馆 CIP 数据核字第 2025PP9114 号

责任编辑:赵敬伟 杨 探 / 责任校对:彭珍珍
责任印制:张 伟 / 封面设计:无极书装

科 学 出 版 社 出版
北京东黄城根北街 16 号
邮政编码:100717
http://www.sciencep.com

北京九州迅驰传媒文化有限公司印刷
科学出版社发行 各地新华书店经销
*
2025 年 6 月第 一 版 开本:720×1000 1/16
2025 年 6 月第一次印刷 印张:17 1/2
字数:352 000
定价:168.00 元
(如有印装质量问题,我社负责调换)

PREFACE 前 言

随着我国基础设施建设的快速发展，沿海沿江地区、软土地基区域的大规模工程开发日益增多。饱和软黏土作为一种广泛分布且力学特性复杂的典型软弱土体，其动力特性直接影响着地震、波浪、交通循环荷载等动载作用下地基的稳定性与工程安全。然而，受土体各向异性、主应力方向旋转、小应变累积效应等复杂因素的影响，饱和软黏土的动力响应机理尚未被充分揭示。本书基于作者团队十余年的研究成果，系统梳理了饱和软黏土动力特性的理论体系与试验方法，并结合作者参与的典型工程案例，为相关领域的研究与实践提供科学参考。

本书共八章，内容层层递进，兼顾理论深度与工程实用性。第1章（由蔡袁强、郭林撰写）从岩土动力学的学科背景出发，阐述了饱和软黏土动力特性研究的工程意义与科学挑战，梳理了国内外研究现状与发展趋势。第2章（由董全杨、孙奇撰写）聚焦小应变范围内土体的动力特性。第3章至第6章通过对比单剪（由蔡袁强、金宏旭撰写）、三轴（由郭林、谷川撰写）、真三轴（由蔡袁强、谷川撰写）、空心圆柱系统（由郭林、伍婷玉撰写）等多类型试验手段，系统分析了不同应力路径、排水条件、主应力轴旋转条件下饱和软黏土的动强度、变形与孔隙水压力演化规律。第7章（由史旻撰写）基于上述试验成果，提出了融合各向异性与主应力方向效应的动强度准则，构建了适用于工程动力分析的弹塑性本构理论框架。第8章（由蔡袁强、郭林撰写）结合实际案例，详细阐述了理论模型在长期变形预测与控制中的应用方法。

团队成员王军教授、王鹏教授等在理论推导与工程验证环节作出了重要贡献，在此一并致谢。特别感谢国内外同行专家在专著框架设计阶段提出的宝贵建议。

限于作者水平，书中难免存在疏漏与不足之处，恳请读者不吝指正，以期在后续修订中不断完善。

CONTENTS 目录

1.1 饱和软黏土基本概念

软黏土是软弱黏性土的简称，是指天然含水率大，具有压缩性高、强度低等特征的黏质土，通常呈软塑到流塑状态，包括淤泥、淤泥质黏土、淤泥质亚黏土等。软黏土形成于第四纪晚期，多为海相、河相和湖相沉积物。

国外研究的比较广泛的典型软黏土包括挪威的 Drammen 黏土、英国的 Bothkennar 黏土、墨西哥城软黏土、美国的 Boston 蓝黏土以及日本的 Ariake 黏土等。软黏土在我国分布广泛，在滨海平原、河口三角洲、湖盆地周围、山间谷地均有分布，对于沿海地区，海相软黏土广泛分布，自天津-上海-杭州-宁波-温州-福州-厦门，软黏土的含水量越来越大，压缩性越来越高，强度越来越低，总体呈现出"北强南弱"的特点。由于颗粒成分、沉积环境、地质历史等的影响，我国的软黏土表现出明显的地域性特征，即不同地域的软黏土表现出很大的差异。我国东南沿海各地区地下水位普遍较高，软黏土中水分含量多达到饱和状态。饱和软黏土的含水量较高、渗透性差、压缩性大、强度低，力学特性十分复杂，受到应力强度、应力历史和应力路径等因素的影响，具有明显的结构性和各向异性。

1.2 饱和软黏土动力特性研究内容

饱和软黏土动力特性的研究内容十分丰富，主要包括动力特性影响因素、循环软化与动强度、变形与动孔压、临界动应力水平四方面内容。

1.2.1 动力特性影响因素

循环荷载作用下黏性土性状的影响因素包括试验方式（循环三轴、循环扭剪、循环单剪、共振柱试验）、试样因素（土的类型、物理性质、结构）、试验方法（应力控制、应变控制）和条件（固结状态、围压大小）及荷载因素（加载波形、振动频率、振幅和振次、初始剪应力）等方面，陈颖平（2007）和王军（2007）等对该问题已有详细介绍，以下主要分析目前研究较少、与交通荷载作用密切相关的几个因素，包括振动频率、排水条件及间歇性振动等。

1. 振动频率

振动频率是指周期振动的频率或不规则振动的主频。针对不同的交通荷载形式（高速公路、高速铁路或机场跑道），其交通工具对应的振动频率往往不同，一般认为交通荷载作用下的振动频率范围在 0.1～10 Hz 之间（Chazallon et al., 2006）。

Matsui 等（1980）采用 0.02～0.5 Hz 的频率对 I_p=55 的 Senri 黏土进行了应力控制式的三轴循环剪切试验，结果表明对于给定的循环次数而言，低频荷载产生较高的孔隙水压力和轴向应变。周建等（2000）、潘林有和王军（2007）、张茹等（2006）通过动三轴试验得到了类似的结论。然而，Yasuhara 等（1982）采用频率 0.1～10 Hz 对 Ariake 黏土（I_p=58）进行了应力控制式试验，但结论是频率越高，孔压越大，得到了相反的结论。

由此可见，振动频率对饱和软黏土动力特性的影响还未取得一致的结论，这可能是由于试验方法、试验仪器、频率范围、动应力大小、土的黏滞特性等因素的不同引起的。

2. 排水条件

目前循环荷载作用下饱和软黏土动力特性的研究大都针对地震荷载或强风暴荷载，由于循环次数偏少（<1000 次），考虑到软黏土的渗透系数很小，试验多在不排水条件下进行。但是由于地基软土要经受经年累月的长期循环作用，严格来说，完全不排水条件是不成立的，路基土在长期循环荷载作用下应该是处于半排水或者说部分排水状态。

Seed（1975）首次利用太沙基（Terzaghi）固结理论结合不排水条件下产生的孔隙水压力分析了砂土液化所引起的沉降。采用同样的方法，Hyodo 等（1989）针对部分排水条件下的软土动力特性进行了早期的研究，并提出了计算部分排水条件下路基软土沉降的模型。Sakai 等（2003）通过对 Ariake 软黏土进行一系列不排水和排水条件下的循环三轴试验，基于试验结果提出了计算部分排水条件下软土应变的数值计算方法，并成功将其应用到低路堤工程中。国内蒋军（2002）曾利用 HX-100 多功能三轴系统对循环荷载作用下土的排水性状进行试验研究。黄博等（2011）利用 GDS（global digital system）动三轴仪模拟高速列车荷载时加荷模式、排水条件、加荷次数等因素对试验结果的影响，建议可采用半正弦波在排水条件下进行动力试验模拟高速列车荷载。

相比不排水条件而言，目前针对饱和软黏土进行的部分排水条件下的循环荷载试验还十分少见。未见有文章系统分析排水条件对长期循环荷载作用下饱和软黏土的孔压发展、回弹应变及累积应变的影响。

3. 间歇性振动

实际上，交通工程中循环荷载作用并不是每个时刻均匀分布的，而是在某个时间段比较集中，其他时间又可能相对较少，即土体承受一段时间的循环振动后，有一段时间的停振，然后继续承受循环振动。白冰等（2002）研究了不同冲击遍数情形下土体的孔压和变形规律，指出每遍冲击再固结后，土体抵抗外部动荷载的能力有所提高。王淑云等（2009）研究了粉质黏土周期荷载后的不排水强度衰化特性。Yildirim 和 Erşan（2007）设计了连续振动停振试验（即振动 60min 后，允许土样孔压有 60min 的消散时间），分析了土样在不同阶段的孔压和应变发展规律，该试验假定土样在循环荷载下是不排水的，在振动后的静止段则可以排水，而实际上土体的排水条件不管在振动时还是在停振期应该始终是相同的。

因此，有必要通过间歇性的分阶段循环加载试验分析循环振动后土体动力特性的变化，以及再次承受循环荷载时土体的孔压和应变发展规律。

1.2.2 循环软化与动强度

1. 循环软化

饱和软黏土在循环荷载作用下会发生软化，主要基于以下三个原因（周建等，2000）：①渗透系数很低，循环荷载作用下饱和软黏土中产生的孔压来不及消散，孔压的累积使得软黏土有效应力降低，导致土体软化；②循环荷载作用下主应力方向连续旋转，大主应力方向的不断改变引起土体结构重塑，导致土体软化；③当循环应力水平较高时，循环应力会对土体原有结构产生影响，导致土体软化。

Idriss 等（1978）较早地研究了循环荷载作用下饱和软黏土的软化特性，提出了软化指数的概念：

$$\delta = \frac{G_{sN}}{G_{s1}} = \frac{\dfrac{\tau_{cN}}{\gamma_c}}{\dfrac{\tau_{c1}}{\gamma_c}} = \frac{\tau_{cN}}{\tau_{c1}} \tag{1.1}$$

通过引入软化参数 t 建立了软化指数与循环次数之间的关系式：

$$t = -\frac{\log\delta}{\log N} \quad 或 \quad \delta = N^{-t} \tag{1.2}$$

Vucetic 和 Dobry（1988）探讨了超固结比及塑性指数对土体软化的影响。Matasovic 和 Vucetic（1992，1995）通过进一步的研究建立了软化参数 t 与循环剪应变之间的关系，通过 t 的变化揭示了土体的软化特性。要明伦和聂栓林（1994）对软化参数 t 进行了修正，解决了当循环次数无限大时模量软化为零的问题。Zhou 和 Gong（2001）对杭州原状饱和软黏土进行了一系列应力控制动三轴试验，建立了考虑循环应力比、超固结比、频率等因素影响的软化指数模型：

$$\delta = \{[(0.002OCR^2 - 0.004OCR - 0.017)\ln(OCR)$$
$$+ [-0.162(r_c - r_t) - 0.0278]\}\left(\frac{1}{f}\right)^{0.21}\ln N + 1.00 \tag{1.3}$$

2. 动强度

作用在土上的动应力如能够引起土在破坏意义上的动应变或土在极限平衡条件下的动孔压，则这个动应力即相当于土的动强度。或者说，动强度是在一定动荷载往返作用次数 N 下土满足某一破坏标准所需的动应力。显然，破坏标准不同，相应的动强度也就不同。因此，合理地制定破坏标准是讨论土动强度问题的前提。目前，对于饱和软黏土的不排水试验，破坏标准主要有 3 种：应变标准（变形达到某一指定破坏应变）、孔压标准（动孔隙水压力达到某种发展程度）以及屈服标准（动荷载作用过程中变形开始急速转陡）。

孔压标准主要用于判断砂土的液化，目前也有一些研究利用残余孔压作为软黏土的破坏标准（Yasuhara et al.，1992，2003），但对于饱和软黏土而言，由于循环过程中孔压存在滞后现象，因此采用孔压作为破坏标准的准确性值得商榷。目前饱和软黏土中应用最广泛的破坏标准还是应变标准，将双幅或单幅应变达到某一量值时对应的循环次数定义为循环破坏，常见的破坏应变有 3%、5%、10% 或者 15%（Andersen et al.，1980；Hyodo et al.，1994；Li et al.，2006）。陈颖平（2007）则以 ε-$\log N$ 关系曲线出现转折点来作为软黏土破坏标准。

1.2.3 变形与动孔压

1. 变形特性

循环荷载加载方式分双向加载（two-way，循环拉压）和单向加载（one-way，循环压缩），对于交通荷载而言，单向加载更为符合。图 1.1 为单向循环加载下饱和软黏土试样的轴向应变发展和应力-应变关系图。可以看出，加载过程中产生的总应变在卸载过程中，一部分变形可以恢复，称为回弹应变，另一部分变形不可恢复，并且随着循环次数的增加不断累积，称为累积应变。

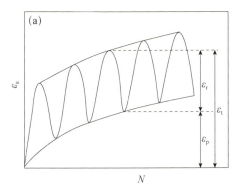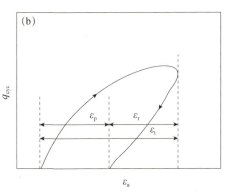

图 1.1　单向循环加载下饱和软黏土试样的轴向应变发展和应力-应变关系图

目前累积应变的计算方法主要有两种：弹塑性模型和经验方程。在土力学中，已有大量针对砂土或黏土的弹塑性模型提出，包括各向同性硬化模型（Dafalias，1982）、各向异性硬化模型（Mroz and Pietruszczak，1983；Bardet，1990）以及旋转随动硬化模型（Lade and Inel，1997；Hashiguchi and Chen，1998）。采用这些模型计算土体的累积变形时，要模拟每一次循环过程，当计算循环次数达十万、百万次时，计算量巨大，而且往往产生很大的误差（Chazallon et al.，2006）。因此，目前采用弹塑性模型计算大周数循环下的累积应变是不适用的。

相比而言，经验模型直接建立累积应变与循环次数之间的关系式，在计算大周数循环下的累积应变方面具有一定的优势。目前普遍采用的累积应变经验方程是由 Monismith 等（1975）提出的指数方程：

$$\varepsilon_p = AN^b \tag{1.4}$$

式中，ε_p 为累积应变，N 为循环次数，A 和 b 为模型参数。

Li 和 Selig（1996）经过进一步研究，提出了参数 A 的计算公式如下：

$$A = a\left(\frac{q_d}{q_f}\right)^m \tag{1.5}$$

式中，q_d 为交通荷载引起的动偏应力；q_f 为土体的静力破坏强度；a 和 m 为常数。模型参数 a、b 和 m 与土体的塑性指数有关。

考虑到初始静偏应力的影响，Chai 和 Miura（2002）对式（1.5）进行了修正，提出了一个改进的经验方程：

$$\varepsilon_p = a\left(\frac{q_d}{q_f}\right)^m\left(1+\frac{q_s}{q_f}\right)^n(N^b) \tag{1.6}$$

式中，q_s 为初始静偏应力；n 为常数。Chai 和 Miura（2002）提出了模型中各参数的计算方法，并利用该经验模型预测日本 Saga 机场中三个道路工程的沉降，效果良好。

此外，研究者针对不同地区的土性进行了试验研究，建立了不同类型的累积应变经验方程，如 Khedr（1985）、Paute 等（1996）、李进军等（2006）；王军等（2008）、陈颖平等（2008）、张勇等（2009）。

需要指出的是，目前针对饱和软黏土的试验研究，其循环次数往往不高（小于 5000 次），建立的经验方程预测长期累积应变的能力还需要大周数循环荷载试验检验。

2. 动孔压

在不排水条件下，土体在循环加载过程中会产生孔压的上升和累积。循环荷载作用下的孔隙水压力根据其成因和特点划分为应力孔压、结构孔压及传递孔压（张建民和谢定义，1993）。应力孔压是指因骨架产生的弹性体应变势所引起的可恢复的孔隙水压力，结构孔压是指因土骨架结构破坏所产生的塑性体应变势而引起的不可恢复的孔隙水压力，传递孔压是指因孔隙水渗流而引起土骨架体应变势变化所对应的孔隙水压力。目前已有很多学者提出了不同类型的循环荷载作用下孔压计算公式，如汪闻韶（1962）、Seed 等（1975）、Finn 和 Bnatia（1981）、徐志英和沈珠江（1981）。关于饱和软黏土，比较经典的孔压发展规律计算式有以下几种。

Yasuhara（1982）认为孔压与轴向应变之间存在双曲线关系，即

$$\Delta u = \frac{\varepsilon}{a + b\varepsilon} \tag{1.7}$$

Hyde 和 Ward（1985）通过对重塑粉质黏土进行应力控制下的低频循环加载试验，发现孔压发展速率是循环次数、应力水平及应力历史（超固结比）的函数，其表达式如下

$$\frac{\Delta u}{p'} = \frac{\alpha}{\beta + 1}(N^{\beta+1} - 1) + \alpha \tag{1.8}$$

式中，p' 为有效平均主应力；α, β 为常数。

Matasović 和 Vucetic（1995）考虑了循环荷载作用下土结构变化对孔压的影响，通过软化指数和软化参数建立了考虑超固结比的孔压计算式

$$u'_N = AN^{-3S(\gamma_c - \gamma_{tv})^r} + BN^{-2S(\gamma_c - \gamma_{tv})^r} + CN^{-S(\gamma_c - \gamma_{tv})^r} + D \tag{1.9}$$

式中，γ_c 为循环剪应变；γ_{tv} 为参考剪应变；A, B, C, D, S 为常数。

1.2.4 临界动应力水平

目前有关软黏土在循环荷载作用下的临界动应力水平主要有两个，即门槛循环应力比和临界循环应力比。

门槛循环应力比是指当动应力水平小于某一值时，软黏土在循环荷载下几乎不产生孔压的累积，也没有明显的残余应变，对应的动应力水平即为门槛循环应

力比。门槛循环应力比最早由 Matsui 等（1980）提出，他们通过应力控制的循环三轴试验发现了这一门槛现象并称为"循环剪应力较低的边界值"。Ohara 和 Matsuda（1988）通过对正常固结和超固结的高岭土进行应变控制单剪试验，发现正常固结和超固结土中都存在门槛循环应变。Vucetic（1994）通过试验研究对比分析了多种黏土与砂的门槛循环应变值。周建等（2000）、王军等（2007）也通过应力控制的三轴试验对杭州饱和软黏土进行了研究，得出其门槛循环应力比约为 0.02。Hsu 和 Vucetic（2006）利用挪威岩土工程研究所的循环单剪仪，分别确定了砂、黏土以及淤泥质黏土的门槛循环应变值。刘功勋等（2010）针对取自于长江口的海洋原状饱和软黏土，利用土工静力-动力液压三轴-扭转多功能剪切仪，通过应力控制试验分别研究了初始大主应力方向角、初始偏应力比、初始中主应力系数以及循环剪应力模式等因素对门槛循环应力比的影响。除应力控制外，更多的学者通过应变控制试验也证明了门槛值的存在。Ishihara 等应用塑性理论解释了门槛剪应变值的存在，认为门槛应变值在 $p\text{-}q$ 平面上代表一条相转换的射线。但相关的理论解释还处于初步阶段，需要进一步研究。

临界循环应力比是指当动应力水平高于一定值时，软黏土试样经过很少的循环次数后应变就开始迅速发展达到破坏，而当动应力水平低于该值时，试样则不会达到破坏，而是经过较大循环次数后逐渐稳定下来，对应的应力水平即为临界循环应力比。临界循环应力比的概念最早由 Larew 和 Leonards（1962）提出，后来的学者通过试验进一步证明了临界循环应力比的存在，如 Sangrey 等（1978）、Matsui 等（1980）、Ansal 等（1989）、周建等（2000）、王军（2007）。

交通工程允许路基土体产生一定的沉降变形但不允许产生过大沉降，显然采用门槛循环应力比作为控制标准是过于保守的，而采用临界循环应力比作为控制标准又往往会导致过大沉降的产生。因此，迫切需要在门槛循环应力比和临界循环应力比之间，寻找一个更合适的临界动应力水平作为交通工程设计的准则和依据。

1.3 饱和软黏土动力特性研究现状

1.3.1 饱和软黏土小应变动力特性研究

土体的小应变（应变水平小于 10^{-3}）动力参数作为岩土工程分析设计的重要参数，不仅在地震场地分析、机械基础设计等土体动力问题分析中具有关键作用，在某些静力变形分析中亦具有重要作用。如何快速准确地确定土体的小应变动力参数一直是岩土工程领域研究的热点。

土体的小应变动力参数包括：剪切模量 G、杨氏模量 E、体积模量 K、侧限模量 M 和泊松比 ν。弯曲元、伸缩元与共振柱试验是最为常用的土体小应变动力性状测试手段。共振柱被认为是测定土体小应变动力特性参数较为可靠的方法，但与共振柱试验相比，弯曲元和伸缩元技术由于原理简明、操作便捷并且具备无损检测等特点，而被广泛地应用在各种试验设备（固结仪、三轴仪、共振柱仪等）中进行土样的小应变模量的测试研究。弯曲元和伸缩元一般用来测试土体的最大剪切模量和最大侧限模量（应变水平小于 10^{-6}），而利用共振柱可以得到不同应变水平（$10^{-6} \sim 10^{-3}$）下的剪切模量和阻尼比。

国内外学者利用试验手段对土体的小应变动力特性进行了较为广泛的研究，取得了众多有价值的研究成果。研究结果显示土体的小应变动力特性受众多因素的影响，例如：土体的应力状态、孔隙比、剪应变幅值、饱和程度、超固结比、荷载频率、颗粒级配、土体结构、时间效应和循环应力历史等。

几十年来弯曲元和伸缩元得到了广泛的应用，研究者们应用弯曲元进行了应力历史对土体刚度演化影响的研究（Zhou and Chen，2005；谷川等，2012），利用多方向弯曲元进行土体各向异性的探究（袁泉，2009；吴宏伟等，2013），采用弯曲元和伸缩元的联合测试进行了更丰富的土体动力特性参数的研究（Leong et al.，2005；孙奇等，2016）。

近年来，各国学者利用改进的共振柱对土体进行动力测试，以获得更真实及更多的土体动力特性参数。主要包括以下几点：①利用非共振模式研究振动历史和频率对土体非线性动力特性的影响（Wichtman and Triantafyllidis，2004；柏立懂等，2012）；②弯曲元与共振柱联合测试，研究弯曲元波速确定方法（Youn et al.，2008；柏立懂等，2012；董全杨等，2013）；③同时测试剪切模量与杨氏模量，获取更多动力特性参数（Kumar and Madhusudhan，2010）。

1.3.2　单剪应力状态下饱和软黏土力学特性研究现状

在实际工程中，地基土常处于单剪应力状态。例如，在横向荷载作用下重力式基础下方或者桩侧土体会受到水平循环剪应力作用。针对在单剪应力状态下黏土地基循环破坏特性，大量研究者开展了循环单剪试验，研究不同试验条件对软黏土动强度的影响。Kodaka 等（2010）利用单剪试验对日本海域黏土的强度进行了研究，定性地指出动强度与竖向固结应力有关。Wichtmann 等（2013）采用单剪试验研究了动应力幅值和循环频率对挪威软黏土的动强度的影响。Thian 和 Lee（2017）通过循环单剪试验研究了不同超固结比黏土的循环破坏特性，指出超固结比会增加黏土的动强度。Malek 等（1989）通过循环单剪试验研究了初始静剪应力对波士顿黏土的循环特性的影响。结果表明随着初始剪应力和循环剪应力的增加，土的循环剪切强度减小。Andersen 和 Lauritzsen（1988）对挪威软黏土进行了一系列三轴和单剪试验，更加系统地研究了初始剪应力对黏土循环特性的影响，提出了循环强度等值线包络图。基于大量三轴和单剪试验，Andersen（2009）提出了各种类型土的循环强度等值线包络图，并用于预测地基的循环承载力、破坏面类型、破坏面位置和破坏模式。后续学者在此基础上继续对各个地区的软黏土进行循环三轴和循环单剪试验，获取可用于当地基础设施设计的循环强度等值线包络图。

单一方向循环加载下，各种试验因素对软黏土循环破坏特性的影响已通过单剪试验进行了广泛研究。然而，实际服役期间的上部结构运行振动以及风暴波、地震和风浪流等环境荷载，可能会对地基土施加不同幅值和方向的循环荷载，与单一方向的循环加载存在显著区别。有报道称，在多向循环加载下，地基土的循环破坏概率会增大，循环强度会降低。因此，了解软黏土的多向循环特性，对保证基础设施的使用和服役安全具有重要意义。随着多向加载试验装置的发展，已有学者关注软黏土的多向循环行为。Gu 等（2012）通过变围压的循环三轴试验研究了循环偏应力和循环围压耦合作用下软黏土的不排水循环特性。试验结果表明，循环围压对超孔隙水压力、循环轴向应变和循环强度有显著影响，循环围压的存在会降低软黏土循环强度。Matsuda 等（2011）以应变控制的方式进行了一系列多向单剪切试验，以研究黏土的循环行为。该试验从同一水平面上的两个垂直方向对试样施加振幅相同但相位不同的循环剪切应变。研究表明，在相同剪应变幅值和循环次数下，多向循环剪切引起的超孔隙水压力和循环后固结变形均大于单一方向循环剪切。利用双向循环单剪设备，胡秀青等（2018）和刘飞禹等（2018）对温州软黏土进行了不排水循环试验研究。试验从同一水平面上的两个垂直方向施加幅值相同，但相位不同的正弦型剪应力。试验结果表明，相位差越大，土样越容易发生循环破坏，即循环强度降低。

近年来，越来越多的研究者开始关注土体的多向循环破坏特性，然而，相比于单一方向循环加载试验丰富且系统的成果，仍旧有很大差距。此外，现有多向循环试验更多关注其常见的循环响应，没有具体建立多向循环特性和单一方向循环特性之间的联系。事实上，多向和单一方向的循环强度的量化关系可用于改进 Andersen 和 Lauritzsen（1988）提出的循环强度等值线图，这对评估实际工程中地基土的循环承载力有重要作用。循环强度等高线图本质就是以土体循环强度作为基础设计的控制准则。陈颖平等（2005）简述了循环强度在实际工程中的作用，认为当循环应力幅值小于土体动强度时，土样不会发生过大变形而导致强度破坏的现象。据此，在进行工程设计时，可根据强度准则来确保基础不发生循环破坏，从而可以不进行或者花费较少代价进行地基处理。

1.3.3　变围压应力路径下饱和软黏土力学特性研究现状

三轴仪是迄今为止研究土体强度和变形特性最为广泛的试验仪器，在国内外高校、科研机构以及工程单位中应用最广。三轴试验适用于各种土类，如原状或重塑黏土、粉土及砂砾等；可用以测定土的强度参数、应力变形参数、土的消散系数、静止侧压力系数及渗透系数等；在测定强度方面与直接剪切试验相比，试样的剪切面不是固定的，而是沿着最弱的面产生剪切；在试验方法方面，可以根据工程条件控制排水，测定孔隙水压力，较可靠地测定试验过程中试样的体积变化；可以模拟工程现场的应力状态，施加主应力及加荷路径。试验中，首先将土体制成标准的圆柱体试样，然后对试样施加一定的围压和竖向偏应力，研究其变形和强度特性。

目前，绝大多数的三轴试验研究都是保持围压恒定，通过改变竖向偏应力实现对试样的静动力加载试验。在 p-q 平面上，常围压静动三轴试验的总应力路径始终保持斜率为 1/3 的直线。然而，实际中土体所受应力状态是很复杂的，不仅有竖向应力的变化，水平向的应力也在变化，在三轴试验条件下可认为竖向偏应力和围压是同时变化的。因此，有必要开展变围压应力路径下土体的静动三轴试验研究。

在静力试验中，如在改变竖向偏应力的同时，等比例改变围压值，则可得到如图 1.2 所示的 10 组三轴试验中的应力路径（Finno and Cho，2011）。其中 TC 和 TE 分别为三轴压缩和拉伸试验；RTC 和 RTE 分别为平均主应力减小的三轴压缩和拉伸试验；AL 和 AU 分别为沿 K_0 固结线的加载和卸载试验；CMS 和 CMSE 分别为平均主应力保持不变的压缩和拉伸试验；CQL 和 CQU 分别为偏应力保持不变的增 p 和减 p 试验。Finno 等（2011）针对芝加哥黏土开展了大量上述应力路径下的排水静剪试验，发现围压与偏应力的耦合对软黏土试样的模量、应变等影响显著。

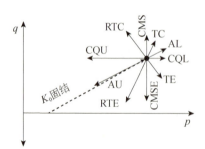

图 1.2 K_0 固结饱和软黏土中 10 组应力路径（Finno and Cho，2011）

由于交通荷载下软土地基同时受到竖向动应力和水平动应力循环变化的作用，仅仅采用常围压下竖向偏应力的循环三轴试验（CCP test）是难以反映软黏土的实际动力特性的，因此需要开展变围压应力路径下饱和软黏土的循环三轴试验（VCP test）。

到目前为止，大部分的 VCP 试验都是针对砂土或者粒状材料开展的，如 Allen 和 Thompson（1974）、Brown 和 Hyde（1975）、Nataatmadja 和 Parkin（1989）、Zaman 等（1994）、Simonsen 和 Isacsson（2001）、陈存礼和谢定义（2005）、Chazallon 等（2006）、Rondon 等（2009）等。Allen 和 Thompson

（1974）针对砂土进行了 CCP 和 VCP 对比试验研究（图 1.3（a）），发现在体积应力较低的情况下，VCP 试验得出的回弹模量低于相同条件下 CCP 试验得出的回弹模量；在体积应力较高的情况下，试验结果相反。而泊松比的试验结果都是 CCP 试验大于 VCP 试验，与体积应力的大小无关。Brown 和 Hyde（1975）针对粒状材料在保持循环围压的平均值与常围压相同的情况下进行了试验研究（图 1.3（b）），发现 CCP 试验和 VCP 试验下砂土的回弹模量和累积应变值差别不大，而 CCP 试验下得到了较高的泊松比值。然而，他们只进行了一种偏应力下（q=200 kPa）的试验研究。Nataatmadja 和 Parkin（1989）针对破碎的岩石进行了类似的试验研究，发现 CCP 试验下的回弹模量值要高于 VCP 试验。陈存礼和谢定义（2005）研究了排水条件下饱和砂土在循环球应力和循环剪应力作用下的应变发展规律，发现单纯循环球应力作用不仅会产生体应变，而且产生了少量的偏应变，证明球应力与偏应力是有关联的。Whichtmann 等（2007）研究了变围压应力路径对饱和砂土单向排水特性的影响，指出循环围压和循环偏应力的耦合，既改变了应变的发展速率，也改变了应变的发展方向。Rondón 等（2009）针对颗粒材料（UGM）开展了一系列 CCP 和 VCP 对比试验，重点研究了累积变形特性，结果表明只有在某些应力路径下，两种试验下的累积轴向应变和体应变是相近的，其他应力路径下 CCP 试验与 VCP 试验相比，低估了累积轴向应变的发展。

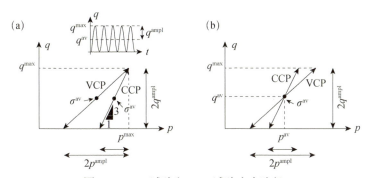

图 1.3 VCP 试验和 CCP 试验应力路径

相比而言，针对饱和软黏土的变围压应力路径动三轴试验还十分少见。王军等（2007，2009，2010）针对杭州饱和软黏土试样系统地开展了单、双向激振下的循环三轴试验，指出双向激振对土体模量、阻尼和强度影响显著。谷川等（2012，2013）则通过变围压应力路径实现了对地震荷载和交通荷载的模拟，研究了围压循环变化对软黏土动力特性的影响。然而，他们的研究都是针对各向同性固结软黏土开展的，考虑到天然软黏土的真实固结状态，有必要进一步开展 K_0 固结饱和软黏土在变围压应力路径下的动力特性试验研究，以揭示循环围压和循环偏应力耦合作用对饱和软黏土动力特性的影响。

1.3.4 主应力轴旋转应力路径下饱和软黏土力学特性研究现状

1. 定向剪切试验下饱和软黏土力学特性研究

软黏土在成土过程中一般处于 K_0 固结状态，在固结过程中黏土颗粒排列方向垂直于大主应力方向。在这种应力状态下，软黏土可看做是横观各向异性（cross-anisotropic）材料，任一平面上软黏土力学特性随着该平面与固结时大主应力方向的夹角而变化。

早期对软黏土不同方向上力学特性的研究主要通过三轴试验实现（Ladd and Varallyay，1965；Saada and Ou，1973；Saada and Bianchini，1975）。但是，由于试验中只能控制围压和轴向偏应力两个变量，因此只能进行三轴压缩和拉伸试验。后来，有学者尝试通过不同的角度切取试样进行三轴压缩试验来研究不同沉积方向上土的力学特性（Saada and Bianchini，1975）。但由于切取的倾斜试样在试验过程中变形不均匀，试验结果往往不能反映土体的真实力学特性（Saada and Townsend，1981）。

相比而言，空心圆柱扭剪系统则可以很好地实现土体的定向剪切试验。在这种试验条件下，通过独立地控制轴力、扭矩和内外围压的大小，可使得大主应力方向旋转到与竖向的任意夹角。早在 1965 年，Borms 和 Casbarian 就已经利用该仪器研究主应力轴旋转和中主应力对重塑高岭土强度特性的影响。Saada 及其合作者（1973，1975，1981）针对重塑黏土开展了大量的空心扭剪试验研究。Hong 和 Lade（1989）对 K_0 固结的空心圆柱重塑软黏土进行了不同应力路径下的扭剪试验，研究了主应力轴旋转对土体应力-应变关系和强度特性的影响。Lade 和 Kirkgard（2000）通过一系列扭剪试验对原状 San Francisco 海湾淤泥的大尺寸空心圆柱试样进行了研究，分析了主应力轴旋转和中主应力系数对软黏土应力-应变关系、孔压和强度特性的影响。但由于试验仪器的限制，试验通过应力控制和应变控制联合进行，不能实现大主应力的定向剪切试验（图 1.4（a））。Lin 和 Penumadu（2005）采用 PID 控制，实现了各向同性条件下重塑高岭土的定向剪切试验（图 1.4（b））。

近年来，国内许多高校（浙江大学、同济大学、河海大学、大连理工大学、南京工业大学、温州大学等）研发和引进了空心扭剪试验仪器，也逐渐开展了考虑主应力方向变化的软黏土动力试验。沈扬等（2009）对杭州地区正常固结原状软黏土在固结不排水的主应力轴定向剪切下的应力-应变关系进行了研究，发现不同主应力方向的定向剪切路径下试样中各应变发挥程度显著不同。管林波等（2010）采用空心圆柱扭剪仪对中主应力系数和主应力方向变化情况下的杭州典型原状黏土的各向异性进行了研究。严佳佳等（2011）通过设置不同的应力路径对杭州原状软黏土进行了系列试验，研究了不同主应力方向下原状软黏土的应力-应变-强度各向异性。

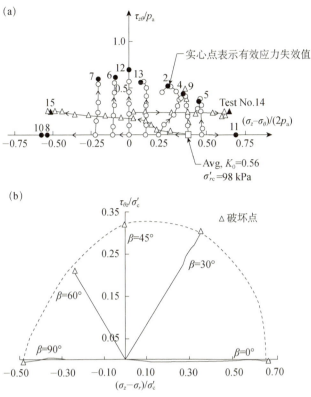

图 1.4 软黏土的空心扭剪试验应力路径（a）Lade 和 Kirkgard；（b）Lin 和 Penumadu

2. 主应力轴旋转应力路径下土体力学特性研究

近几十年来，已有大量学者研究了主应力轴旋转对土体动力特性的影响，如 Hight 等（1983），Towhata 和 Ishihara（1985），Wong 和 Arthur（1986），Symes 等（1984，1988），Vaid 等（1990），沈瑞福等（1996），Nakata 等（1998），郭莹等（2003），Yang 等（2007），Gräbe 和 Clayton（2009），Tong 等（2010）。其中，Ishihara 等（1983）采用日本 Toyoura 砂进行了不排水条件下剪应力值保持不变的主应力轴循环旋转试验，结果表明与三轴循环剪切试验相比，主应力轴旋转下孔压的产生速率明显加快。Symes 等（1984）对重塑 Ham River 砂进行了不排水条件下空心圆柱试验的扭剪试验，研究发现在保持剪应力不变的情况下，主应力轴正向旋转与逆向旋转下产生孔压的特征有显著区别。沈瑞福等（1996）对中密砂进行的不排水试验也表明主应力轴循环旋转试样的动强度低于常规动扭剪试验，一般降低 15% 左右。Arthur 等（1972）通过对密砂进行试验，发现大幅度主应力轴循环旋转导致试样中竖向应变急剧发展。Vaid 等（1990）的研究表明，在主应力轴旋转下，不论松砂还是密砂其体应变都是增加的。Yang 等（2007）利用空心扭剪系统实现了中主应力系数保持不变下的纯主应力轴旋转试验，发现即使广义剪应力保持不变，纯主应力轴旋转也会造成孔压的累积和应变的发展，甚至会导致液化的产生。Tong 等（2010）在排水条件下进行了与 Yang 类似的试验研究，对主应力轴旋转下试样的应变分量和体应变随循环次数的演化进行了研究。这些研究表明主应力轴旋转会加速土体孔压的产生和应变的发展，降低土体的强度，其对土体力学特性的影响是不可忽略的。

以上土体主应力轴旋转试验的研究对象都是砂土，目前有关黏土在主应力轴循环下的力学特性研究还十分少见。随着国内各高校空心圆柱扭剪系统的研发和引进，主应力轴旋转下软黏土的力学特性研究逐渐开展起来。沈扬等（2008）采用 GDS 空心圆柱系统对主应力轴连续旋转条件下杭州典型原状黏土的力学特性进行了研究，发现主应力轴旋转会引起土中孔压累积，累积程度受主应力轴转幅及旋转时剪应力幅值支配；在主应力轴双幅循环旋转下，试验扭剪、轴向应变发展受主应力轴旋转角度的影响，当转角大于一定值时，破坏应变以扭剪应变占主导，反之则要考虑扭剪和轴向应变的共同影响。温晓贵等（2010）对杭州原状软黏土开展了平均主应力和中主应力系数不变时的固结不排水主应力轴旋转试验，探讨了剪应力变化、初始剪应力水平高低及主应力轴正向和逆向旋转对孔压发展的影响。

综上所述，目前有关主应力轴旋转下饱和软黏土的动力特性研究还处于起步阶段，但主应力轴旋转对软黏土动力特性具有显著影响已是不争的事实。因此有必要通过室内试验在尽可能模拟动荷载真实应力路径的基础上开展饱和软黏土的动力特性研究，为工程设计提供指导。

1.4　本书主要章节

本书主要章节包括第 1 章绪论；第 2 章饱和软黏土小应变动力特性研究；第 3 章饱和软黏土动力特性单剪试验研究；第 4 章饱和软黏土动力特性三轴试验研究；第 5 章饱和软黏土动力特性真三轴试验研究；第 6 章饱和软黏土主应力方向变化下的动力特性研究；第 7 章饱和软黏土动强度准则及本构理论；第 8 章交通荷载下软土路基长期沉降分析和控制。

第2章 饱和软黏土小应变动力特性研究

2.1 概述

自 1978 年 Shirley 和 Hampton 首次采用弯曲元测试室内制备高岭土试样的剪切波速以来，几十年来其在土体小应变剪切模量的测试上有了长足的发展。以往在同一试样上只能采用安装在不同位置上的弯曲元和伸缩元分别进行剪切波速和压缩波速的测试。随着弯曲元技术的发展，Lings 和 Greening 于 2001 年对弯曲元的接线方式进行了改进，发展了一种可以同时进行剪切波与压缩波测量的弯曲-伸缩元，并对其适用性进行了初步的研究。随后的 20 多年里，弯曲-伸缩元测试技术得到了大范围的应用。

1937 年日本工程师 Ishimato 和 Iida 第一次将共振柱引入岩土工程界，经 Drnevich, Hardin 和 Shippy 等的努力，在世界各地得到广泛应用，并且根据边界条件、激励方式等不同，发展成不同类型的共振柱试验机，但是其工作原理大体相同。1985 年由中国地震局工程力学研究所自行研制开发了我国第一台具有自主知识产权的 GZ-1 共振柱试验机，并于 1999 年继续开发了 DGZ-1 型共振柱试验机，为我国土动力学和地震工程学的研究提供了试验工具，也为我国大量实际工程的地震安全性评价工作提供了基础资料。

本章首先介绍了利用弯曲-伸缩元和共振柱进行小应变测试的原理、仪器和方法；然后利用动三轴联合弯曲元测试系统开展了循环应力历史对饱和软黏土小应变剪切模量影响的研究。

2.2 弯曲-伸缩元试验

2.2.1 试验原理

弯曲-伸缩元的细部构造如图 2.1 所示。其核心部件由两片压电陶瓷片和中间的金属片组成。对于可进行 S 波、P 波同时测试的弯曲-伸缩元，串音将对接收信号产生较大的影响。为了减小串音影响，采用绝缘的聚四氟乙烯（铁氟龙）层外包铝箔层对压电陶瓷片进行屏蔽防护。同时为了确保弯曲-伸缩元可以在不同的情况下使用，其最外面被封以环氧树脂从而起到防水的作用。

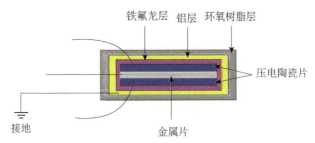

图 2.1　弯曲-伸缩元细部构造示意图

压电陶瓷片根据极化方向的不同可以分为 X 型和 Y 型，如图 2.2 所示。当两个压电陶瓷片以相反的极化方向组合时为 X 型，当两个压电陶瓷片的极化方向相同时为 Y 型。

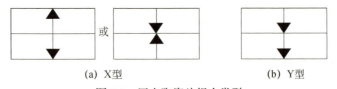

(a) X型　　　　　　　　　　(b) Y型

图 2.2　压电陶瓷片组合类型

根据连接方式不同，压电陶瓷片又可分为串联和并联，分别如图 2.3（a）和（b）所示。在串联方式中，激振电压加在两个压电陶瓷片之间；在并联方式中，激振电压加在两个压电陶瓷片与中间的金属片之间。当对两种连接方式的压电陶瓷片施加相同强度的激振电压时，并联的压电陶瓷片产生的位移约为串联时的两倍，当将相同幅值的振动转化为电信号时，串联方式将得到更强的电信号，因此并联压电陶瓷片更适于作为激发端，串联压电陶瓷片更适于作为接收端。

本文所用弯曲-伸缩元，顶部为 Y 型压电陶瓷片作为 S 波的激发端和 P 波的接收端，底部为 X 型压电陶瓷片作为 S 波的接收端和 P 波的激发端，如图 2.4 所示。其 S 波、P 波同时测试的测试原理如图 2.5 所示。

对于 S 波，发射端的两个压电陶瓷片（Y 型）极化方向相同，采用并联连接，当施加激发信号电压脉冲后，极化方向相同的压电陶瓷片一片伸长，另一片

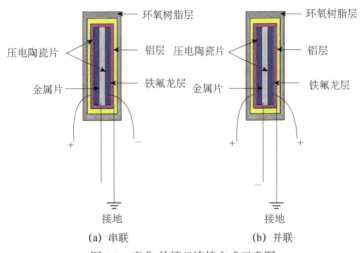

图 2.3　弯曲-伸缩元连接方式示意图

图 2.4　弯曲-伸缩元组成

则缩短，产生弯曲运动并在周围土体中产生横向振动，即产生 S 波。接收端的两个压电陶瓷片（X 型）极化方向相反，采用串联连接，当 S 波通过土体从发射端传播到接收端时，接收端将 S 波振动转化为电信号，与发射信号同时显示和储存在示波器上，通过信号对比得到剪切波的传播时间，由传播距离计算得到剪切波速。

　　对于 P 波，将 X 型压电陶瓷片由串联改为并联，Y 型压电陶瓷片由并联改为串联。当施加激发信号电压脉冲后，极化方向相反的两片压电陶瓷片（X 型）同时伸长或者缩短，在周围土体中产生竖向振动，即产生 P 波。当 P 波通过土体从发射端传播到接收端时，接收端将 P 波振动转化为电信号，与发射信号同时显示和储存在示波器上，通过信号对比得到压缩波的传播时间，由传播距离计算得到压缩波速。

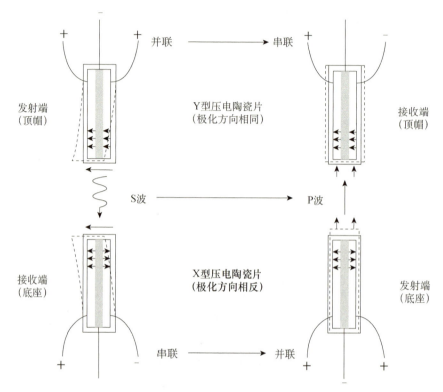

图 2.5　弯曲-伸缩元 S 波、P 波联合测试原理示意图

剪切波波速和压缩波波速由剪切波和压缩波的传播距离 d 和传播时间 t 确定，如下式：

$$V_s(V_P) = d/t_s(d/t_P) \qquad (2.1)$$

大部分研究者普遍可以接受的传播距离为上下两个弯曲元或伸缩元的顶端距离。由剪切波速和压缩波速通过式（2.2）、（2.3）可以得到土体的最大剪切模量（G_0）和侧限模量（M_0）：

$$G_0 = \rho(V_s)^2 \qquad (2.2)$$

$$M_0 = \rho(V_P)^2 \qquad (2.3)$$

2.2.2　试验方法

（1）在试样的两端安装弯曲元（伸缩元）探头。

（2）在试样一端进行剪切波（压缩波）的激发，试样的另一端进行剪切波（压缩波）的接收。

（3）接收信号与发射信号同时显示和储存在示波器上，通过信号对比得到剪切波（压缩波）的传播时间，由传播距离计算得到剪切波速（压缩波速），进而得到最大剪切模量（侧限模量）。

2.3　共振柱试验

2.3.1　试验原理

以 GDS 共振柱（固定-自由端）为例，共振柱系统由围压控制器、反压控制器、数据采集系统、信号放大器、驱动系统和计算机等组成，其组成情况如图 2.6 所示。图 2.7 为该仪器的驱动系统细部构造，是整个仪器的核心部分，由线圈、磁铁、驱动盘等组成。

图 2.6　GDS 共振柱（RCA）测试系统

在共振柱试验中，可通过电磁驱动系统对试样施加一个正弦激振。对于扭转激振试验，四对线圈并列连接，四个磁铁沿一个方向运动从而产生一个作用于试样上的扭矩（图 2.8（a））。有些共振柱可实现弯曲激振测试。通过将线圈设计成可以自动开关，在弯曲激振模式中，两个对称的线圈开启，其他两个线圈关闭，两个磁铁的运动方向相反，这样两个磁铁产生水平向力，水平向力作用于试样产生弯曲激振（图 2.8（b））。本书只对扭转激振下土体的剪切模量和阻尼比测试原理进行简要的介绍。

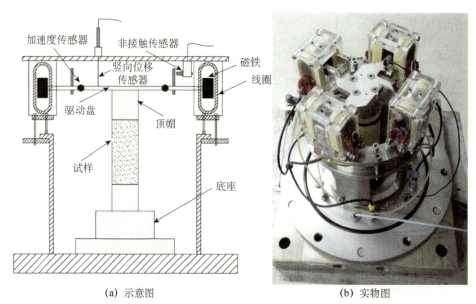

(a) 示意图 （b) 实物图

图 2.7　GDS 共振柱驱动系统细部构造图：（a）示意图；（b）实物图

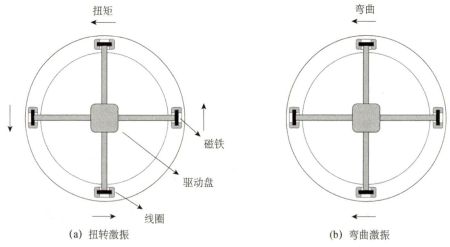

(a) 扭转激振 （b) 弯曲激振

图 2.8　不同激振形式示意图：（a）扭转激振；（b）弯曲激振

对于扭转激振，共振试验通过电磁驱动系统对试样产生一个正弦扭矩。驱动系统由一个四臂转子和驱动盘构成，四臂转子每个臂的底部均有一个永久性的磁铁，驱动盘用于固定四对线圈。在试样准备期间，将驱动盘连接到试样，并调整支撑柱的高度以允许磁铁能安置在线圈的中央。给线圈施加一个正弦电压以产生作用于试样的扭矩。由于磁场的作用，驱动盘会产生摆动。通过调整施加电压的频率和幅值，可以找到试样的共振频率。振幅可以通过安置在驱动盘上的加速度传感计扫描来检测。幅值的峰值点对应的激振频率为试样的共振频率，由共振频率换算为剪切波速及剪切模量。

扭转激振固端-自由的共振柱基本控制方程为

$$I/I_0 = \beta \tan(\beta) \tag{2.4}$$

式中，I 为土样的转动惯量；I_0 为共振柱驱动系统的转动惯量。

实心圆柱体的转动惯量可按式（2.5）计算：

$$I = \frac{md^2}{8} \tag{2.5}$$

式中，d 为实心试样的外径（m）；m 为试样质量（kg）。

由于驱动系统的几何形状复杂，无法得到驱动系统转动惯量 I_0 的准确数学解答，因此一般需通过标定试验确定。

剪切波速 V_s（m/s）可以根据式（2.6）计算：

$$V_s = \frac{2\pi f l}{\beta} \tag{2.6}$$

式中，f 为试样由共振柱试验测得的共振频率（Hz）；l 为试样高度（m）。

剪切模量 G（kPa）可由剪切波速根据式（2.7）求得

$$G = \rho V_s^2 \tag{2.7}$$

式中，ρ 为密度（kg/m³）。

共振柱试验所测得的黏滞阻尼比 D 是根据自由振动衰减曲线获得的。这个曲线由安装在共振柱驱动盘的加速度传感计测得。给试样施加一个正弦波，然后停止激振，测量自由振动的幅值。如图 2.9 所示，衰减曲线对数衰减率 δ 可以根据连续循环振幅比值的对数来计算。

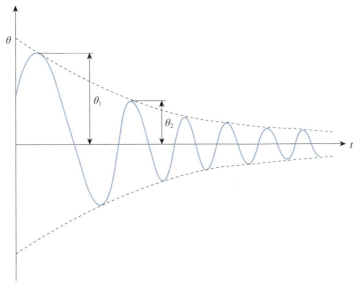

图 2.9 自由振动衰减曲线

通过振幅对数值与循环次数的关系曲线来计算对数衰减率 δ 值，理论上这条线应该是直线，这条线的斜率应与对数衰减率 δ 值相等，实际操作中，10～50 之间的循环普遍采用这种算法。

按式（2.8）根据对数衰减率计算黏滞阻尼比：

$$D = \sqrt{\frac{\delta^2}{4\pi^2 + \delta^2}} \qquad (2.8)$$

2.3.2 测试方法

（1）在试样完成饱和固结后，通过一定的激振电压施加扭矩，调整施加电压的频率和幅值，可以找到试样的共振频率。

（2）由小到大增大激振电压，得到不同应变水平下的剪切模量。

（3）给试样施加一个正弦扭矩，然后停止激振，测量自由振动的幅值。根据自由振动衰减曲线获得黏滞阻尼比 D。

2.4　循环应力历史对饱和软黏土小应变剪切模量的影响

饱和软黏土的小应变剪切模量 G_{max} 是其基本力学参数（图 2.10）。在进行饱和软黏土的有效应力动力分析时，往往认为小应变剪切模量 G_{max} 只随着有效应力的降低而衰减，而不受动荷载应力历史的影响，因此基本采用静力状态下得到的小应变剪切模量代替相同有效应力时动力状态下的小应变剪切模量。但是，对于饱和软黏土，目前并没有足够多的试验数据证明这一假设。基于这一考虑，通过 GDS 动三轴联合弯曲元测试系统，研究了循环应力历史对饱和软黏土小应变剪切模量的影响，试验结果表明循环应力历史对 G_{max} 的影响较大，采用静力状态下得到的 G_{max} 代替动力状态下的 G_{max} 并不可取。同时，发现可以使用小应变剪切模量的突变来表征饱和软黏土的结构破坏。

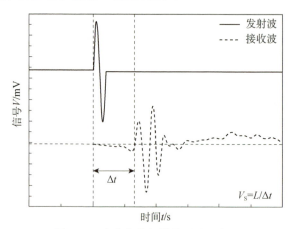

图 2.10　小应变剪切模量测试示意图

由图 2.11 可见，在动力试验的初始阶段，与静力状态下的小应变剪切模量相比，循环应力历史影响下的小应变剪切模量有一定幅度的降低，但是降低幅度不大（5%～8%）。但是当孔压升高到一定程度时，即有效应力降到一定程度时，循环应力历史影响下的小应变剪切模量突然下降，出现一个拐点。之后随着超孔压的继续上升，小应变剪切模量迅速下降，在试验结束时下降到只有静力状态下相同有效应力时小应变剪切模量的 25% 左右。

由图 2.12 可见，不论有效围压为多少，归一化后的小应变剪切模量与归一化的有效应力具有良好的相关性，证明有效围压对小应变剪切模量的变化规律影响不大。同时可以看到，对于本试验所使用的温州地区饱和重塑软黏土，拐点的

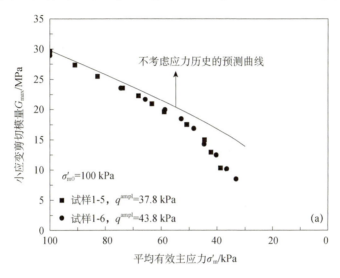

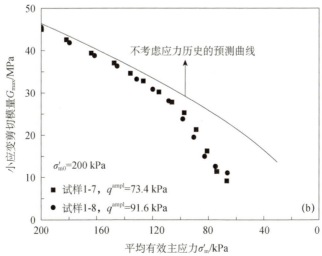

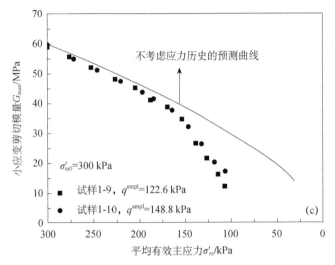

图 2.11 循环应力历史对小应变剪切模量的影响

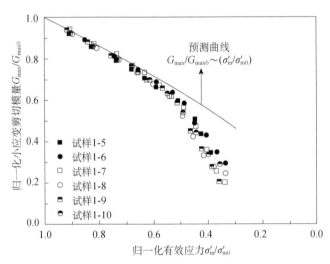

图 2.12 归一化小应变剪切模量与归一化有效应力的关系

位置大约在归一化的有效应力从 0.4～0.5 以及归一化的小应变剪切模量从 0.4～0.5 组成的区域内，即当有效应力达到初始有效围压的 0.4～0.5 倍时，饱和软黏土的小应变剪切模量发生突变并随后迅速降低，直至试验结束。

　　上述试验结果表明，循环应力历史影响下的小应变剪切模量与静力状态下的小应变剪切模量有明显的不同，Hardin 公式并不能描述动力状态下饱和软黏土的小应变剪切模量。在动荷载作用下，由于土体结构的损伤演化，表征土体结构性的剪切波速产生一定幅度的衰减。虽然在试验初始阶段衰减幅度不大，但是当超孔压达到一定程度时，衰减开始加剧，直至衰减到只有相应静力状态下的小应变剪切模量的 25%左右。

图 2.13 为周燕国得到的砂土在循环应力历史影响的小应变剪切模量与有效应力的关系，对比本试验得到的温州饱和重塑软黏土的试验结果，可以看到软黏土与砂土的差别：对于砂土，虽然循环应力历史影响下小应变剪切模量会有一定幅度的衰减，但是衰减幅度不大，并且规律性与静力状态下得到的较为一致。但是，对于饱和软黏土，图 2.13 试验曲线拐点的出现预示着小应变剪切模量不但能够反映软黏土结构的改变（软化），而且能够反映土体结构的破坏。进一步，由图 2.12 可见，对于试样 1-6 和 1-7，当超孔压达到初始有效围压的 0.6 时（60kPa），即有效应力降低到初始有效围压的 0.4 时，动应变开始迅速增大，此时的双幅动应变幅值约为 5%，与软黏土动三轴试验中常用的应变破坏标准基本一致。当有效应力降低到初始有效围压的 0.4 时，试样 1-6 和 1-7 的小应变剪切模量开始突然快速衰减，这表明，当土体结构开始破坏时，小应变剪切模量也出现突变。本文得到的其他试样的试验结果与试样 1-6 和 1-7 基本一致，同样证明上述观点。这一发现证明小应变剪切模量对饱和软黏土结构的表征作用：不但有效应力的降低（超孔压的上升）会造成小应变剪切模量的降低，动应变的增大也会造成小应变剪切模量的衰减，并最终由于土体结构的破坏造成小应变剪切模量的突变。

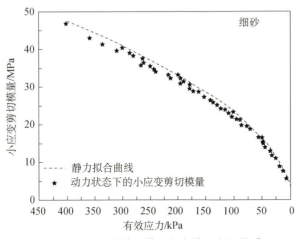

图 2.13　小应变剪切模量与有效应力的关系

因此，饱和软黏土的破坏标准可以通过小应变剪切模量来确定，由图 2.14 可见，对于温州地区饱和重塑软黏土，当归一化的小应变剪切模量降低到 0.4～0.5 时，即小应变剪切模量降低到初始小应变剪切模量的 0.4～0.5 时，出现一个突变点，土体开始发生破坏，因此可以把这个小应变剪切模量的突变点作为饱和软黏土的破坏标准。与常用的应变、孔压等破坏标准相比，它不但原理更加明确，测量更加简单，而且能够直接反映土体结构性的变化，能够更好地揭示饱和软黏土破坏的本质。

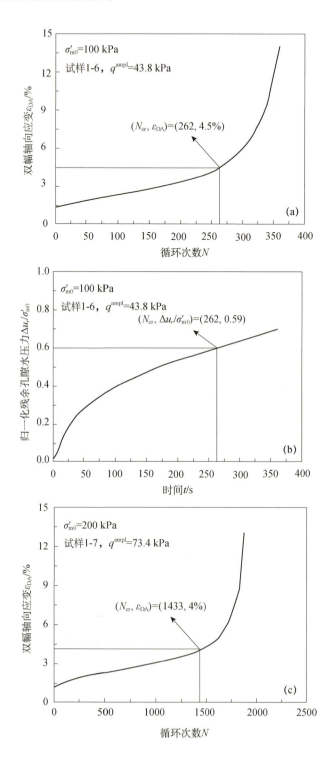

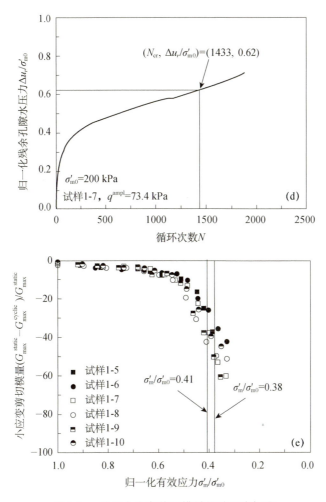

图 2.14　基于小应变剪切模量的动强度标准

不可否认的是，由于饱和软黏土渗透性低，在目前的室内试验中，孔压的测量还不是很准确，不能反映整个试样孔压的分布，而只能反映量测点处孔压的分布，因此上面得到的有效应力与小应变剪切模量的关系还存在一定的误差。而且，本试验所采用的循环应力比变化范围较小，没有研究较小循环应力比或者较大循环应力下小应变剪切模量的变化规律。但是，上述试验结果对循环应力历史影响下小应变剪切模量的变化规律的定性反映是准确的。这些发现不论对饱和软黏土动力响应分析，还是对深入了解饱和软黏土的破坏机理，都具有一定的借鉴意义。

2.5　本章小结

本章介绍了小应变动力特性的测试方法，探究了循环应力历史对饱和软黏土小应变剪切模量的影响，具体内容如下：

（1）对弯曲-伸缩元的构造组成、联合测试原理和试验方法，以及共振柱的仪器构造、试验原理和试验方法进行了详细的介绍。

（2）循环历史下饱和软黏土的小应变剪切模量与静力状态下测得的小应变剪切模量有较大的不同。当孔压较低时，小应变剪切模量有一定幅度的衰减，但是衰减不大；当超孔压达到一定程度时（0.5～0.6 倍初始有效围压），小应变剪切模量陡然降低，出现一个拐点，随后迅速降低，直至试样完全破坏。

（3）循环应力历史影响下饱和软黏土的小应变剪切模量可以较好地反映饱和软黏土的结构的变化和破坏，可以把小应变剪切模量衰减的突变点作为饱和软黏土的破坏标准，与常用的破坏标准相比，该标准的原理更加明确，而且可以反映土体结构变化的本质。

第3章 饱和软黏土动力特性单剪试验研究

3.1 概述

单剪试验是一种简单且准确的测试岩土材料力学特性的方法，是唯一能使土样处于常体积平面应变条件且允许主应力旋转的试验。单剪试验常用于模拟桩侧土或者海上重型基础下方土体的剪切模式。通过施加水平循环剪切力，循环单剪仪能够模拟土体在实际工程中受到的循环环境荷载，从而研究其应力-应变特性、强度特性和破坏机制。

在过去几十年中，世界各地的研究所开发了多种不同的单剪设备，包括挪威岩土工程研究所（NGI）、剑桥大学、加利福尼亚大学伯克利分校以及西澳大学（UWA）。剑桥大学的单剪设备是将一个 100 mm×100 mm×20 mm 的方形试样放置在一个刚性盒子中。当试样固结时，在顶部施加垂直荷载并通过盒子的刚性边界对试样实施 K_0 固结。两个铰接式端盖允许试样顶部发生相对于底部的位移，从而实现简单的剪切变形。NGI 型设备则通过钢丝加固的橡胶膜包裹圆柱形试样。当在试样顶部施加垂直荷载时，膜足够坚固，以确保试样不发生侧向变形，处于 K_0 条件，但在剪切阶段，其阻力非常小，不影响试样发生剪应变。上述两种设备都使用刚性侧壁以确保横截面积恒定。这一点与加利福尼亚大学伯克利分校和 UWA 的设备不同。在加利福尼亚大学伯克利分校和 UWA 的设备中，圆柱形土样放置在刚性端盖（顶部和底部）之间，并包裹一层薄的橡胶膜，放置在一个压力室中。通过增加压力室的水压，向乳胶膜施加径向固结应力，同时通过端盖施加垂直应力。通过独立控制垂直和水平应力，使试样达到 K_0 条件。由于该设备可以通过反压对试样进行饱和，因此在剪切阶段，通过关闭试样排水阀，可以确保不排水条件（常体积），这与三轴试验相似。固定的端盖高度则可以强制保持恒定高度边界条件，从而确保横截面积保持不变。目前，国内外常用的单剪设备都是上述设备的改进版。

本章介绍的是 GDS 公司生产的多向动态循环单剪系统（VDDCSS）。该设备是堆叠环式的单剪设备，NGI 型设备的改进版。首先，介绍该单剪试验的原理、仪器和方法；然后，利用该单剪仪开展单向剪切应力路径下软黏土的静动力特性的试验研究，揭示了软黏土的应力-应变关系、孔隙水压力发展规律和模量特性；最后开展了多向单剪应力路径下黏土的动力特性试验研究，揭示了多向循环剪切应力路径对黏土循环特性的影响。

3.2 动单剪试验

3.2.1 试验原理

如图 3.1 所示，堆叠式的循环单剪设备，顾名思义是在试样和乳胶膜外侧有一叠低摩擦性的聚四氟乙烯（PTFE）涂层环，每个环的高度大约为 1 mm。这些环足够硬，以确保试样实现 K_0 固结状态。VDDCSS 的原理是在给定竖向固结应力下完成 K_0 固结后，对圆柱形试样施加应力或者应变控制的单调加载或者是某种谐波的循环荷载。通常使用的试样尺寸为直径 50 mm，高度 20 m 或者直径 70 mm，高度 17 mm，直径与高度比小于等于 0.25，这是为了尽量减小试样中的应力和应变的不均匀性。在传统的直剪仪中，剪切盒在水平方向上被分成两半，试样具有固定的剪切面（图 3.2（a）），这会导致试样所受到的剪应力分布不均匀。而 VDDCSS 由于具有一叠聚四氟乙烯涂层环，在水平剪切过程中，这些环可以自由移动到需要的方向，使得试样的剪应力和剪应变（剪切位移和试样高度比值）均匀分布在整个试样中（图 3.2（b））。

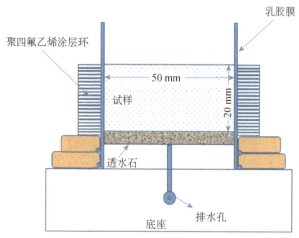

图 3.1 VDDCSS 试样剪切盒剖面细节

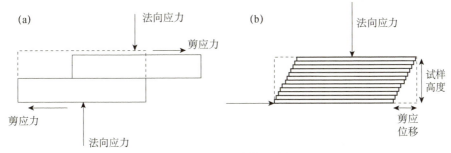

图 3.2　直剪试验和单剪试验的区别

VDDCSS 可控制试验的排水条件。当仪器控制竖向应力保持不变时，试样在剪切过程中处于排水状态。当仪器控制试样高度不变时，试样的高度和直径保持恒定，试样在剪切过程中体积不发生改变。Dyvik 等对德拉门黏土进行了常体积下的单剪试验和真正的不排水单剪试验，并对试验结果进行了对比。结果表明常体积下的归一化应力-应变关系、归一化孔隙水压力发展以及归一化应力路径发展与不排水条件下的结果基本相符。因此，可将常体积条件下进行的单剪试验视为处于不排水状态。此外，从对比结果可知，在常体积状态下，垂直应力的变化相当于在真实不排水条件下饱和试样产生的超孔隙水压力。

3.2.2　试验仪器

图 3.3 和图 3.4 分别展示了 VDDCSS 仪器的实物图和仪器的结构示意图。该仪器主要包括如下部分：

（1）伺服作动器：VDDCSS 在 x、y、z 三个方向上均配置了伺服作动器，而不是传统的附加压力控制器、液压动力装置或控制箱。这种设计使得仪器的运

图 3.3　多向动态循环单剪系统（VDDCSS）

行更加稳定。每个伺服作动器都采用高精度编码器进行控制，既可进行位移控制又可进行荷载控制。

（2）滚珠丝杆：用于传递作动器施加的位移和荷载。

（3）滚珠丝杆与力传感器之间的耦合联结。

（4）滑动支架：支撑竖向加载系统的移动。

（5）力传感器：仪器中配备了多个薄饼式力传感器，用于控制和测量荷载。竖向（z 轴）力传感器的精度通常小于全量程的 0.1%，最大量程为 5 kN。水平方向（x、y 轴）的最大量程为 2 kN。

（6）试样剪切盒。

仪器还配备了霍尔效应传感器和电机编码器用于测量位移，竖向的测量范围为−25 mm～25 mm，精度为量程的−0.15%～0.15%；水平向测量范围为−10 mm～10 mm。

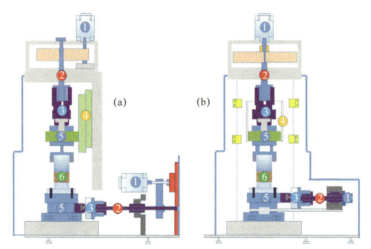

图 3.4　多向动态循环单剪系统（VDDCSS）示意图：（a）x-z 剖面；（b）y-z 剖面

3.2.3　试验方法

图 3.5 展示了单剪试验中黏土试样制备所需的工具，包括切土器、钢丝锯、刮刀、钢膜和承膜桶。钢膜的内径为 50 mm，高度为 20 mm。承膜桶的内径为 60 mm，高度为 20 mm。制样步骤如图 3.6 所示：首先，将切土器的切土直径调节为 50 mm，并将黏土块放置在切土器上。使用钢丝锯沿着切土器设定的轨道从上往下切除多余的土样，并在此过程中逐渐转动圆盘底座，以大致切出一个圆柱形的黏土样品。然后使用刮刀沿着设定的轨道对试样进行光滑修整；其次，将光滑的圆柱形黏土样品放入钢膜中，并使用钢丝锯和刮刀切除多余部分。然后将钢膜连同其中的圆柱形土样一并放置在剪切盒底座上；接着，移除试样上的两片钢膜，使用承膜桶将试样套上乳胶膜；最后，在剪切盒底座上安装黑色的固定环，

并将一叠剪切环套在试样的外部。

切土器　　钢丝锯、刮刀

钢膜　　　　承膜桶

图 3.5　单剪试样制备工具

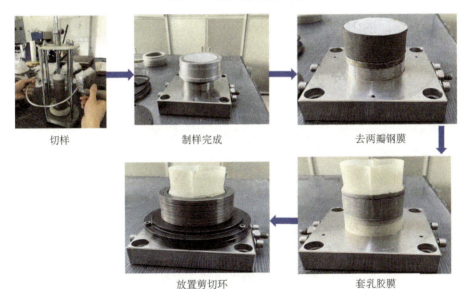

切样　　　　　　　　制样完成　　　　　　　　去两瓣钢膜

放置剪切环　　　　　　　套乳胶膜

图 3.6　单剪试验制样过程

　　完成制样后，将装有试样的剪切盒放置在 VDDCSS 底座上，并使用四个螺丝将其固定。通过 GDSLAB 软件上的操作，位移控制竖向加载柱向下移动，直到与试样顶部接近。然后切换到应力控制模式，设置竖向加载柱和试样之间的接触力为 1 kPa。竖向加载柱将继续向下移动，与试样无缝贴合。一旦竖向加载柱受到 1 kPa 的接触力，加载柱将停止向下移动。这个过程称为合轴。如图 3.7 所示，完成合轴后，使用黑色橡皮环将多余的橡胶膜固定在加载柱上。

　　完成装样步骤后，通过 GDSLAB 软件的高级加载模块，施加所需的初始竖向有效固结应力（σ'_{v0}），在此过程中排水通道打开，待竖向位移不发生变化后，认为固结完成并关上排水通道。

图 3.7　单剪试样装样完成图

在单剪试验中，无需对试样进行饱和处理。泥浆固结法制备得到的黏土试样，其饱和度虽然达不到 100%，但会达到 95%以上。在常体积条件下，只要基质吸力很小，饱和度就不会影响土样的力学响应。

静力剪切试验通过高级加载模块实施。常通过应变控制的加载方式对试样进行剪切。在黏土试验中，常用的剪切应变速率为 0.05%/min。静力剪切试验终止条件是剪切应变达到 20%。

动力剪切试验通过动力模块施加。采用正弦波形来模拟地震或者波浪荷载，加载波形的幅值定义为 τ_{cyc}。τ_{cyc} 和 σ'_{v0} 的比值定义为循环应力比（CSR）。加载频率为 0.1 Hz，该频率有利于试样中孔隙水压力的生成以及荷载的稳定施加。在黏土的循环单剪试验中，通常定义剪应变值达到一定值时，认为试样循环破坏。此外，Li（2011）等还提出剪切应变幅值曲线的拐点是循环破坏的明显标志，其出现可以作为判断黏土是否发生循环破坏的一个合适标准。

3.3　单向循环下饱和黏土单剪试验研究

3.3.1　黏土的典型不排水单调剪切特性

图 3.8 展示了初始竖向固结应力（σ'_{v0}）为 100 kPa、150 kPa 和 200 kPa 时对应的单调剪应力（τ）和剪应变（γ）关系。这三条 τ-γ 曲线都表现出类似的发展趋势，即在 γ 小于 2%前，τ 随着 γ 线性增加；当 γ 大于 2%时，τ 以较小的增长率增加，大约在 γ=10%时达到峰值；之后 τ-γ 曲线开始呈下降趋势。随着 σ'_{v0} 增加，τ-γ 曲线从上到下分布，这说明了黏土试样的抗剪强度随着 σ'_{v0} 增加而增加。

图 3.9 展示了超固结比（OCR）为 1、2、4 和 8 时对应的 τ-γ 关系。类似于不同 σ'_{v0} 的 τ-γ 曲线发展趋势，τ 在开始时随着 γ 线性增加，然后缓慢增加至峰值后，τ 随着 γ 逐渐减小，呈现出应变软化现象。与图 3.8 明显不同的是，τ 初始快

速增加段对应的 γ 范围不同。随着 OCR 增加，τ 初始快速增加段对应的 γ 范围增加。例如，当 OCR=1 时，τ 在 γ=0%～2% 内线性增加；当 OCR=8 时，τ 在 γ=0%～7% 内线性增加。随着 OCR 增大，τ-γ 曲线从上到下分布，这说明具有更大应力历史的黏土试样，在剪切前试样的孔隙比较小，从而导致了黏土试样具有更大的抗剪强度。

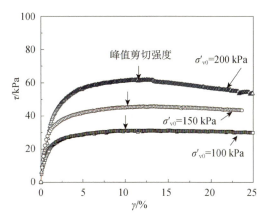

图 3.8　不同初始竖向固结应力下单调剪应力和剪应变关系

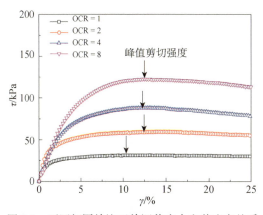

图 3.9　不同超固结比下单调剪应力和剪应变关系

　　当黏土试样受到剪切加载时，内部孔隙水压力（u）会发生变化。图 3.10 展示了 σ'_{v0} 为 100 kPa、150 kPa 和 200 kPa 时，u 和 γ 的关系。三条 u 发展曲线呈现出类似的趋势。与 τ-γ 曲线类似，在 γ 小于 2% 时，u 随着 γ 线性增加；当 γ 大于 2% 时，u 发展曲线表现出和 τ 发展曲线不同的现象，u 以一个较小的增长率持续发展直至试验结束。随着 σ'_{v0} 的增加，u-γ 曲线同样呈现自上而下的分布，表明 u 随 σ'_{v0} 的增加而增加。

　　图 3.11 展示了 OCR 为 1、2、4 和 8 时对应的 u-γ 关系。OCR 严重地影响了 u 的发展趋势。对于 OCR=1 的黏土试样，在剪切过程中始终产生正的 u。而对于

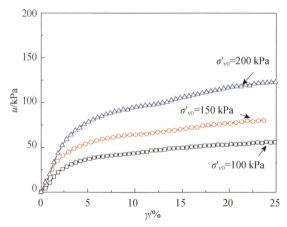

图 3.10 不同初始竖向固结应力下孔隙水压力和剪应变关系

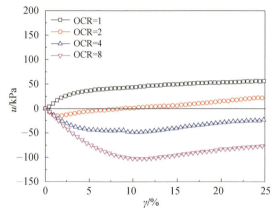

图 3.11 不同超固结比下孔隙水压力和剪应变关系

超固结试样，在剪切初期会出现剪胀现象，导致试样内部产生负 u。随着 γ 的增加，$-u$ 达到最大值后，试样开始出现剪缩现象，u 开始向 y 轴的正方向增加。随着 OCR 的增加，试样产生的 $-u$ 值增加，$-u$ 达到最大值所对应的 γ 也增加，这说明需要更大的剪应变才能使试样从剪胀状态转变为剪缩状态。

试样在剪切过程中，u 的变化会引起竖向有效固结应力（σ'_v）的改变。如图 3.12 所示，在 σ'_v-τ 平面中，不同 σ'_{v0} 对应的有效应力路径形状基本一致。由于剪切过程中 u 的不断增加，有效应力路径都向左侧的原点方向发展，且 τ 不断增加。随着 γ 发展，τ 会呈现下降趋势，并以箭头标记了峰值剪切强度（τ_{peak}）。τ_{peak} 随着 σ'_{v0} 的增加而增加。通过连接三个试样的 τ_{peak} 值，可以得到一条通过坐标原点的直线，称为破坏线，其斜率为 1/1.7。

图 3.13 展示了不同 OCR 下的有效应力路径。不同 OCR 值导致有效应力路径呈现出明显不同的响应。首先，τ_{peak}（箭头所示）是不同的。由于应力历史较

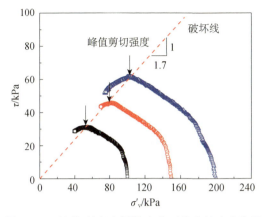

图 3.12　不同初始竖向固结应力下的有效应力路径

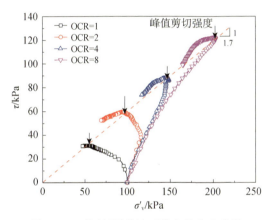

图 3.13　不同超固结比下的有效应力路径

大，黏土的不排水 τ_{peak} 随着 OCR 的增加而增加；其次，有效应力路径的形状与 OCR 密切相关。具有相同的 σ'_{v0} 的试样，在达到峰值点之前，有效应力路径随着剪切应力的增加而向左上（OCR=1）或右上（OCR=2、4 和 8）移动。超固结黏土试样的孔隙比小于正常固结试件的孔隙比。当黏土试样受到不排水剪切时，超固结黏土的孔隙比往往会有增加趋势（剪胀趋势），这在孔隙水压力上表现为负的孔隙水压力，导致有效应力增加。连接不同 OCR 试样的 τ_{peak} 值同样可以得到一条通过坐标原点的直线，其斜率为 1/1.7。这说明 σ'_v 和 OCR 不影响黏土试样的破坏线。

3.3.2　黏土的典型不排水循环剪切特性

图 3.14 和图 3.15 分别展示了典型正常固结（OCR=1）和超固结（OCR=4）黏土试样的循环有效应力路径和孔隙水压力（u）的发展。如图 3.14（a）所示，在循环剪切作用下，由于试样中 u 的不断生成（图 3.14（b）），正常固结黏土的

有效应力路径一直向坐标原点移动，最终形成了一个"子弹头"形状的应力路径。而对于超固结黏土试样，如图 3.15（a）所示，第一个循环的有效应力路径向坐标轴右侧移动，这是由于在循环剪切过程中超固结试样中负 u 的生成（图 3.15（b））。当 $-u$ 达到峰值后，有效应力路径转而向坐标原点移动，其形状最终也为"子弹头"状。通过对比图 3.14（b）和图 3.15（b），可知 OCR 会影响 u 的演化趋势。在循环加载期间，超固结黏土试样的 u 先减小，达到最大负值后开始增加。如图 3.15（b）所示，u 的发展曲线可以分为两个部分：瞬时孔隙水压力和残余孔隙水压力（u_r），其中 u_r 在图中用离散的实心点进行标记；前者等于竖向应力的实时变化，后者是每一个循环结束时对应的孔隙水压力值。

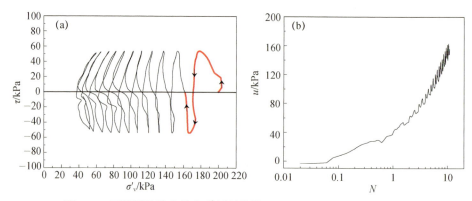

图 3.14　正常固结黏土的典型循环特性（σ'_{v0}=200 kPa；CSR=0.27）：
（a）循环有效应力路径；（b）循环孔隙水压力

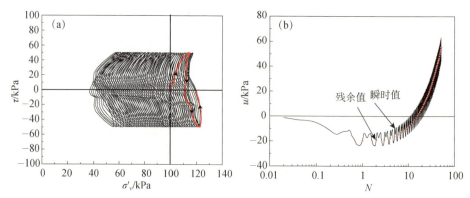

图 3.15　超固结黏土的典型循环特性（OCR=8；CSR=0.50）：
（a）循环有效应力路径；（b）循环孔隙水压力

图 3.16 和图 3.17 分别展示了典型正常固结（OCR=1）和超固结（OCR=4）黏土试样的循环应变特性。无论是超固结还是正常固结黏土试样，循环剪应变（γ_{cyc}）都在 γ_{cyc}=0% 处上下振荡，振荡幅度随着循环次数（N）的增加而不断增

大，最终形成了一个"喇叭状"的应变曲线。将每个循环中剪应变振幅的最大值和最小值差的绝对值定义为双幅剪应变（γ_{DA}）。在 γ_{DA}-$\log N$ 平面内，不同 OCR 的 γ_{DA} 随 N 的演化趋势是一致的，即 γ_{DA} 曲线会出现一个明显的拐点。在循环初始阶段，γ_{DA} 缓慢增长，超过拐点后，γ_{DA} 急剧增长，仅经过数个循环试样就会产生巨大的应变。在前人的研究中也可以观察到类似的应变发展趋势。Li 等（2011）提出，剪切应变幅值曲线的拐点是循环破坏的明显标志，其出现可以作为判断黏土是否发生循环破坏的一个合适标准。为了确定剪切应变曲线的拐点，可以使用两条切线来表示应变曲线的初始和后期的演化趋势。如图 3.17（b）所示，两条切线以一定角度相交，其角平分线与应变曲线相交即为拐点，拐点处的应变为破坏应变。

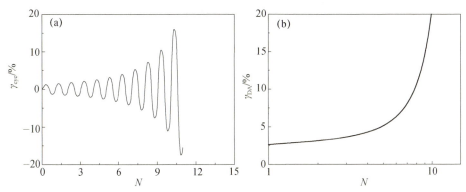

图 3.16　正常固结黏土的典型循环应变特性（σ'_{v0}=200 kPa；CSR=0.27）：
（a）循环剪应变；（b）双幅剪应变

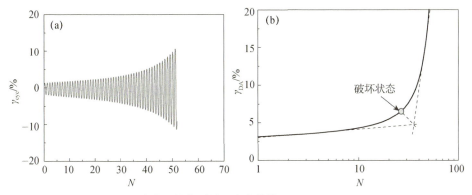

图 3.17　超固结黏土的典型循环应变特性（OCR=8；CSR=0.50）：
（a）循环剪应变；（b）双幅剪应变

3.3.3　循环剪切强度

图 3.18 展示了不同 OCR 下 γ_{DA} 与 N 的关系。观察到 16 个试样中，仅编号

C9 的试样在 1000 个循环内未发生循环破坏，其余 15 个试样都发生了循环破坏。为了达到给定的 γ_{DA} 值，循环次数随着 CSR 的增加而减少。当受到相同 CSR 的循环载荷时，具有更高 OCR 的黏土试样比具有更低 OCR 的黏土试样能承受更多的循环加载次数。以 CSR=0.30 为例，对于 OCR=1 的黏土试样，达到 γ_{DA}=5%所需的 N 小于 2（图 3.18（a））。而对于 OCR=2 的黏土试样而言，N 约为 69（图 3.18（b））。如图 3.18 所示，从整体上可以观察到，OCR 和 CSR 的不同组合会影响试样的 γ_{DA} 发展速率。然而，对于已经达到破坏的试样，γ_{DA} 的发展趋势没有受到影响，即所有 γ_{DA} 曲线都有拐点。当试样的 OCR 相同时，不同 CSR 的 γ_{DA} 曲线拐点可以近似分布在一条斜直线附近。拐点对应的 N 定义为黏土试样的循环破坏次数（N_f）。然而，对于没有发生循环破坏的 C9 试样，则没有 N_f。对于发生循环破坏的试样，不同 CSR 会对应不同 N_f。通过两者的对应关系，可以绘制出黏土试样在不同试验条件下的循环强度曲线。

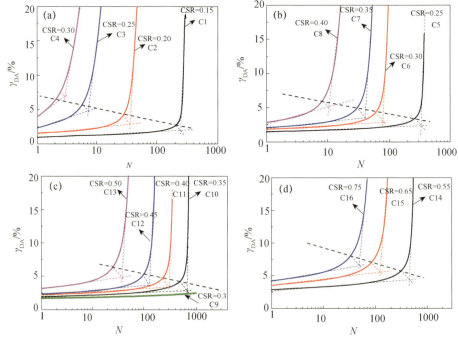

图 3.18 双幅剪应变和循环次数的关系：
（a）OCR=1；（b）OCR=2；（c）OCR=4；（d）OCR=8

图 3.19 总结了不同 σ'_{v0} 的循环强度曲线。三条循环强度曲线基本重合在一起，这表明了在本试验中黏土的 N_f 只和 CSR 有关，而与 σ'_{v0} 无关。CSR 越大对应的 N_f 越小。图 3.20 总结了不同 OCR 的循环强度曲线。从图中可以看出，循环强度曲线随着 OCR 的增大而从上到下分布。在相同的 N_f 下，发生循环破坏的

CSR 随着 OCR 的增加而增加，这意味着 OCR 越大，黏土的循环强度越高。

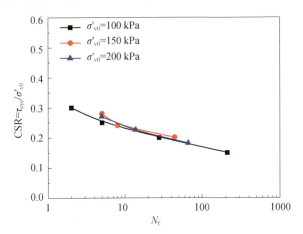

图 3.19　在不同竖向固结应力下软黏土的循环剪切强度

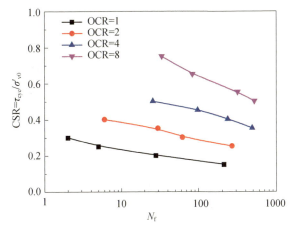

图 3.20　在不同超固结比下软黏土的循环剪切强度

通过将循环剪切强度与单调剪切强度联系起来，Porcino 等（2008）、Hyodo 等（1998）、Jin 和 Guo（2021）提出了一条无关试验条件的统一循环强度曲线，用于预测砂土循环强度。受此启发，本研究用相应的单调峰值剪切强度比（τ_p/σ'_{v0}）归一化循环剪切应力比（τ_{cyc}/σ'_{v0}）。如图 3.21 所示，所有数据点都收敛在一条曲线上，与 OCR 和 σ'_{v0} 无关。随着 N_f 的增加，（τ_{cyc}/σ'_{v0}）/（τ_p/σ'_{v0}）逐渐减小。黏土试样的统一循环强度的曲线可以表示为

$$\frac{\left(\tau_{cyc}/\sigma'_{v0}\right)}{\left(\tau_p/\sigma'_{v0}\right)} = a(N_f)^{-b} \tag{3.1}$$

或

$$N_f = \left(\frac{\tau_{cyc}}{a\tau_p} \right)^{-1/b} \tag{3.2}$$

该公式中 a 和 b 是试验参数。a 表示 $N=1$ 时的归一化循环应力比，是竖向轴的截距；b 表示双对数图中该曲线的斜率。本试验中 $a=0.963$ 和 $b=0.137$。

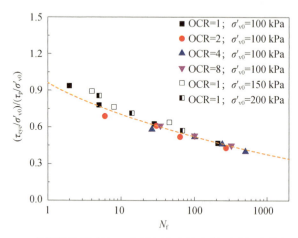

图 3.21　单调峰值强度归一化循环应力比和循环破坏次数的关系

3.3.4　循环刚度退化规律及模型

图 3.22 展示了试样在循环剪切作用下典型的应力-应变关系。以 C13 号试验为例，在循环破坏前，试样的循环剪切应力与剪切应变曲线类似于反"S"形。图中用红色曲线标记了 $N=1$、10 和 26 对应的三个滞回圈。随着循环次数的增加，滞回圈逐渐向水平轴倾斜，这意味着在循环剪切作用下黏土试样的刚度退化。为了量化刚度退化，可以通过如下公式计算每个循环的循环剪切模量 G：

$$G = \frac{\tau_{max} - \tau_{min}}{\gamma_{max} - \gamma_{min}} \tag{3.3}$$

其中，τ_{max} 和 γ_{max} 分别为每个循环中的最大剪切应力和应变，τ_{min} 和 γ_{min} 分别为每个循环中的最小剪切应力和应变。为了量化退化程度，可以定义退化指数 δ 为

$$\delta = \frac{G_N}{G_1} \tag{3.4}$$

其中，G_1 和 G_N 分别是第 1 次和第 N 次循环加载对应的黏土试样的剪切模量。

图 3.23（a）展示了编号 C9 和 C13 试样的 G 与 N 的关系。在半对数坐标图中，对于未发生循环破坏的试样（编号 C9），G 随着 N 线性衰减。然而，对于发生循环破坏的试样（编号 C13），G-N 曲线则表现出不同的发展规律。在循环加载初期，G 的曲线是线性的，但在随后的加载循环中，G 的曲线表现出非线性的发展趋势，即逐渐向水平轴凹陷。类似地，在图 3.23（b）中对比了不同状态下

的刚度退化指数的演化规律，结果也呈现出相似的趋势。

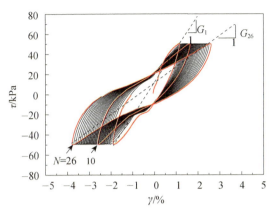

图 3.22　典型试样（编号 C13）的应力-应变关系

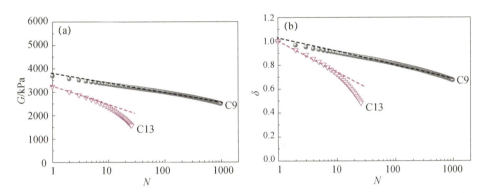

图 3.23　比较发生破坏试样和未发生破坏试样的刚度退化：（a）剪切模量；（b）退化指数

　　对于在循环加载中未发生破坏的试样，先前研究者已经指出在半对数坐标下 δ 随 N 呈线性衰减，可以用对数或者半对数的形式来表达，具体方程如下：

$$\delta = N^{-t} \tag{3.5}$$

或

$$\delta = 1 - d\ln(N) \tag{3.6}$$

其中，t 和 d 是经验参数，取决于应力状态和土的基本物理特性。然而，方程（3.5）或方程（3.6）只适用于描述未发生循环破坏试样的刚度退化，而不能用于描述发生循环破坏试样的刚度退化。

　　为了能够统一表征循环破坏试样和未发生循环破坏试样的刚度演化，提出了一个新的刚度退化模型，具体表达式如下：

$$G = \alpha + \beta \frac{2}{\pi} \arccos\left(\frac{N}{N_f}\right)^{1/\chi} \tag{3.7}$$

其中，N_f 可以通过方程（3.2）计算得到；α、β 和 χ 为试验参数，与试验条件及土样特性有关。通过回归分析，当 $\sigma'_{v0}=100$ kPa 时，χ 和 β 为常数，与 OCR 和

CSR 无关，分别为 6 和 2700；α 是一个和 OCR 有关的参数，当 OCR=1、2、4 和 8 时，α 分别为 900、1400、1500 和 1800。为了验证方程（3.7）的有效性，图 3.24 展示了不同 CSR 和 OCR 下试样剪切模量随循环次数的发展。离散点表示剪切模量的试验结果，虚线表示由方程（3.7）得到的预测结果。预测结果总体上与试验结果相吻合。如图 3.24（c）所示，新的刚度演化模型不仅可以预测循环破坏试样的刚度演化趋势，也可以预测未发生循环破坏试样的刚度演化趋势。

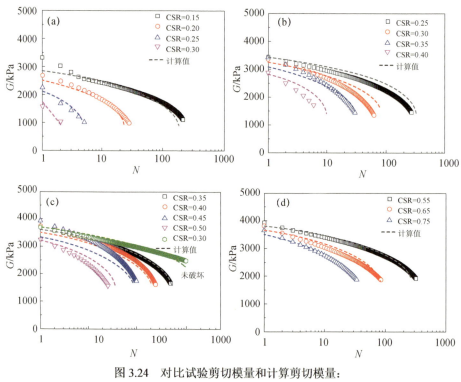

图 3.24　对比试验剪切模量和计算剪切模量：
（a）OCR=1；（b）OCR=2；（c）OCR=4；（d）OCR=8

图 3.25 展示了刚度退化指数（δ）的试验和预测对比结果。虚线由方程（3.4）和方程（3.7）计算得到。类似于图 3.24 中的剪切模量的对比结果，预测结果与试验结果相符。这说明新提出的刚度退化模型可以统一表征循环破坏试样和未发生循环破坏试样的 δ 发展趋势。

考虑到地基土的破坏模式与循环变形有关，因此还对试验和预测的双幅剪应变（γ_{DA}）结果进行了对比。如图 3.26 所示，依据方程（3.3）和方程（3.7）可以得到 γ_{DA} 的计算结果。虽然 γ_{DA} 的预测结果和试验结果总体上能够很好地匹配，但在少数情况下存在显著的差异。为了进一步探究方程（3.7）的准确性，需要将方程的预测值与试验测量值进行比较（图 3.27）。在这三幅图中，横坐标代

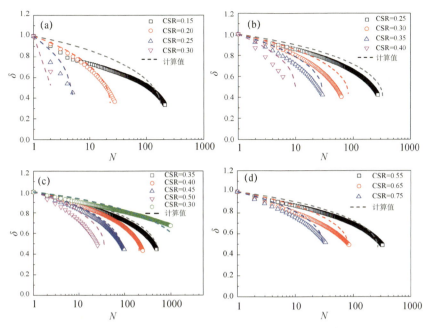

图 3.25 对比试验刚度退化指数和计算刚度退化指数：
（a）OCR=1；（b）OCR=2；（c）OCR=4；（d）OCR=8

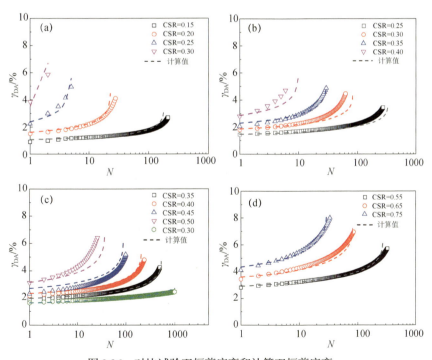

图 3.26 对比试验双幅剪应变和计算双幅剪应变：
（a）OCR=1；（b）OCR=2；（c）OCR=4；（d）OCR=8

表了试验测试值，纵坐标代表了模型预测值。空心点为预测值和测试值组成的数据点。红色实线代表 0 误差线，两条虚线代表 15% 误差线。从图中可以看出，空心数据点基本上都汇聚在 0 误差线附近，分散在两条 15% 误差线内。这说明 16 组预测结果和试验结果的最大误差不超过 15%。预测和实测之间的误差可能来自以下几个方面：①测试结果本身存在错误；②误差来源于建立的方程（3.2）和方程（3.7）。更重要的是，由于方程（3.7）中的 N_f 是通过方程（3.2）计算得到的，因此方程（3.2）中的误差会在方程（3.7）中传递和放大。因此，误差范围 ±15% 是可接受的，并且这种预测误差范围在其他已有研究中也是可接受的。

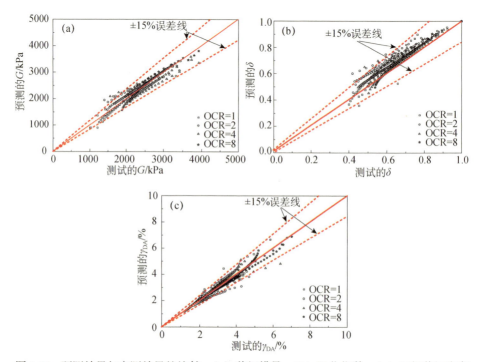

图 3.27　预测结果与实测结果的比较：（a）剪切模量；（b）退化指数；（c）双幅剪切应变

　　方程（3.7）包括了三个经验参数（α，β，χ），这些参数与试验条件、土基本特性有关。前文已经证实了 OCR 对这三个参数的影响。为了进一步研究其他试验条件对三个模型参数的影响，图 3.28 展示了在不同初始固结应力（σ'_{v0}）下的刚度演化试验结果，其中图 3.28（a）中 σ'_{v0} 为 150 kPa，图 3.28（b）中 σ'_{v0} 为 200 kPa。在每个 σ'_{v0} 下，进行了三个不同 CSR 的循环剪切试验。此外，图 3.29 展示了不同加载频率（f）下的刚度演化试验结果，其中图 3.29（a）中 f 为 0.3 Hz，图 3.29（b）中 f 为 0.5 Hz。每个 f 下，进行了三个不同 CSR 的循环剪切试验。从图中可以观察到，发生循环破坏的试样的 G-N 曲线同样展示了非线性的衰减趋势。图中虚线由方程（3.7）计算得到，空心点代表实测数据。通过计算结果和测试结果的良好匹配，再次证明方程（3.7）对刚度演化描述的适用性。不同 σ'_{v0} 和 f 下刚度退化模型参数（α，β，χ）值可以通过回归分析得到，表 3.1 总结了不同试验条件下的 α，β，χ 值。

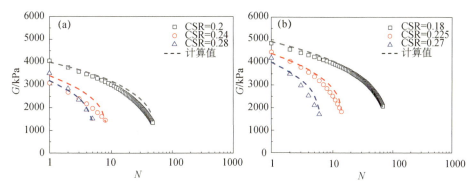

图 3.28　试验剪切模量与计算剪切模量的比较：（a）σ'_{v0}=150 kPa；（b）σ'_{v0}=200 kPa

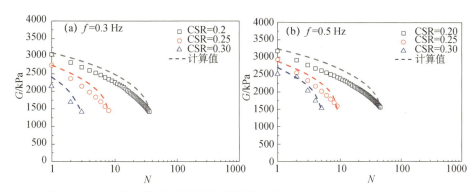

图 3.29　试验剪切模量与计算剪切模量的比较：（a）f=0.3 Hz；（b）f=0.5 Hz

表 3.1　不同试验条件下的模型参数

试验条件		α	β	χ
OCR=1		900	2700	6
OCR=2	σ'_{v0}=100 kPa	1400	2700	6
OCR=4	f=0.1 Hz	1500	2700	6
OCR=8		1800	2700	6
f=0.3 Hz	OCR=1	1400	2700	6
f=0.5 Hz	σ'_{v0}=100 kPa	1500	2700	6
σ'_{v0}=150 kPa	OCR=1	1400	4000	6
σ'_{v0}=200 kPa	f=0.1 Hz	1900	4500	6

参数 χ 是一个常数，不受 OCR、CSR、f 和 σ'_{v0} 的影响。实际上，χ 控制着 G-N 曲线的形状。因此，它可能取决于试验用土的基本特性和应力路径。参数 β 与

47

OCR 和 f 无关，但随 σ'_{v0} 的增大而增大。最后，观察到参数 α 随着 OCR、f 和 σ'_{v0} 的增加而增加，因为它与试样破坏时的剪切模量有关。

总的来说，经验模型可以统一表征在不同条件下发生循环破坏和未发生循环破坏试样的刚度演化。模型参数（α，β，χ）可能取决于应力条件和土的基本性质。然而，在本章研究中，试样只受到了单一方向的循环加载，并且只考虑了一种黏土。土的基本特性（如塑性指数）和复杂应力条件等因素都可能会影响模型参数，这需要在未来的研究中进一步探究。

3.3.5　循环孔隙水压力发展以及和剪切模量的关系

图 3.30 展示了不同 OCR 下，未破坏试样的 u 随 N 的变化。对于 OCR=1 的试样，在循环加载过程中，所有试样都产生了正 u。CSR 的增大加速了 u 的发展。与单调试验结果类似，由于应力历史的影响，超固结试样在剪切过程中会表现出剪胀现象，即试样在循环剪切的初始阶段产生了负 u。当试样的负 u 达到峰值后，在随后的循环剪切过程中，试样表现出剪缩现象。此时，试样开始产生正 u，u-N 曲线开始朝着纵坐标的正方向发展。先前针对超固结黏土的循环剪切研究中也观察到类似的 u 的发展模式，其特征是 u 先减少随后增加。对于超固结黏

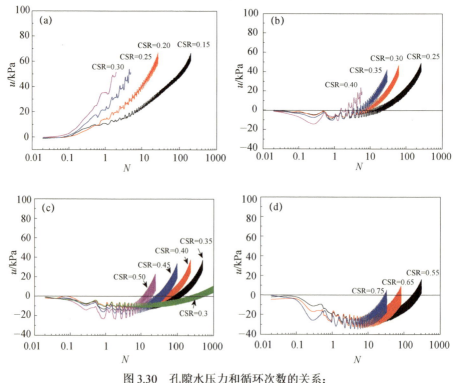

图 3.30　孔隙水压力和循环次数的关系：
（a）OCR=1；（b）OCR=2；（c）OCR=4；（d）OCR=8

土试样，试样的负 u 峰值随着 OCR 的增加而增加。例如，OCR=2 的黏土试样在循环剪切过程中产生的峰值 u 约为−10 kPa；OCR=4 和 8 的峰值分别约为−15 kPa 和−34 kPa。然而，在给定的 OCR 下，负 u 峰值不受 CSR 的影响。

图 3.31 展示了不同 OCR 下，试样的剪切模量（G）和残余孔隙水压力（u_r）之间的关系。从图中可以观察到，不同 CSR 下试样的 G-u_r 数据点收敛聚集成一条窄带子，其形状取决于 OCR 值。当 OCR=1 时，G 随着 u_r 的增加而减小。对于超固结黏土而言，G-u_r 曲线呈现出"钩状"特征，G 随着 u_r 呈现出非线性变化。随着 OCR 增加，G-u_r 曲线表现出更为显著的非线性特性，且整体趋势向纵坐标负方向移动。尽管 OCR 影响了 G-u_r 曲线的形状，但几乎没有影响 u_r 的绝对变化幅度。如图 3.31（a）所示，当 OCR=1 时，试样发生破坏时产生的 u_r 约 63 kPa，即试样的 u_r 变化的绝对值为 63 kPa。如图 3.31（d）所示，OCR=8 的试样首先产生−30 kPa 的 u_r；随后的循环剪切中产生 34 kPa 的 u_r；最终 u_r 值为 4 kPa。u_r 变化幅度的绝对值约为 64 kPa。在图 3.31（b）和图 3.32（c）中，OCR=2 和 4 的试验结果显示了 u_r 变化幅度的绝对值约为 62 kPa。G-u_r 的窄带趋势大致可以用以下表达式表示：

$$u_r = A_1 \times G^3 + B_1 \times G^2 + C_1 \times G + D_1 \tag{3.8}$$

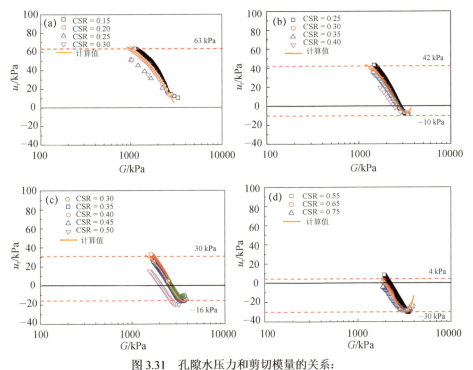

图 3.31　孔隙水压力和剪切模量的关系：
（a）OCR=1；（b）OCR=2；（c）OCR=4；（d）OCR=8

其中，A_1、B_1、C_1 和 D_1 是试验拟合参数，这些参数取决于应力状态和土的基本性质。

图 3.32 和图 3.33 展示了在不同 σ'_{v0} 值和 f 值下，G 和 u_r 的关系。考虑到 σ'_{v0} 的不同，为了便于分析不同 σ'_{v0} 下 u_r 的特性，图 3.32 采用了 σ'_{v0} 对 u_r 进行归一化处理。对于不同 f 的 u_r 结果，同样进行了归一化处理。结果显示，当 $\sigma'_{v0}=150\ \text{kPa}$ 和 200 kPa 时，不同 CSR 下的 $u_r/\sigma'_{v0}\text{-}G$ 曲线能够汇聚在一个狭窄的带子内。类似的现象也呈现在不同 f 的结果中（图 3.33）。值得注意的是，不同 σ'_{v0} 值和 f 值对 $u_r/\sigma'_{v0}\text{-}G$ 曲线的形状没有影响，但影响了 $u_r/\sigma'_{v0}\text{-}G$ 曲线的值。

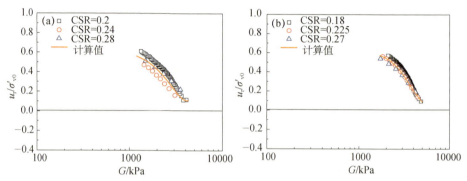

图 3.32　归一化孔隙水压力和剪切模量的关系：（a）$\sigma'_{v0}=150\ \text{kPa}$；（b）$\sigma'_{v0}=200\ \text{kPa}$

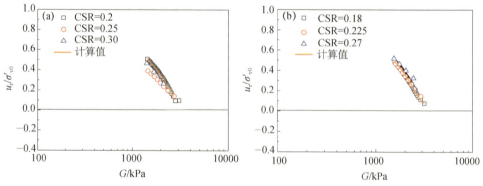

图 3.33　归一化孔隙水压力和剪切模量的关系：（a）$f=0.3\ \text{Hz}$；（b）$f=0.5\ \text{Hz}$

3.4　多向循环下饱和黏土单剪试验研究

3.4.1　循环有效应力路径和应力-应变关系

如图 3.34 所示，单向循环加载试验在 x 向的加载波形是一个正弦波，其幅值定义为 τ_x；多向循环加载试验是在试样的 x、y 向同时施加两个相位差为 $90°$ 的正弦荷载，y 向的加载幅值定义为 τ_y。选择 $90°$ 的相位差是因为相较于其他相位差（如 20°、45°、70°等），对于黏土试样的循环特性而言，90°的相位差是最不利的加载情况[40, 155]。如图 3.35 所示，在 τ_x-τ_y 平面内，单向循环加载应力路径是水平线；而多向循环加载应力路径由于两个方向的加载幅值比（$\eta=\tau_x/\tau_y$）不同，可以是圆形或椭圆形。循环应力比（CSR）定义为 τ_x 与 σ'_{v0} 的比值（即 CSR=τ_x/σ'_{v0}）。

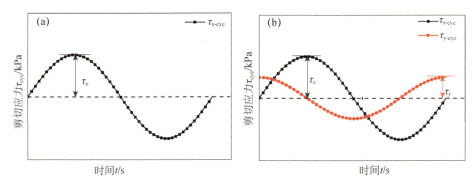

图 3.34　循环剪切应力示意图：（a）单向循环加载；（b）多向循环加载

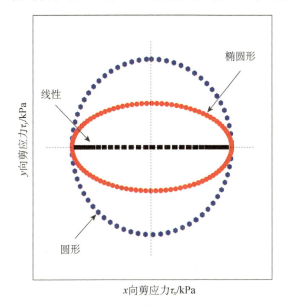

图 3.35　单向和多向循环荷载条件下的循环剪切应力路径示意图

图 3.36 展示了编号 L2 的有效循环应力路径和应力-应变曲线的典型结果。在前两个循环中，由于孔隙水压力的生成，有效应力（σ'_v）急剧减小。随后的循环加载中，σ'_v 的减小速率减缓，最终形成一个"子弹型"的应力路径。图 3.36（a）中还叠加了单调剪切试验中得到的破坏线（FL）。当有效应力路径碰触到 FL后，循环剪应力幅值会小于 20 kPa 的目标值，这种现象称为应变软化（strainsoftening）。为了和前面循环应力路径区分，碰触到 FL 后的应力路径用红色曲线表示。这种应变软化现象也可以在应力-应变滞回曲线中观察到。在试验初期，滞回曲线相互紧密贴合。当有效应力路径碰触到 FL 后，滞回曲线开始逐渐分散。

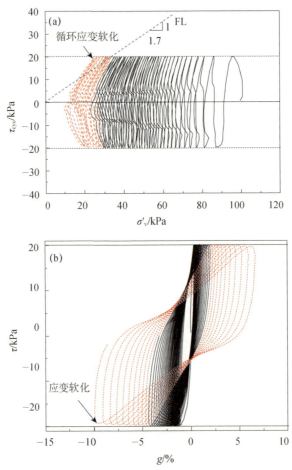

图 3.36　在单向循环荷载作用下软黏土的循环单剪响应（试验编号 L2：CSR=0.2）：
（a）有效循环应力路径；（b）应力-应变曲线

多向循环加载是通过在 x 和 y 方向上的循环加载来实现的。为了同时考虑 x 和 y 方向上的剪切应力或应变，合剪切应力（$\tau_{\text{R-cyc}}$）和合剪切应变（$\gamma_{\text{R-cyc}}$）定义如下：

$$\tau_{\text{R-cyc}} = \sqrt{\tau_{x\text{-cyc}}^2 + \tau_{y\text{-cyc}}^2} \tag{3.9}$$

$$\gamma_{\text{R-cyc}} = \sqrt{\gamma_{x\text{-cyc}}^2 + \gamma_{y\text{-cyc}}^2} \tag{3.10}$$

图 3.37 展示了椭圆剪切应力路径（编号 E2）的有效循环应力和应力-应变曲线的典型结果。在该试验中，CSR 和 η 分别为 0.2 和 0.7。和单向循环加载试验

结果类似，当循环应力路径碰触到 FL 时，试样发生应变软化现象。从图 3.37（a）中可以看出，合循环剪应力幅值小于 20 kPa 的目标值。如图 3.37（b）所示，两个方向的滞回曲线都逐渐地向水平轴倾斜，这意味着剪切刚度的衰减以及剪应变的急剧增加。在两个方向的应力-应变滞回圈中同样可以观察到应变软化现象。

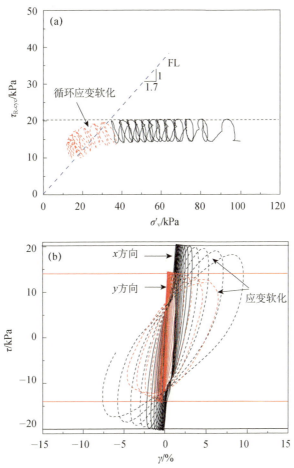

图 3.37　在多向循环荷载作用下软黏土的循环单剪响应（试验编号 E2：CSR=0.2 和 η=0.7）：（a）有效循环应力路径；（b）应力-应变曲线

保持 CSR 相同，η 值增加到 1，可以形成一个圆形剪切应力路径。图 3.38 展示了圆形剪切应力路径（编号 C4）的有效循环应力和应力-应变曲线的典型结果。与椭圆剪切应力路径和线性剪切应力路径的试验结果不同，圆形剪切应力路径的有效应力路径在碰触到 FL 之前是一条水平线。η 值的变化会改变有效应力路径的形状。类似地，当循环应力路径碰触到 FL 时，试样发生应变软化现象（图 3.38（b））。相比于单向循环试验（编号 L2），当循环应力路径碰触到 FL

后，滞回圈同样显著分散。y 向双幅剪应变在 3 个循环后就达到了 10%。

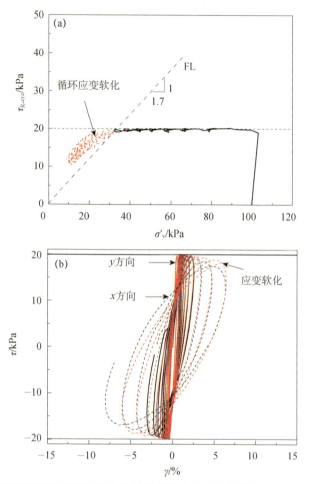

图 3.38　在多向循环荷载作用下软黏土的循环单剪响应（试验编号 C4：CSR=0.2 和 η=1：
（a）有效循环应力路径；（b）应力-应变曲线

3.4.2　剪应变发展以及循环抗剪强度

如图 3.39（a）所示，在 x 和 y 方向上的循环剪切应变（γ_{cyc}）发展曲线呈喇叭状。这表明 γ_{cyc} 的幅度随着 N 的增加而增加。为了更方便地描述多向循环剪切试验中 γ_{cyc} 的演变，图 3.39（b）绘制了 $\gamma_{R\text{-}cyc}$ 和 N 的关系。在该图中，标记了残余合剪切应变（$\gamma_{R\text{-}r}$），即一个循环结束时的 $\gamma_{R\text{-}cyc}$。$\gamma_{R\text{-}r}$-log（N）之间的关系呈现出非线性模式。$\gamma_{R\text{-}r}$ 在循环加载的初始阶段发展缓慢。然而，当循环次数达到一定值时，$\gamma_{R\text{-}r}$-log（N）曲线出现拐点。随后，$\gamma_{R\text{-}r}$ 急剧增加，试样会在几个循环内破坏。和 3.3 节类似，剪切应变曲线的拐点是循环破坏的明显标志，可以认为是判断黏土试样是否发生循环破坏的一个合适标准。在图 3.39（b）中，N_f 等于

6.4，向下取整为 6。

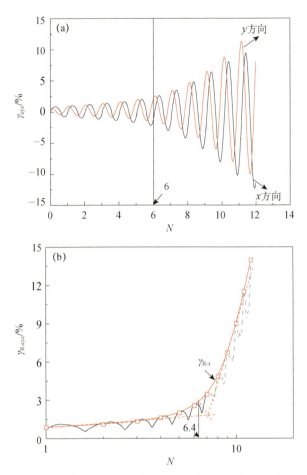

图 3.39　在多向循环荷载作用下软黏土的剪应变（试验编号 C3：CSR=0.2 和 $\eta=1$）：
（a）两个方向的循环剪应变；（b）合剪应变

图 3.40 总结了本节所有多向循环试验的 γ_{R-r} 和 N 的关系。从图中可以看出，不同的循环加载模式并没有影响 γ_{R-r}-log（N）曲线的发展模式，都存在拐点。

如图 3.41 所示，通过组合循环剪切应力比和破坏循环次数，可以在 CSR-log（N_f）平面中确定当 OCR=1 时各种 η 值下的循环强度曲线。一般情况下，当 η 保持不变时，N_f 随着 CSR 的增加而下降。此外，循环强度曲线随着 η 的增加从上到下分布，这表明黏土试样的循环剪切强度随着 η 的增大而降低。在该图中，对应于 $\eta=0$ 和 1 的 CSR-N_f 曲线可以分别作为循环强度曲线的上限和下限。这两条循环强度曲线可以由以下方程表示：

$$\mathrm{CSR} = a\lambda(N_f)^{-b} \tag{3.11}$$

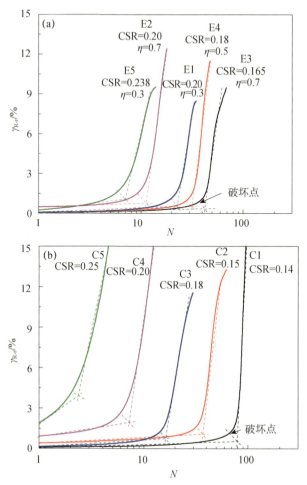

图 3.40 在多向循环荷载作用下残余合剪应变和循环次数的半对数图：
（a）椭圆应力路径；（b）圆形应力路径

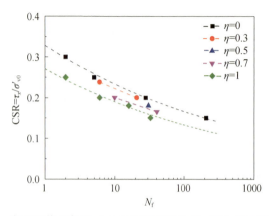

图 3.41 在不同剪应变比（η）下循环破坏次数（N_f）和 CSR 的关系

根据线性应力路径的试验结果，a 和 b 分别为 0.32 和 0.15。参数 λ 可以反映两者间的剪切强度差异，对于线性（$\eta=0$）和圆形（$\eta=1$）剪切应力路径，其值分别为 1 和 0.775。

为了研究椭圆应力路径（即 $0<\eta<1$）对循环抗剪强度的影响，图 3.42 展示了循环剪应力幅值比（η）与归一化破坏循环次数（$N_f/N_f^{\eta=0}$）的关系。其中，$N_f^{\eta=0}$ 代表了单向循环剪切试验下的循环破坏次数，可通过方程（3.2）进行计算。在 η-ln（$N_f/N_f^{\eta=0}$）的关系中，线性关系与 CSR 无关。通过以下方程可反映出 η 对 N_f 的影响：

$$\eta = \frac{1}{\ln(\lambda^{1/b})}\ln(N_f/N_f^{\eta=0}) \tag{3.12}$$

或

$$N_f/N_f^{\eta=0} = \lambda^{\eta/b} \tag{3.13}$$

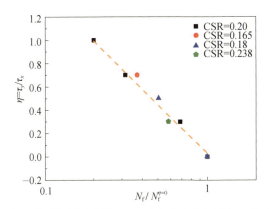

图 3.42　归一化破坏循环次数 $N_f/N_f^{\eta=0}$ 与剪应力幅值比 η 的半对数图

把方程（3.13）代入方程（3.11），可以得到如下表达式：

$$CSR = a\lambda^{\eta}(N_f)^{-b} \tag{3.14}$$

方程（3.13）表明黏土在多向剪切（即椭圆形和圆形应力路径）下的循环强度是单向剪切（即线性应力路径）的 λ^{η} 倍。如图 3.43 所示，在 CSR/λ^{η}-N_f 平面内，不同 η 值对应的循环强度数据点汇聚在一条曲线附近，这验证了方程（3.14）的正确性。

3.4.3　循环刚度退化

图 3.44 描述了当 τ_x 为 20 kPa 时，在试样循环破坏前，不同 η 值下的循环剪切应力路径和剪切应变路径。在 $\tau_{x\text{-cyc}}$-$\tau_{y\text{-cyc}}$ 平面（图 3.44（a））中，当 $\eta=0$ 和 1 时，施加在试样的循环剪应力路径分别为水平直线和圆形曲线，而其他 η 值的循环剪切应力路径为椭圆形曲线。在上述应力路径作用下，在 $\gamma_{x\text{-cyc}}$-$\gamma_{y\text{-cyc}}$ 平面中给出了第 6 个循环时试样的应变路径曲线。由于剪切应变仅在 $\eta=0$ 时沿 x 方向产

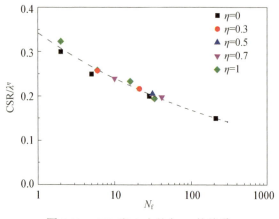

图 3.43　CSR 和 λ^{η} 之比与 N_{f} 的关系

生，因此重点关注 η 对 x 方向应变发展的影响。考虑到试样在各个水平方向上都有应变产生，对于 η 小于 1 的情况，剪应力在 x 向最大。对于圆形应力路径（$\eta=1$），最大剪应变可能在 x 方向，也可能在 y 向。因此，定义了两个方向上较大的双幅应变为 $\gamma_{\mathrm{DA\text{-}max}}$。如图 3.44（b）所示，$\gamma_{\mathrm{DA\text{-}max}}$ 表示在循环中 x 或者 y 向的最大和最小剪切应变之间的绝对差值，表示剪切应变路径的最大范围。$\eta=0$ 和 0.3 的 $\gamma_{\mathrm{DA\text{-}max}}$ 值分别为 1.93% 和 1.85%，两者之间差异不大。然而，随着 η 的进一步增加，η 对 $\gamma_{\mathrm{DA\text{-}max}}$ 的影响开始显现。具体而言，η 值为 0.7 和 1 时，$\gamma_{\mathrm{DA\text{-}max}}$ 值分别达到 2.65% 和 4.18%。

考虑到所有循环施加的都是幅值恒定的循环应力，可通过 x 或者 y 方向上剪切模量演化进一步研究 $\gamma_{\mathrm{DA\text{-}max}}$ 的响应。剪切模量定义为

$$G_{\min} = \frac{\tau_{x,y\text{-}\max} - \tau_{x,y\text{-}\min}}{\gamma_{\mathrm{DA\text{-}max}}} \tag{3.15}$$

其中，$\tau_{x,y\text{-}\max}$ 和 $\tau_{x,y\text{-}\min}$ 分别表示每个循环中 x 或者 y 方向上的最大和最小剪切应力。选择两个方向中较大剪应变以及相对应的剪应力代入方程（3.15）中，可计算出两个方向上剪切模量（$G_{\min}$）退化的最不利情况。由于线性路径下，剪切刚度的演化在 3.3 节中已经详细介绍，因此后续仅呈现圆形应力路径和椭圆应力路径下的剪切模量的退化规律。如图 3.45 所示，无论是圆形应力路径还是椭圆应力路径，试样破坏前的 $G_{\min}$-$\log N$ 曲线都呈现向上凸的形状。如图 3.45（a）所示，在圆形剪切应力路径下，第一个循环的 $G_{\min}$ 值随着 CSR 的增加而降低。此外，CSR 的增加加速了模量的退化。如图 3.45（b）所示，虽然在初始循环阶段，η 对 $G_{\min}$ 的影响不显著，但在随后的循环加载阶段，会导致 $G_{\min}$ 的大幅降低。随着 η 的增加，圆形应力路径下的实时剪切应力大于椭圆形应力路径上的剪切应力。这种更大的实时剪切应力对黏土试样的内部结构造成了更明显的损伤，从而导致更大的应变和更显著的刚度退化。

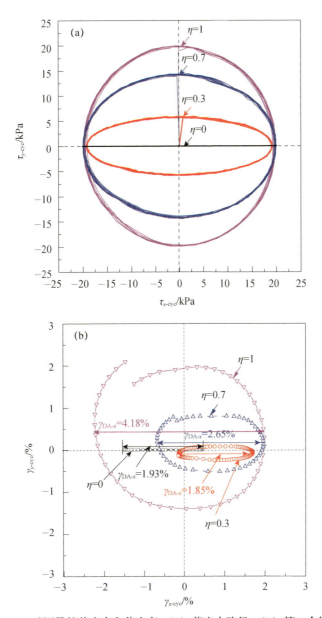

图 3.44 当 CSR=0.2 时测量的剪应力和剪应变：（a）剪应力路径；（b）第 6 个循环时的剪应变

基于单向循环剪切试验结果，建立了一个新的刚度软化模型，用于计算试样在循环破坏前的刚度退化规律。该模型定义如下：

$$G_{\min} = \alpha + \beta \frac{2}{\pi} \arccos \left(\frac{N}{N_{\mathrm{f}}} \right)^{1/\chi} \tag{3.16}$$

其中，模型参数 χ 控制了 $G_{\min}$-N 曲线的形状；β 与 σ'_{v0} 相关；α 是循环破坏时的

$G_{\min}$。本节中，正常固结试样的 σ'_{v0} 为 100 kPa，与 3.3 节中正常固结土的一致。值得注意的是，图 3.45 中所有试样循环破坏时的 $G_{\min}$ 值约为 900 kPa，试样破坏时的 $G_{\min}$ 对 η 不敏感。因此，为了使用方程（3.16）预测图 3.45 中的试验结果，尝试将 β 和 α 值分别设定为 2700 和 900，和正常固结土的单向循环试验中模型参数一致。回归分析表明，与线性应力路径中的取值不同，在圆形应力路径试验中 χ 的值为 3。如图 3.45（a）所示，点状图例是实测数据，虚线图例是计算数据，可以看出预测结果与试验结果总体上是一致的。如图 3.45（b）所示，计算和测试结果之间的对比再次证实 η 影响了 χ 的值。具体而言，对于 η 分别为 0、0.3、0.7 和 1 时，相应的 χ 值分别为 6、5、4 和 3。

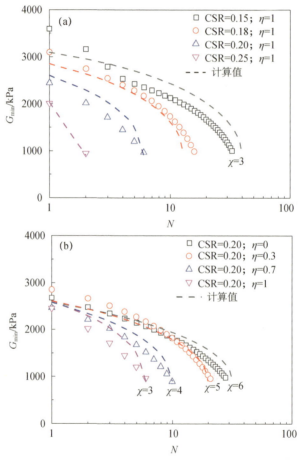

图 3.45　循环剪切模量的发展（$G_{\min}$）：（a）η=1；（b）变化的 η 值

如图 3.46 所示，使用了不同 CSR 和 η 值下的试验结果来验证方程（3.16）以及参数取值的正确性。预测和计算结果的良好匹配表明，对于正常固结软黏土试样而言，CSR 和 η 不影响方程（3.16）中参数 β 和 α 的取值，但 η 会影响参数

χ 的取值。当 $\eta=0$、0.3、0.5、0.7 和 1 时，对应的参数 χ 取值分别为 6、5、4.2、4 和 3，即参数 χ 随着 η 的增加而减小。

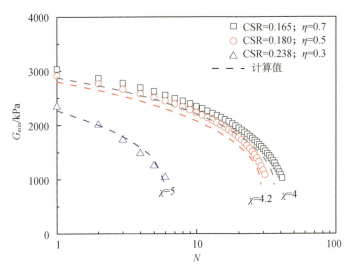

图 3.46　椭圆应力路径下循环剪切模量（G_{min}）的发展

表 3.2 汇总了不同试验条件下三个模型参数取值。从表中可以看出，参数 β 是常数，与复杂应力路径无关；参数 α 是循环破坏时对应的 G_{min} 值，随着 OCR 的增加而增加；参数 χ 对试验条件很敏感，容易受 η 值以及 η 和 OCR 的共同影响。

表 3.2　不同试验条件下模型参数

试验条件		α	β	χ
OCR=1		900	2700	3
OCR=2	$\eta=1$	1400	2700	3.2
OCR=4		1500	2700	4.5
OCR=8		1800	2700	5
OCR=1	$\eta=0.7$	900	2700	4
OCR=1	$\eta=0.5$	900	2700	4.2
OCR=1	$\eta=0.3$	900	2700	5
OCR=1	$\eta=0$	900	2700	6

3.4.4　能量耗散分析多向循环剪切特性

为了统一分析多向循环加载效应，采用了能量耗散概念来表征多向循环应力路径下黏土的循环响应。耗散的能量表示土骨架在循环荷载过程中所承受的不可逆的结构损伤。能量耗散密度由剪切应力与剪切应变相关的滞回曲线的面积表示，其计算如下：

$$W = \tau\gamma \qquad (3.17)$$

在多向剪切试验中，方程（3.17）可以改写为

$$W = \tau_{\text{R-cyc}} \gamma_{\text{R-cyc}} \tag{3.18}$$

把方程（3.9）和（3.10）代入方程（3.18）可以得到如下方程：

$$W = \sqrt{(\tau_{x\text{-cyc}} \gamma_{x\text{-cyc}})^2 + (\tau_{y\text{-cyc}} \gamma_{y\text{-cyc}})^2 + \tau_{y\text{-cyc}} \gamma_{x\text{-cyc}} + \tau_{x\text{-cyc}} \gamma_{y\text{-cyc}}} \tag{3.19}$$

式中前两个括号内的项可以通过计算 x 和 y 方向上滞回圈的面积来评估。由于最后两项的应力和应变方向相互垂直，因此不存在能量耗散（即，最后两项值为零）。评估过程如图 3.47 所示，其中滞回曲线的面积被离散为一系列荷载增量，即

$$W_{x,y} = \sum_{i=1}^{n-1} \frac{1}{2} (\tau_{i+1} + \tau_i)(\gamma_{i+1} - \gamma_i) \tag{3.20}$$

其中，n 表示增量的总数，τ_i 和 γ_i 分别表示第 i 个增量的剪应力和剪应变。

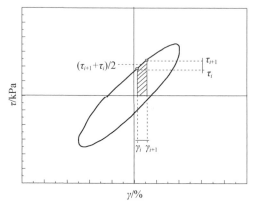

图 3.47　滞回圈面积计算原理示意图

图 3.48 展示了能量耗散（W）随循环次数（N）的发展。W 随 N 的累积表现出与 $\gamma_{\text{R-r}}$ 发展相似的模式，即在循环加载初始阶段，W 的增长缓慢，当循环次数达到一定值时，W 急剧增加。W 的累积高度依赖于 CSR 和 η。如图 3.48（a）和（b）所示，当 CSR 变化而 η 保持不变时，在第一个加载循环（$N=1$）期间，耗散的能量随着 CSR 的增加而增加。随着 N 的增加，在达到破坏状态之前，相邻 W-log（N）曲线之间的间隙会增加。如图 3.48（c）所示，当 η 变化而 CSR 保持不变时（E1，E2），也可以观察到类似的现象。实心点的垂直坐标表示试样发生循环破坏时的能量耗散，表示为 W_{f}。从图中可以看出，W_{f} 随着 N_{f} 减小而增加，且依赖于循环剪应力幅值。在相同的应力路径下，W_{f} 位于一条斜直线附近。

试验编号 L3、C4 和 E5 的 N_{f}=6；试验编号 L2、C2 和 E4 的 $N_{\text{f}} \approx 30$。对于这些情况，W 随 N 的累积曲线如图 3.49 所示。可以观察到，相同/相似 N_{f} 对应的 W-log（N）曲线几乎重叠。

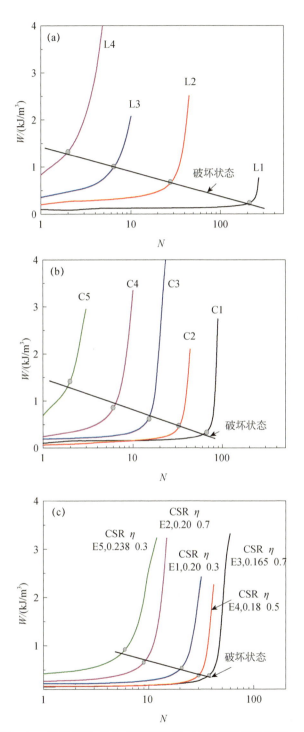

图 3.48 能量耗散（W）随循环次数（N）发展半对数图：
（a）线性应力路径；（b）圆形应力路径；（c）椭圆应力路径

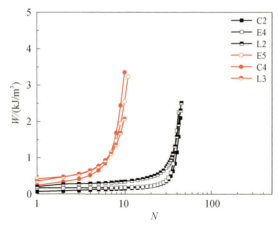

图 3.49 在相似循环破坏次数（N_f）下能量耗散累积（W）与循环次数（N）的比较

图 3.50 总结了循环破坏时能量耗散（W_f）与循环破坏次数（N_f）的关系。符合图 3.49 展示的结果预期，无论应力路径如何，所有数据点都汇聚在一条曲线上。这意味着对于正常固结黏土，CSR 和 η 对循环强度的耦合作用可以通过能量耗散的概念来统一解释。

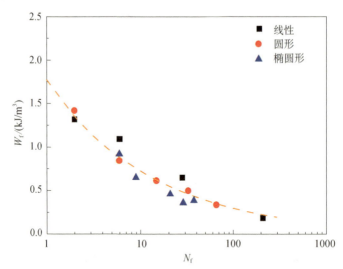

图 3.50 破坏时能量耗散（W_f）与循环破坏次数（N_f）的关系

软黏土的孔隙水压力（u）对于理解其循环响应和评估有效应力非常重要。图 3.51 展示了典型的正常固结软黏土试样的循环 u 随 N 的发展。这四个试验具有相同的 CSR 但不同的 η 值。u 的累积率随 η 的增加而增加。例如，当 $\eta=0$ 时，试样需要 24 个循环才能达到 60 kPa 的 u，而当 $\eta=1$ 时，仅需 6 个循环就能达到相同的 u。随着循环次数的增加，u 的发展趋势遵循相同的幂函数发展模式，与 η 的取值无关。如图 3.51 所示，u 可分为瞬态分量和残余分量。前者等于总应力的变化，因此它会随着循环载荷而振荡；后者是每个应力循环结束时的 u 值，即循环剪切应力变为零时的 u[22]。因此，残余孔隙水压力（u_r）反映了不可恢复的孔隙水压力的累积，它直接影响有效应力，从而改变黏土试样的强度。

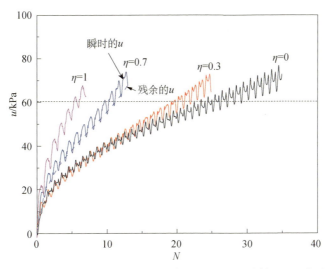

图 3.51　在 CSR=0.2 时孔隙水压力（u）随循环次数（N）发展

能量耗散的概念不仅适用于评估黏土试样在循环破坏状态时的响应，前人还从能量耗散角度对 u_r 的发展进行了研究。图 3.52 展示了正常固结试样中 u_r 随能量耗散的变化情况。总体上，在半对数平面（u_r-log（W））中，u_r 与 W 曲线都向垂直轴凸出，与应力路径无关，即与 CSR 和 η 无关。从图中可以看出，随着能量耗散的增加，u 的发展速率逐渐降低。如图 3.52（a）和（b）所示，在给定的孔隙水压值（例如，u_r=50 kPa）下，W 随着 CSR 增加而增加。如图 3.52（c）所示，编号 E1 和 E2 的两个试样具有相同的 CSR，但 E1 的 η 为 0.3，小于 E2 的 0.6。当 u_r=50 kPa 时，η 越大，对应的 W 也越大。总体而言，当试样产生相同的残余孔隙水压值时，应力水平越大（CSR 和 η 越大），需要消耗的能量越大。

如图 3.53 所示，残余孔隙水压力的发展可以通过除以破坏时的残余孔隙水压力来归一化，即 u_r/u_f。能量耗散的累积也可以采用相同的方式处理，即 W/W_f。从图中可以看出，试验数据位于由两条虚线限定的窄条内。这表明软黏土的归一化孔隙压力和归一化能量的关系与循环剪应力路径基本无关。

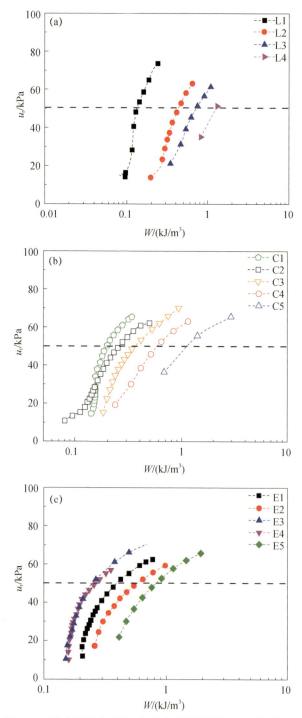

图 3.52　残余孔隙水压力（u_r）与耗散能量（W）的关系：
（a）线性应力路径；（b）圆形应力路径；（c）椭圆应力路径

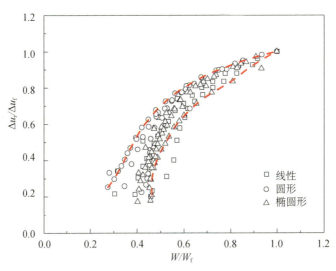

图 3.53　归一化残余孔隙水压力和归一化能量耗散的关系

3.5　本章小结

（1）在循环试验中，超固结比、循环应力比和循环应力路径会影响试样循环剪应变以及 γ_{DA} 的累积速率，但不影响发生循环破坏试样的 γ_{DA} 的发展趋势。所有破坏试样的 γ_{DA} 曲线均存在拐点。在拐点前 γ_{DA} 逐渐增加，之后急剧发展。对应于拐点的循环次数定义为循环破坏次数（N_f）。

（2）黏土试样的循环强度曲线（CSR-N_f）不受 σ'_{v0} 影响，但循环强度会随着 OCR 增加而增强。使用相应的单调峰值剪切强度比归一化循环剪切应力比，即 $(\tau_{cyc}/\sigma'_{v0})/(\tau_f/\sigma'_{v0})$，可以获得评估循环剪切强度的统一指标。不同 OCR 和 σ'_{v0} 值下，循环强度结果在 $(\tau_{cyc}/\sigma'_{v0})/(\tau_f/\sigma'_{v0})$-$N_f$ 平面内收敛为一条唯一的曲线。因此，单调剪切强度可作为评估循环强度的参考指标。

（3）在多向循环剪切应力（即圆形和椭圆形应力路径）作用下，黏土的循环剪切强度是单向循环剪切应力下（即线性应力通路）的 0.775^{η} 倍。这个明确的关系有助于在实际岩土工程设计中考虑环境荷载的多向循环效应。

（4）新的刚度退化模型统一表征未发生循环破坏试样和发生循环破坏试样的刚度演化规律。通过不同 CSR、OCR、σ'_{v0}、f 和应力路径的试验结果验证了该模型的适用性。该模型只有三个试验参数（α，β，χ），其中 χ 控制 G-N 曲线的形状，与 OCR、f 和 σ'_{v0} 无关，受 η 值影响；β 与 σ'_{v0} 有关；α 随着 σ'_{v0}、OCR 和 f 的增加而增加。

第4章 饱和软黏土动力特性三轴试验研究

4.1 概述

动三轴试验是一种用于研究土体动力特性的实验室测试方法，主要应用于土木工程领域，特别是地质和岩土工程。这种测试通过在实验室条件下模拟土体在动态荷载下的行为，来研究土体的动力特性，如动强度、变形和稳定性等，主要用于模拟和研究地震、沙土液化、评估振动对现场土体的影响等。动三轴是迄今为止研究循环荷载下土体强度和变形特性最为广泛的试验仪器，在国内外高校、科研机构以及工程单位普及最广。三轴试验适用于各种土类，如原状或重塑黏土、粉土及砂砾等；可用以测定土的强度参数、应力变形参数、土的消散系数、静止侧压力系数及渗透系数等；在测定强度方面与直接剪切试验相比，试样的剪切面不是固定的，而是沿着最弱的面产生剪切；在试验方法方面，可以根据工程条件控制排水，测定孔隙水压力，较可靠地测定试验过程中试样的体积变化；可以模拟工程现场的应力状态、施加主应力及加荷路径。

自20世纪50年代末，中国水利水电科学研究院就在黄文熙教授等领导下，开始利用振动三轴仪试验方法来研究饱和地基及边坡的抗液化稳定性。20世纪60年代初期，振动三轴试验被正式列入《土工试验操作规程》，大大推动了土动力特性的实验研究工作。随着科技的发展，动三轴试验系统在技术上不断进步，功能上不断扩展，以适应更广泛的科研和应用需求。①动三轴试验系统的技术进步主要体现在控制方式的智能化和自动化上。例如，高级动、静三轴试验系统（DYNTTS）具有自适应能力，能够显著改善动应力控制时装置的加载能力，提供力、位移、轴向应变控制，并实现控制方式的平滑转换。此外，系统的精度和分辨率也得到了显著提高，如孔隙压力和水压控制的精度和分辨率都达到了很高的标准。②除了基本的动三轴试验功能外，现代动三轴试验系统还兼容所有静三轴测试系统的测试功能，能够完成强震测试、动强度、动态模量及阻尼比等土体动态指标的测试。此外，系统还能够运行常规试验，如饱和、各向同性固结、各向异性固结、剪切等，从而为土木工程领域提供更全面的技术支持。综上所述，动三轴试验系统的发展趋势是向着更高精度、更智能化的控制方式发展，以及功能的多样化，以适应不断增长的科研需求和土木工程实践中的挑战。

本章首先介绍了动三轴试验的原理、仪器和方法；然后利用 GDS 动三轴仪开展常围压长期循环加载试验研究了温州饱和软黏土的动力特性，揭示了长期循环加载下软黏土的动孔压发展规律、应力-应变滞回曲线、回弹特性、应变累积规律及模型构建；最后开展了变围压动三轴试验，研究了循环围压对动模量、动孔压和应变累积的影响。

4.2　动三轴试验

4.2.1　试验原理

动三轴试验的原理是在给定的周围压力下，沿圆柱形土试样（目前较为常用的直径采用 39.1 mm、50 mm、61.8 mm，高径比一般选用 2∶1）的轴向施加某种谐波或随机波动作用，测定其位移和孔隙水压力的发展，以确定土的变形和强度参数。在动三轴试验中，土样被切成圆柱体并套在橡胶膜内，放置在密封的压力室中，进行饱和固结后施加竖向动偏应力（常围压）或者同时施加竖向动偏应力和动围压（变围压），试样的受力状态如图 4.1 所示（以各向同性固结为例）。两种试验中，试样都在围压 σ_{30} 下完成固结。常围压试验下围压保持不变，只有轴向应力 σ_d 循环变化。动态围压下除了有循环变化的轴向应力外，围压也是循环变化的（σ_r）。在动态围压条件下，试样的应力状态更加符合真实受力情况。

4.2.2　试验仪器

试验仪器按驱动方式划分，动三轴仪包括电磁式、液压式、气压式和惯性式。测试中所选用的动三轴仪应满足有关仪器设备和基于测试目的所需激振能力的基本要求。本章以 GDS 动三轴试验系统（DYNTTS）为例对试验仪器进行介绍。

1. 硬件构成

GDS 动三轴试验系统设备布置如图 4.2 所示，主要包括以下子系统。

（1）驱动装置、压力室和平衡锤。

如图 4.3 所示，驱动装置是一个大的柜子，里面有轴向驱动器。轴向驱动装置包括一个无电刷的直流伺服马达，通过一个锯齿状的皮带驱动滚珠丝杠。驱动装置的顶部是压力室底座，上面连接各种液压接头，包括反压、围压、孔压和向

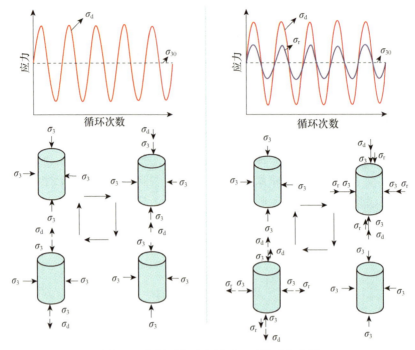

图 4.1　常围压和动态围压下试样受力分析

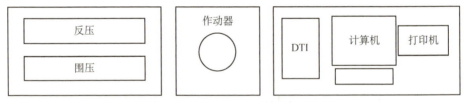

图 4.2　DYNTTS 设备布置

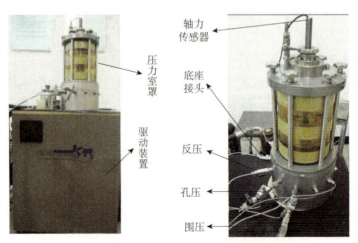

图 4.3　驱动装置和压力室

压力室充油/排油的接头。压力室罩采用高强度的有机玻璃材料，可以移动以方便试样安装，顶部通过传力杆与轴力传感器相连。

压力室中配备有一个平衡锤，用来补偿加载杆进出压力室引起的体积变化。该平衡锤的中心是空的，压力室内的液体通过该通道与底部空腔连接。在空腔中，有一个环形活塞与平衡锤连接，环形的面积与平衡锤面积相等。平衡锤在压力室内移动时会产生一个体变，此时环形活塞将产生一个相等反向体变，以保证压力室内的净体变为零。作用在环上的压力自动补偿作用在平衡锤上的围压，意味着压力室的轴向力相对于围压来说是独立的。

（2）围压控制器。

如图 4.4 所示，围压控制器容积为 200 cc（1 cc=1 cm^3），最大压力可达 3 MPa，采用油作为加载介质，通过伺服马达控制活塞的移动从而改变油压的大小。与传统三轴仪采用气或水作为加力介质相比，油的黏滞性更高，含气量极小，采用油压作为围压，应力施加更加稳定，进行循环加载时精度更高。围压控制器与三轴压力室和发动机之间形成循环系统，在试验过程中可自动补偿，保证仪器的连续工作。

围压控制器　　　　　　　　　　　　　　　　油箱

图 4.4　围压控制器

（3）反压控制器。

如图 4.5 所示，反压控制器为 GDS 高级数字式压力控制器，容积为 200 cc，最大压力为 2 MPa，采用水作为加载介质。仪器由一个步进马达和螺旋驱动器驱动活塞直接压缩水，通过闭合回路控制调节压力，通过计算步进马达的步数测量体积变化，可以精确到 0.001 cc。仪器还可以通过控制面板编程，按照斜率和循环加载方式加压或按时间线性变化控制体变。

（4）信号调节装置/数据传感器接口（DTI）。

如图 4.6 所示，信号调节装置包括模拟信号调节和数字信号调节。模拟信号

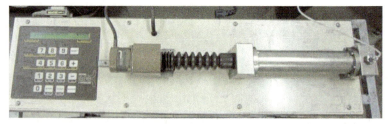

图 4.5   反压控制器

调节包括一个 8 通道的计算机板，可以为每个传感器提供激励电压、调零和设置增益值。该计算机板安装在一个独立的装置（DTI）内。数字信号调节固化于 DTI 内，包括一个 8 通道计算机板用于连接从数字模拟转换器（HSDAC）卡到马达控制器及其他设备的数字信号。

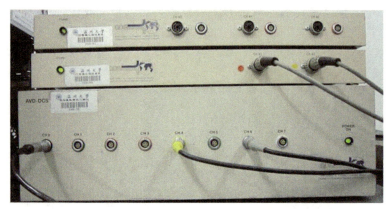

图 4.6   信号调节装置

（5）数字控制系统。

GDS 动态系统以高速数字控制系统（GDSDCS）为基础，该系统有位移和荷载闭环反馈。GDSDCS 配有 16 bit 数据采集（A/D）和 16 bit 控制输出（D/A）装置，以每通道 10 Hz 的控制频率运行。这意味着当以 10 Hz 运行时，每个循环可以有 1000 个数据控制和采集点；1 Hz 时每个循环可以有 10000 个数据控制和采集点。

（6）其他附属设备。

该系统可通过增加霍尔效应传感器或 LVDT 传感器完成局部应变测量，也可通过增加局部孔压传感器测量局部孔压。还可以联合弯曲元设备实现试样的 P 波和 S 波弯曲元试验。

2. 控制软件

由 GDS 公司开发的 GDSLAB 控制和数据采集软件是一套非常高端、灵活的软件。GDSLAB 的设计就是为了让设备可以很容易地与计算机连接（通过

RS232、IEEE 或者 USB 接口），以及与其他设备相连接。它的"核心"程序和基本模块是 Kernel 模块，只能完成数据采集。客户根据需要，还要选择其他模块进行试验。GDS 动三轴系统主要使用的模块如下：

（1）饱和和固结模块。

用于对试样进行反压饱和和各向同性固结。

（2）标准三轴试验模块。

用于进行常规的静力三轴试验，包括固结不排水（CU）、不固结不排水（UU）和固结排水（CD）试验。在不排水试验（UU、CU）模块中，通过保持反压控制器体积不变来实现不排水条件；在固结排水试验（CD）模块中，通过设定反压值实现排水条件。

（3）应力路径试验模块。

用于进行三轴应力路径试验，采用的应力空间有（p, q）和（s, t）两种。通过设定应力状态的起始值即可实现特定的应力路径，而且试验中可自由选择排水条件。

（4）高级加载试验模块。

用于实现各向异性固结，该模块可独立控制所有的应力变量，实现各种复杂的试验条件。

（5）K_0 固结模块。

用于进行试样的 K_0 固结，该模块可以通过两种方式实现 K_0 固结。一是联合霍尔效应传感器测定径向应变，通过控制径向应变为零来实现；二是通过控制反压器吸/排水体积，确保其始终等于试样初始面积与产生轴向位移的乘积。

（6）动态试验模块。

用于进行三轴动力试验。其特点如下：最大振动频率为 10 Hz；通过控制轴向位移或轴向力可实现应变控制或应力控制循环试验；围压可以选择常围压或动态围压；排水条件可以自主选择；周期循环的数据按照每 N 个循环储存，N 值由用户定义；每个循环最多可以存储 1000 个点的试验数据；波形可选用内置的标准正弦波、三角波、方波或者半正弦波，也可以由用户自定义波形（采用 1000 个点的 ASCII 文件）。

表 4.1 给出了 DYNTTS 各部件量程和精度。

表 4.1　DYNTTS 各部件量程和精度

部件	量程	精度
轴向位移	100 mm	0.07%
轴向应力	2 kN	0.2 N
围压压力	3 MPa	1 kPa
围压体积	200 cm^3	1 mm^3
孔压	1 MPa	1 kPa

续表

部件	量程	精度
反压压力	2 MPa	1 kPa
反压体积	200 cm³	1 mm³

4.2.3　试验方法

（1）试样制作。三轴试验试样制作时，将切土器直径调整到 50 mm，然后将试样放在切土器上，利用钢丝锯将外壁切成光滑的圆柱形。将圆柱形土样取下，利用三瓣模切去两端多余的长度，即可制成直径 50 mm，高 100 mm 的标准三轴试样。

（2）试样安装。将制作好的试样周围贴上滤纸条以增加试样的排水路径，用橡胶模（三轴试验只有外膜，空心扭剪试验有内外两层膜）封闭，安装到试验仪器基座上，充油/水后即可进行饱和和固结步骤。

（3）饱和。三轴试验采用反压饱和。首先对试样施加 10 kPa 的围压，采用分级加压的方式对试样进行反压饱和，反压压力分 3 级（100 kPa，200 kPa，300 kPa）施加，整个饱和过程一般需要 24 小时。然后对试样进行 B 值检测，$B>0.98$ 认为试样饱和完成。

（4）固结。在饱和和固结模块中输入围压值进行各向同性固结，固结试验的稳定标准采用每小时的排水量小于 60 mm³。固结完成后也可在该模块中通过降低围压值得到超固结比不同的试样。采用 K_0 固结模块对试样进行固结，由轴向应力控制。试验时系统通过测量土样的体积变形，不断调整轴向应力和径向应力以保证试样不产生侧向变形。

（5）动力试验。饱和固结完成后，即可对试样进行动力试验。

4.3　常围压下饱和软黏土动力特性

为了研究软黏土在长期循环加载下的动力特性，在不同的围压下对饱和三轴试样进行了 50000 次的不排水循环加载试验，试验方案见表 4.2。试样首先采用反压饱和 24 h，保证 $B>0.98$ 满足试样饱和要求。然后分别在 50 kPa、100 kPa、200 kPa 的围压下进行各向同性固结，为保证试样完全固结，固结时间分别采用 24 h、36 h 和 48 h，固结末段试样排水小于 60 mm³/h。最后在不同的动应力水平下对试样进行 50000 次循环加载，对于 100 kPa 的某些高应力水平下的试样，不到 50000 次即已产生很大的变形，此时试样轴向变形达到 20% 时终止试验。

表 4.2　试验方案

试验编号	p'_0/kPa	q_{cyc}/kPa	CSR	N
C01	100	20	0.14	50000

试验编号	p_0'/kPa	q_{cyc}/kPa	CSR	N
C02	100	29	0.20	50000
C03	100	40	0.28	50000
C04	100	44	0.31	50000
C05	100	47	0.33	50000
C06	100	51	0.36	50000
C07	100	57	0.40	50000
C08	100	60	0.42	50000
C09	100	64	0.45	2100
C10	100	69	0.48	320
C11	50	14	0.16	50000
C12	50	21.5	0.25	50000
C13	50	27	0.32	50000
C14	50	30	0.35	50000
C15	200	45	0.19	50000
C16	200	57	0.24	50000
C17	200	76	0.32	50000
C18	200	86	0.38	50000

加载波形采用半正弦波，频率为 1 Hz，对加载初期的 100 个循环的试验结果全部记录，后期每隔 20 个循环采集一次数据（即 120，140，160，…，50000），每个循环 50 个试验点（每隔 0.02s 进行一次数据采集）。GDS 三轴仪具有很高的精度和强大的数据采集功能，为全面分析长期循环荷载下土体的动力特性提供了基础。

为表征不同围压下的动应力水平，定义循环应力比 CSR 如下：

$$\text{CSR} = q_{cyc}/(2q_f) \tag{4.1}$$

需要说明的是，目前循环应力比有两种定义，一是动应力与围压之比，二是动应力与强度之比。最常见的定义是动应力与 2 倍的初始围压之比，广泛应用于砂土、粉土和重塑黏土的试验中，此时土体强度和围压之间具有良好的线性关系。而对于本文研究的原状温州软黏土而言，由于结构性的存在，强度和围压之间是非线性关系，相同的动应力围压比条件下，土体的动力特性差别很大。因此，为统一分析不同围压下的土体动力特性，本文采用第二种定义方式。

图 4.7 为单向循环三轴试验结果示意图。试样经过各向同性固结后采用半波正弦（无拉应力，图 4.7（a））进行循环加载，其应力幅值记为 q_{cyc}。图 4.7（b）为应变发展曲线，可以看出，循环加载作用下产生轴向总应变 $\varepsilon_{a,t}$，在卸载过程中，一部分轴向应变可以恢复，称为回弹应变 $\varepsilon_{a,r}$，另一部分应变不能恢复并随着循环次数的增加累积下来，称为累积应变 $\varepsilon_{a,p}$。总应变即为两者之和：

$$\varepsilon_{a,t}=\varepsilon_{a,r}+\varepsilon_{a,p} \tag{4.2}$$

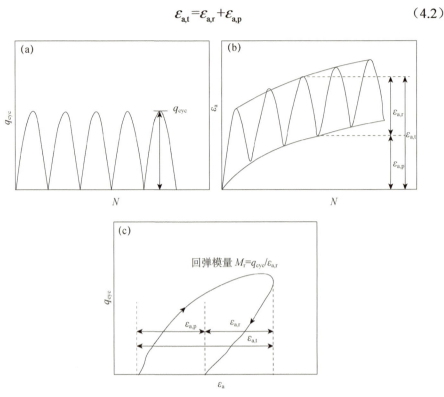

图 4.7　单向循环三轴试验结果示意图：（a）应力随循环次数变化曲线；
（b）应变随循环次数发展曲线；（c）典型滞回圈

　　为分析循环荷载作用下土体的回弹特性，提出了回弹模量（M_r）的概念，将其定义为循环动应力幅值与回弹应变的比值（图 4.7（c）），即

$$M_r=\frac{q_{cyc}}{\varepsilon_{a,r}} \tag{4.3}$$

　　图 4.8 为一个软黏土试样在单向三轴长期循环加载作用下的试验结果图。其中图 4.8（a）为应变随循环次数发展曲线，可以看出，随着循环次数的增长，试样的总应变不断增加；回弹应变（线条的宽度）经过较大循环次数后基本保持不变；而累积应变速率随循环次数的增加不断减小，累积应变在开始的几千次循环内增长迅速，然后开始变缓。图 4.8（b）为对应的孔压发展曲线，当循环次数较小时，孔压发展迅速，经过几千次循环后，孔压循环次数的增加逐渐稳定。

　　图 4.9 为典型循环三轴试验应力-应变关系图，可以看出，单次循环荷载作用下，应力-应变关系形成一个不封闭的滞回圈；随着循环次数的增加，累积应变不断累积，应力-应变滞回曲线逐渐向右（轴向应变增大的方向）发展。由于单次循环荷载作用下的应变水平较小，图 4.9（a）中显示的应力-应变关系的滞回特性不是很明显，特别是当循环次数较大时。

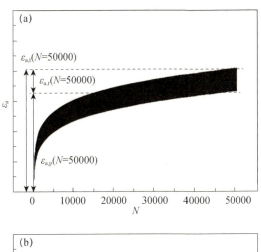

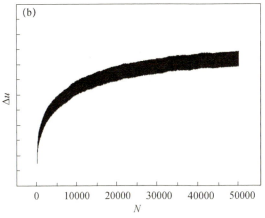

图 4.8 　长期循环三轴试验应变和孔压发展

　　为对比分析不同循环次数下的应力-应变滞回曲线，忽略累积应变值，将不同循环次数下的应力-应变滞回曲线起点统一为 0 点，如图 4.9（b）所示。该图给出了 N=10, 100, 1000, 10000, 40000, 50000 时对应的应力-应变滞回曲线。可以看出，随着循环次数的增加，应力-应变滞回曲线逐渐向横坐标倾斜。表明，随循环次数的增加，土体发生软化，单次循环荷载用下产生的应变逐渐增大，回弹应变也相应增加。

　　图 4.10 为长期循环三轴试验下回弹模量随循环次数变化的曲线。可以看出，随着循环次数的增加，饱和软黏土试样回弹模量逐渐降低。在开始的几千个循环内，回弹模量迅速降低；随着循环次数的增加，回弹模量降低的趋势变缓；经过大约 35000 次循环后，回弹模量最终近似达到一个稳定值。

　　由以上典型软黏土试样的长期循环三轴试验结果可以看出，软黏土试样随着循环次数的增加，应变和孔压不断累积，试样逐渐软化，应力-应变滞回曲线的形状会发生改变，相应的回弹模量逐渐降低。如果动应力水平较低，这些变化最

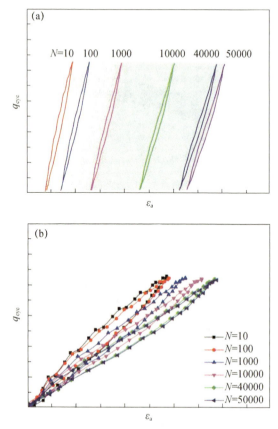

图 4.9　长期循环三轴试验应力-应变滞回曲线：
（a）应变随循环次数发展曲线；（b）应力-应变关系曲线

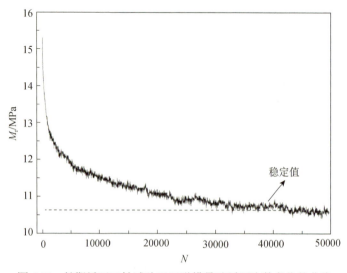

图 4.10　长期循环三轴试验下回弹模量随循环次数变化的曲线

终会达到稳定，但达到稳定的循环次数可能要几万次。目前的三轴试验加载次数普遍较低（最多也只有几千次），难以反映长期循环荷载下软黏土的动力特性，因此，本章进行的高达 50000 次的循环三轴试验是十分必要的。

以下将从应变和孔压发展、滞回曲线和回弹特性、长期累积应变预测模型以及临界动应力水平等方面进一步分析不同围压和应力水平下饱和软黏土的动力特性。

4.3.1　动孔压发展规律

图 4.11 是围压为 100 kPa 时不同循环应力比下孔压在长期循环荷载下的发展曲线。可以看出，与应变的发展类似，在加载初期，孔压也是迅速增加，且其增长趋势要大于应变；当循环次数较大时（>5000 次），孔压的增长变得缓慢；经过几万次循环后，不同循环应力比下孔压都近似达到稳定。以 CSR=0.31 为例，在初始的 1000 次循环内，孔压由 0 增长到 26.6 kPa，而在最后的 10000 个循环内孔压仅仅增长了 1.1 kPa。还可以看出，循环应力比越大，孔压也越大。

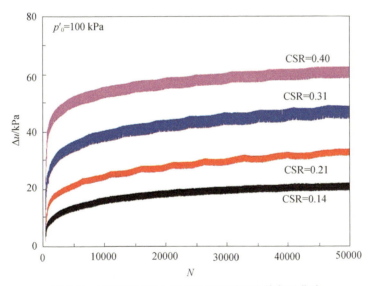

图 4.11　不同循环应力比下孔压随循环次数发展曲线

需要指出的是，三轴试验中孔压是在底部测得的，加载初期孔压增长迅速，由于循环加载频率为 1 Hz 以及黏土试样较低的渗透性，此时试样中不同部位的孔压是不均匀的，测得的孔压与真实孔压有一定的差距。而循环次数足够大时，试样孔压增加较慢，在几万个循环内仅仅产生几个 kPa 的孔压，此时试样有一定的时间使孔压更加均匀，此时测得的孔压值也更接近真实孔压值。

目前已有大量学者对饱和软黏土中的孔压发展规律进行了研究，并建立了孔压累积方程以及孔压与应变之间的关系式，如 Matsui 等（1980）、Yasuhara 等（1992）、Moses 等（2003）、Li 等（2011）。而有的学者则认为三轴试验中孔压并非真实孔压，具有滞后性，且孔压和应变都受多种因素影响，直接建立两者之间的关系是无意义的（Zhou and Gong，2001）。Anderson 和 Lauritzsen（1988）通过对 Drammen 黏土进行大量的试验研究，认为经过 5000 次循环后，试样的孔压应该更真实。

图 4.12（a）～（d）为围压 100 kPa 时不同循环应力比下的有效应力路径图。由于试样为各向同性固结且采用半正弦波形，总应力路径是斜率为 1/3 的直线，随着孔压的累积，有效应力路径不断向平均主应力减小的方向移动，越来越接近临界状态线。当循环应力比较低时（图 4.12（a），CSR=0.14），第 100 次循环和第 120 次循环下有效应力路径的位置基本保持不变；而当循环应力比较高时（图 4.12（d），CSR=0.40），第 120 次循环下有效应力路径相比第 100 次循环下仍有一定的左移。经过 50000 次循环后，循环应力比越大，有效应力路径到临界状态的距离越短。

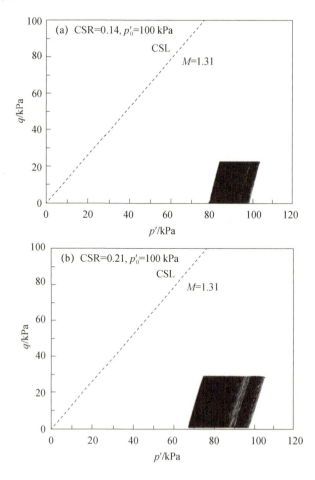

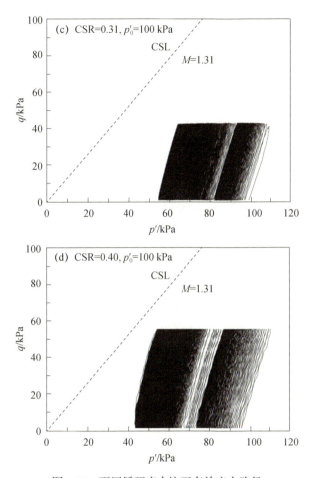

图 4.12　不同循环应力比下有效应力路径

4.3.2　应力-应变滞回曲线和回弹特性

图 4.13（a）～（h）为长期循环荷载试验不同循环次数下试样的应力-应变滞回曲线。其中图 4.13（a）～（d）为围压 100 kPa，CSR=0.14，0.20，0.31，0.40，如 5.2 节所述，省略累积变形值，将循环次数分别为 10，100，1000，10000，40000，50000 对应的滞回曲线进行对比；图 4.13（e）～（f）为围压 50 kPa，CSR=0.25，0.35；图 4.13（g）～（h）为围压 200 kPa，CSR=0.19，0.38，省略累积变形值，将循环次数分别为 50，500，5000，40000，50000 对应的滞回曲线进行对比。

由图 4.13 可以看出，不同循环应力比下，应力-应变滞回曲线随循环次数的变化规律有很大不同。当循环应力比很小时（图 4.13（a）），第 10 次循环荷载作用下产生的轴向应变较小（约为 0.09%），应力-应变滞回曲线近似呈线性；而且随着循环次数的增加，一次循环荷载作用下产生的轴向应变变化不大，不同循环荷载次数下的应力-应变滞回曲线近乎重合。这是由于循环应力水平较低时，土体的变形以弹性变形为主。随着循环应力比的增加（图 4.13（b）～（d）），第 10 次循环荷载作用下产生的轴向应变也逐渐增大（0.15%，0.28%，0.39%），应力-应变滞回曲线越来越表现出非线性，即卸载部分的轴向应变越来越明显地处于加载部分的下方，一个循环作用后累积应变也越来越大。这是由于随着循环应力比的增大，土体变形呈现出越来越明显的黏塑性。而且随着循环次数的增加，应力-应变滞回圈不再重合，滞回圈逐渐向着 x 轴倾斜。这是因为随着循环应力比的增加，土体的软化程度逐渐增强，在一次循环下产生的总应变也越来越大，模量逐渐降低。当循环应力比 CSR=0.20 时，经过 1000 次循环后，土体的软化达到稳定，应力-应变滞回圈随循环次数变化不大。而当循环应力比 CSR=0.31，0.40 时，土体软化达到稳定的循环次数逐渐增大，循环次数为 40000 和 50000 下的滞回圈才开始重合。图 4.13（e）～（f）和（g）～（h）分别为 50 kPa 和 200 kPa 围压时，不同循环应力比下的应力-应变滞回圈，可以看出，其发展规律与 100 kPa 下的类似。

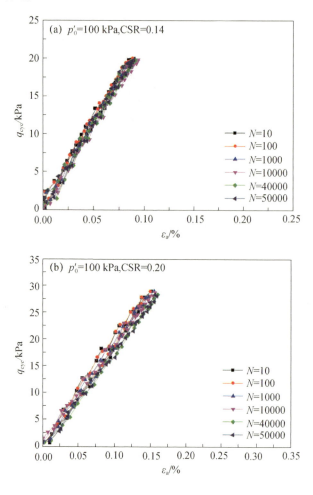

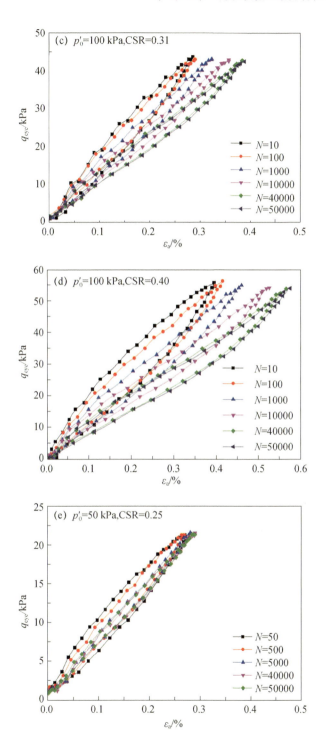

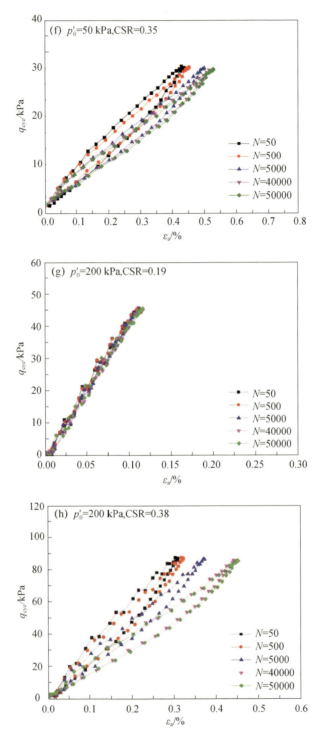

图 4.13　不同循环次数下试样的应力-应变滞回曲线

由于忽略了累积变形，从图 4.13 的应力-应变滞回圈中可以看出，回弹应变随循环次数的发展明显受到循环应力比的影响。

图 4.14～图 4.16 分别为不同围压下回弹应变随循环次数发展曲线，其中图 4.14（a）、图 4.15（a）和图 4.16（a）为自然坐标系下试验结果，图 4.14（b）、图 4.15（b）和图 4.16（b）为半对数坐标系下试验结果。由图 4.14（a）可以看出，随着循环应力比的增加，相同循环次数下回弹应变逐渐增大。当循环应力比较小时，回弹应变随循环次数的增加变化很小；当循环应力比较大时，回弹应变在初始的几千个循环内增加明显，然后回弹应变随循环次数的增加增长缓慢。由图 4.14（b）可以看出，当循环应力比 CSR≤0.28 时，半对数坐标中回弹应变随循环次数基本保持不变；当循环应力比 CSR≥0.31 时，半对数坐标中回弹应变随循环次数逐渐增长，当循环次数很大（40000～50000）时才开始有所稳定。从图 4.15 和图 4.16 中也可以看出，不同围压下回弹应变的发展都存在一个循环应力比分界点，当循环应力比大于该值时，回弹应变要在足够多的循环次数下才能稳定。

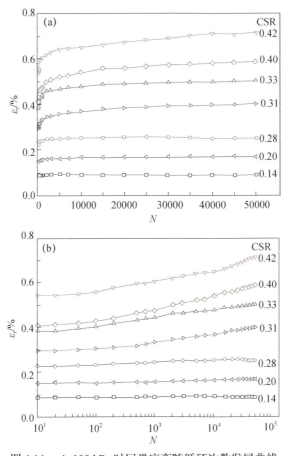

图 4.14　p_0'=100 kPa 时回弹应变随循环次数发展曲线

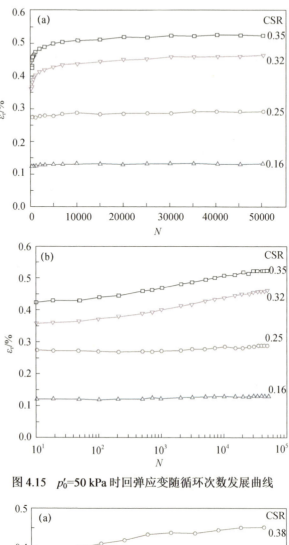

图4.15 p'_0=50 kPa 时回弹应变随循环次数发展曲线

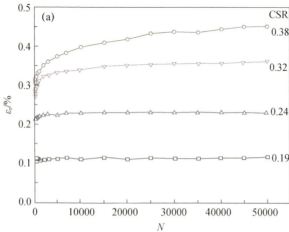

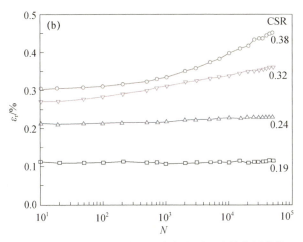

图 4.16　p'_0=200 kPa 时回弹应变随循环次数发展曲线

图 4.17（a）～（f）为不同围压和不同循环应力比下回弹模量随循环次数发展曲线。对比图 4.17（a）～（d）可以看出，相同围压下，随着循环应力比的增大，土体的回弹模量逐渐降低。这是由于，循环应力比越大，试样产生的孔隙水压力越大，软化程度也越大。为更直观地对比不同循环应力比下回弹模量随循环次数的发展规律。将不同试验条件下的回弹模量利用第一次循环下的回弹模量 M_{r0} 进行归一化，见图 4.18。可以看出，不同循环应力比下，回弹模量随循环次数的变化规律明显不同。当循环应力比较小时（CSR=0.14），回弹模量随循环次数的增加减小不明显，在很少的循环次数后即达到稳定。随着循环应力比的增加，在循环加载初期，回弹模量衰减迅速，然后逐渐达到稳定。达到稳定的循环次数随循环应力比的增加逐渐增大。在 100 kPa 围压下，CSR=0.20，0.31，0.40 时，达到稳定所需循环次数分别约为 15000 次，35000 次和 45000 次。经过 50000 次循环后，不同围压和不同循环应力比下的回弹模量都近似达到稳定值。这与应力-应变滞回曲线的发展规律是一致的。

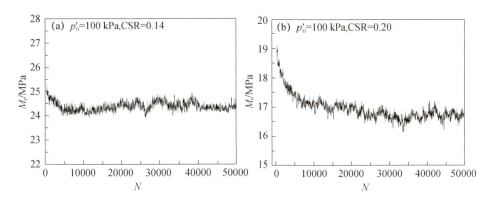

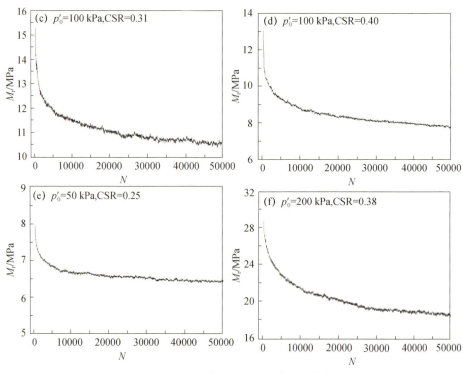

图 4.17　回弹模量随循环次数发展曲线

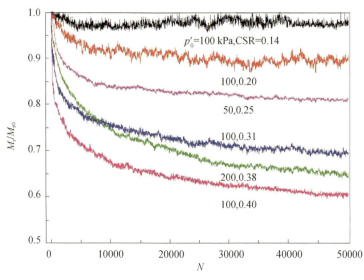

图 4.18　归一化回弹模量随循环次数发展曲线

　　由以上研究可以看出，饱和软黏土经过长期的循环加载后，其回弹模量最终会趋于一个相对稳定的状态，确定软黏土的这种最终回弹模量对于经受交通荷载、波浪荷载等长期作用的工程设计具有重要的意义。

4.3.3　应变累积规律及模型构建

图 4.19 为不同围压和不同循环应力比下长期循环荷载作用下累积应变随循环次数变化曲线，其中左图为自然坐标系，右图为双对数坐标系。由图 4.19（a）可以看出，随着循环次数的增加，累积应变不断增长，但增长速率在不断衰减。在加载初期，累积应变随循环次数的增加迅速增长；然后随着循环次数的增加，累积应变增长变缓。当循环应力比较小时（CSR=0.14，0.20），经过较大的循环次数后，累积应变发展变缓，在双对数坐标系下，累积应变随循环次数的增加呈现出良好的线性关系；当循环应力比较大时（CSR=0.40，0.42），即使经过了 50000 次循环，累积应变仍有所增加，在双对数坐标系下，累积应变随循环次数的增加呈现出一定的非线性，当循环次数大于 1000 次后则为良好的线性关系。图 4.19（b）和（c）分别为围压 50 kPa 和 200 kPa 下的试验结果，其累积应变发展规律与 100 kPa 下类似。

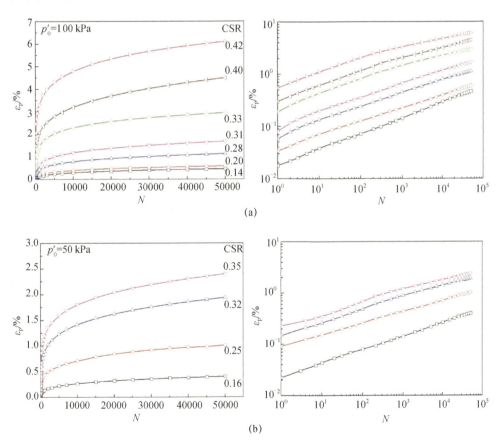

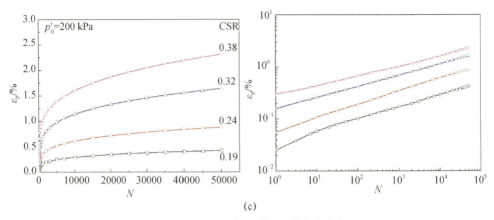

(c)

图 4.19　累积应变随循环次数变化曲线

图 4.20 为平均累积应变速率（ε_p/N）随循环次数变化曲线，图 4.20（a）为半对数坐标系，图 4.20（b）为双对数坐标系。由图 4.20（a）可以看出，在第 1 次循环荷载作用下，CSR=0.14，0.33，0.42 时对应的平均累积应变速率差别明显，分别为 0.02%，0.19%，0.55%。随着 $\log N$ 的增长，平均累积应变速率在开始的几百个循环次数下迅速衰减，在一定的循环次数后，平均累积应变速率降低到一个很低的水平。图 4.20（b）为对应的双对数坐标系，当循环应力比很小时（CSR=0.14），平均累积应变速率与循环次数之间自始至终为良好的线性关系。而当循环应力比较大时（CSR=0.42），这种线性关系要到一定循环次数后才存在，对应的循环次数称为参考循环次数，用 N_f 表示。由图 4.20 可以看出，对于温州饱和软黏土而言，当循环次数大于 1000 时，不同围压和不同循环应力比下 $\log(\varepsilon_p/N)$ 和 $\log N$ 之间都存在线性关系，因此，本文选取 $N_f=1000$。

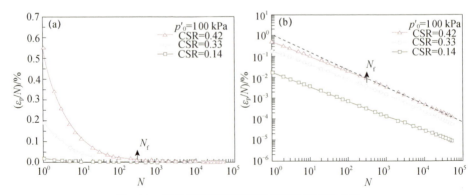

图 4.20　平均累积应变速率随循环次数变化曲线

基于这种线性关系，可得以下经验关系式：

$$\log\left(\frac{\varepsilon_{\mathrm{p}}}{N}\right) = \log\left(\frac{\varepsilon_{\mathrm{p},N_{\mathrm{f}}}}{N_{\mathrm{f}}}\right) + b\log\frac{N}{N_{\mathrm{f}}} \tag{4.4}$$

式中，$\varepsilon_{\mathrm{p},N_{\mathrm{f}}}$ 为参考循环次数对应的累积应变，b 为直线段的斜率，整理得

$$\log\left(\frac{\varepsilon_{\mathrm{p}}}{N}\right) = \log\left(\frac{\varepsilon_{\mathrm{p},N_{\mathrm{f}}}}{N_{\mathrm{f}}}\left(\frac{N}{N_{\mathrm{f}}}\right)^{b}\right) \tag{4.5}$$

于是有

$$\varepsilon_{\mathrm{p}} = \varepsilon_{\mathrm{p},N_{\mathrm{f}}}\left(\frac{N}{N_{\mathrm{f}}}\right)^{\lambda} \tag{4.6}$$

其中，λ 为图 4.20 对数坐标中后期加载直线段的斜率。

为验证公式（4.6）预测长期循环荷载下累积变形的能力，将图 4.20 中大于 1000 次循环的试验数据分为两部分。第一部分为 1000～10000 次循环下的累积应变，用于求取公式（4.6）中的模型参数，其中 $\varepsilon_{\mathrm{p},N_{\mathrm{f}}} = \varepsilon_{\mathrm{p},1000}$，$\lambda$ 为 1000～10000 次循环下 $\log(\varepsilon_{\mathrm{p}})$ 和 $\log N$ 组成的直线段的斜率，不同围压和不同循环应力比下两个参数的取值见表 4.3。第二部分为循环次数大于 10000 次下的累积应变，用来验证公式（4.6）的预测效果。

表 4.3　参数取值

p'_0/kPa	CSR	$\varepsilon_{\mathrm{p},1000}$/%	λ
	0.14	0.139	0.281
	0.20	0.226	0.241
	0.28	0.519	0.207
100	0.31	0.771	0.193
	0.33	1.121	0.186
	0.4	2.070	0.180
	0.42	3.314	0.171
	0.16	0.143	0.270
50	0.25	0.439	0.201
	0.32	0.891	0.212
	0.35	1.201	0.186
	0.19	0.171	0.234
200	0.24	0.354	0.242
	0.32	0.794	0.198
	0.38	1.519	0.178

图 4.21 为公式求得的长期循环加载下累积应变与试验值对比图。可以看出，利用累积应变公式求得的长期循环加载下的累积应变与试验值吻合很好，证明了公式（4.6）的有效性。回顾绪论中总结的累积应变经验方程，其中的参数都是拟合出来的，没有很明确的意义。与之对比，该式中只有两个参数，而且都

有明确的物理意义和确定方法，$\varepsilon_{p,1000}$ 为 1000 次循环加载后的累积应变，λ 则为直线段的斜率。

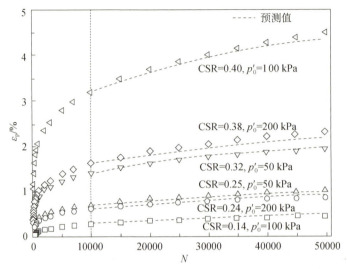

图 4.21   公式求得的长期循环加载下累积应变与试验值对比图

需要指出，以上研究是针对特定的围压和循环应力比条件下单独求取参数进行预测的。为了提出统一的计算式，需要对参数取值进行分析，建立其随循环应力比的变化关系。表 4.3 中参数 $\varepsilon_{p,1000}$ 和 λ 随循环应力比的变化见图 4.22。不同围压下 $\varepsilon_{p,1000}$ 和 λ 随循环应力比的变化表现出一致的规律。其中 $\varepsilon_{p,1000}$ 随循环应力比的增加呈指数增长，而 λ 随循环应力比的增加则有所衰减，其表达式分别为

$$\varepsilon_{p,1000} = a e^{bCSR} \tag{4.7}$$

$$\lambda = \alpha CSR^2 + \beta CSR + \gamma \tag{4.8}$$

利用回归分析，可得公式（4.7）与（4.8）中参数取值 a=0.024，b=11.17，α=0.99，β=−0.92，γ=0.39。将公式（4.7）与（4.8）代入公式（4.6），并引入 CSR 定义可得

$$\varepsilon_p = 0.024 e^{11.17(q_{cyc}/(2q_f))} \left(\frac{N}{1000} \right)^{0.99(q_{cyc}/(2q_f))^2 - 0.92(q_{cyc}/(2q_f))+0.39} \tag{4.9}$$

利用公式（4.9）预测 10000～50000 次循环下的累积应变，预测结果与试验结果对比见图 4.23。可以看出，本文建立的累积应变预测方程可以很好地预测长期循环荷载作用下的累积应变。

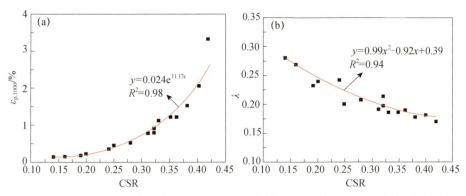

图 4.22　累积应变预测模型中参数确定：（a）参数 $\varepsilon_{p,1000}$ 的确定；（b）参数 λ 的确定

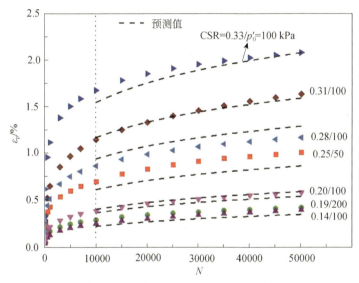

图 4.23　累积应变预测值与实测值对比

4.4　变围压下饱和软黏土动力特性

4.4.1　循环围压对动模量的影响

动力荷载，根据振幅、频率、持续时间以及波形来区别，一般可以分为循环荷载（如地震、交通荷载、海浪荷载及机器振动等）和瞬时荷载（爆炸及冲击荷载等）。其中循环荷载又可以分为大量重复的微幅振动荷载（如交通荷载、海浪荷载及机器振动等）和有限次数、无规律的随机荷载（如地震等）。

土体作为一种天然形成的复杂三相体，拥有诸多复杂的物理力学性质。就应力-应变关系来讲，土体在不同的应变范围分别表现出弹性（$<10^{-5}$）、弹塑性（$10^{-5} \sim 10^{-2}$）以及塑性（$>10^{-2}$）。对于不同的应变范围，人们关注的对象不同：

在弹性范围内，最重要的参数为最大剪切模量 G_{max}（或者最大弹性模量 E_{max}）；在弹塑性范围内，则着重于动模量（包括割线模量、回弹模量等）、动阻尼、动泊松比、动孔压、累积变形等；在塑性范围内，则主要研究动强度以及土体动力稳定性等问题。

动模量一直是土动力学研究中最为重要的参数之一。关于动模量的定义，一般通过滞回圈最高点与最低点连线的斜率定义动模量，即

$$E = \frac{q^{max} - q^{min}}{\varepsilon^{max} - \varepsilon^{min}} \tag{4.10}$$

E 实际上是割线模量，为一种等效模量。动剪切模量为

$$G = \frac{E}{1 + 2\mu} \tag{4.11}$$

对于饱和软黏土，一般认为动泊松比 μ 为 0.5，因此：

$$G = \frac{E}{3} \tag{4.12}$$

动轴向应变与动剪切模量的换算关系为

$$\gamma = (1 + \mu)\varepsilon_a \tag{4.13}$$

因此，对于饱和软黏土，

$$\gamma = 1.5\varepsilon_a \tag{4.14}$$

三轴设备所能够达到的应变精度一般为 $10^{-3} \sim 10^{-4}$，对于小于 10^{-4} 应变时的动模量，则一般通过共振柱或者弯曲元实现。对于共振柱，其测试精度可以达到 10^{-5}，对于弯曲元，其测试精度则可以达到 10^{-6}。

循环围压不但对动剪切模量存在影响，而且与相位差有关。与围压恒定时的试验结果相比，在相位差为 180° 的应力路径下，动模量显著增大，而在相位差为 0° 的应力路径下，动模量显著降低。这种影响随着循环围压幅值的增大而逐渐增大。同时，我们发现，循环围压对动模量的影响随着动应变的减小在逐渐增大，当应变超过 10^{-2} 时，循环围压对动模量的影响基本可以忽略。在 200 kPa 有效围压下，循环围压的这种影响更加明显（见图 4.24）。

参考塑性指数（PI）对 G/G_{max} 的影响，可得循环围压对动模量的影响可以与塑性指数相当。这是因为循环围压和循环偏应力耦合应力路径对动模量的影响与土体的弹塑性特性有关：随着动应变的增大，土体逐渐由弹性，经历弹塑性，然后向完全塑性转变。在完全弹性时（$<10^{-6}$），应力路径不影响土体的本构特性；当应变增大到一定程度时（$>10^{-3}$，即塑性增大到一定程度时），弹性应变与塑性应变相比已经很小，应力路径对弹性-塑性应变耦合作用的影响已经很难体现；但是当弹性应变（回弹应变）与塑性应变相差不大时，循环围压会对弹性-塑性应变耦合作用（比如相对大小）产生较大的影响，宏观上则表现为对动模量的巨大影响。

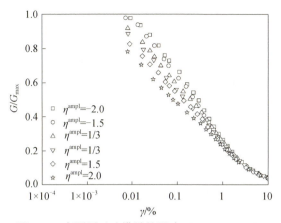

图 4.24　变围压对动模量的影响（p'_0 = 200 kPa）

土动力学中使用最为广泛的等效线性本构模型即对动模量随动应变衰减规律的定量描述。其中，最为著名是 Hardin-Drnevich 模型：

$$\frac{G}{G_{max}} = \frac{1}{1+(\gamma/\gamma_r)} \tag{4.15}$$

式中，G 为动剪切模量，G_{max} 为最大动剪切模量（小应变剪切模量），γ 为动剪切应变，γ_r 为参考剪切应变，

$$\gamma_r = \frac{\tau_{max}}{G_{max}} \tag{4.16}$$

式中，τ_{max} 是最大动剪应力。

包括 Hardin-Drnevich 模型在内的各种等效线性本构模型基本是对 $G/G_{max}\text{-}\gamma_c$ 关系曲线的定量拟合，而没有考虑各种因素的影响。但实际上，大量实验研究表明：超固结比（OCR）、塑性指数（PI）、土体组构（fabric）、饱和度（saturation degree）、先期应力历史（stress history）、动荷载频率（frequency）、时间效应（ageing）等都会对 $G/G_{max}\text{-}\gamma_c$ 关系曲线的形状产生影响。

在这些影响因素中，Vucetic 等（1988）指出塑性指数的作用最大。图 4.25 给出了不同塑性指数下的 $G/G_{max}\text{-}\gamma_c$ 关系曲线。可见，塑性指数的增加引起 $G/G_{max}\text{-}\gamma_c$ 曲线的上升，表明随着塑性指数的增加，动模量的衰减速度减慢。因此，对于砂土等塑性指数为 0 的无黏性土，当动应变幅值较小时（$10^{-6} \ll 10^{-4}$），动模量衰减已较为明显；而对于黏性土，动模量在动应变增大到一定程度时才开始明显衰减。在 Vucetic 等（1988）研究的基础上，Zhang 等通过一系列试验进一步表明了地质年代对土体动模量衰减规律的重要性，指出地质年代的改变进一步体现为超固结比、孔隙比、饱和度、颗粒级配等次要因素的改变。他们将各种土体分为第四纪土体（quaternary soil）、第三纪和更老的土体（tertiary and older soils），以及新近残积土或者沉积土体（residual/saprolite soil），并基于 Stokoe 提

出的等效线性本构方程，将次要因素对动模量的影响根据土体地质年代的不同，统一到塑性指数中来。Zhang 等的研究一方面证明了 Vucetic 等研究的正确性，另一方面进一步表明：塑性指数是影响 G/G_{max}-γ_c 关系的内因，而其他大部分因素都是进一步通过影响塑性指数表现出来的。

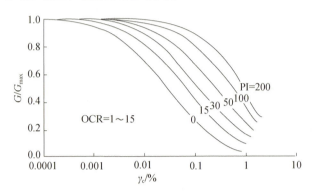

图 4.25　塑性指数对动模量衰减规律的影响

　　但在上述讨论的研究因素中，并没有考虑到应力路径的影响，一方面，可能由于试验仪器的限制。在动模量的研究中，使用最多的设备为常规动单剪、常规动三轴、共振柱、弯曲元等，这些设备只能施加单一的应力路径，即使对空心扭剪设备，由于应变的复杂性，也很难进行对比研究；另一方面，与塑性指数、孔隙比等土体固有的物理力学参数相比，应力路径是一种外部因素，似乎不会对土体的"动本构"产生影响。但是，由于土体应力-应变关系的非关联性，在不同的应力路径下，土体的应变发展规律可能不同。尤其当土体处在"弹塑性"应变范围内时，这种应力-应变关系的非关联性对动模量的影响可能更加明显。而 Stokoe 公式能够通过应力路径对 γ_r 和 α 的影响，进一步反映应力路径对动模量发展规律的影响。

$$\frac{G}{G_{max}} = \frac{1}{1+\left(\dfrac{\gamma}{\gamma_r}\right)^{\alpha}} \tag{4.17}$$

与 Hardin-Drnevich 方程不同，Stokoe 公式中有两个参数，其中 γ_r 也为参考应变，但是定义方法与 Hardin-Drnevich 方程不同，定义为 $G/G_{max}=0.5$ 时对应的应变；α 为试验参数，与应力路径的斜率有关：

$$\alpha = f(\eta^{ampl}) \tag{4.18}$$

α 与 η^{ampl} 几乎呈线性关系：

$$\alpha = -0.057 \cdot \eta^{ampl} + 0.067 \tag{4.19}$$

4.4.2　循环围压对动孔压的影响

1. 孔压的概述

在动力荷载作用下，动孔压的发展是非线性的同时存在累积效应。我们通常可以将孔压细分为应力孔压、结构孔压和传递孔压三种类型（张建民和谢定义，1993）。应力孔压指土的结构没有出现塑性破坏的条件下，由于应力施加使水或者土骨架发生弹性变形时引起的孔压，故亦可称为弹性孔压，它随着应力的加载而同步变化，应力卸除后消失，与荷载路径无关，它在总孔压中所占的比例随着土结构强度的破坏而减小，这类孔压在研究残余孔压时为零，一般不予考虑，但是在研究孔压的瞬时变化以及计算有效应力的变化时必须考虑；结构孔压指土结构破坏引起的孔压，是有效应力向孔压的转化，其大小随着结构破坏程度而定，与荷载路径有密切关系，在不同的特性域内有不同的增长规律；传递孔压则是土中压力的消散和扩散引起增减变化的部分，它影响到有效应力的重新分布，伴随着土固结的胀缩变化，受应力路径的影响。因此，任何一个瞬态的孔压可以表达为

$$u(t + \Delta t) = u(t) + \Delta u = u(t) + \Delta u_\sigma + \Delta u_f + \Delta u_T \tag{4.20}$$

其中，Δu_σ、Δu_f 和 Δu_T 分别表示应力孔压、结构孔压与传递孔压。

之前大多数学者对动孔压的研究集中于残余孔压或者最大孔压，比如对饱和砂土残余孔压的研究，认为随着土体类型、固结状态等不同，孔压发展曲线可以分为 3 种类型（Seed et al.，1975；Polito et al.，2008）。与饱和砂土相比，饱和软黏土的孔压发展曲线较为简单：一般在试验初期发展较快，然后趋于平稳。对于残余孔压，以往的大部分学者使用平均孔压代表残余孔压，或者使用每一次循环加载完成之后的孔压作为残余孔压。本小节给出了一种在常规动三轴试验中确定残余孔压的方法，相对使用平均孔压或者每一次循环最后 $q=0$ 时的孔压，这种方法更加准确。实测残余孔压、$\eta^{ampl}=1/3$ 应力路径下最大和最小动孔压以及相应 CSR 值时 $\eta^{ampl}=0$ 应力路径下最大和最小孔压的对比，如图 4.26 所示。可见，实测残余孔压与 $\eta^{ampl}=0$ 应力路径下的最大动孔压基本一致，与 $\eta^{ampl}=1/3$ 应力路径下的最大动孔压的差值基本为 $q/3$，即

$$r_u^q = r_u^{max} - q^{ampl}/3 \tag{4.21}$$

在变围压动三轴试验中，公式

$$r_u^q = r_u^{max} - r_u^p = r_u^{max} - B \cdot \left| \eta^{ampl} \cdot q^{ampl} \right| / p_0' \tag{4.22}$$

还给出了在变围压动三轴试验中确定残余孔压的方法。在变围压动三轴试验中，动孔压的变化幅度更大，残余孔压更难选取，使用式（4.22）计算得到的 CSR=0.219 的残余孔压结果如图 4.27 所示，可见，虽然在不同应力路径下，饱和软黏土动孔压的瞬时规律有很大不同，残余孔压规律却基本相同，只是发展速度略有区别。

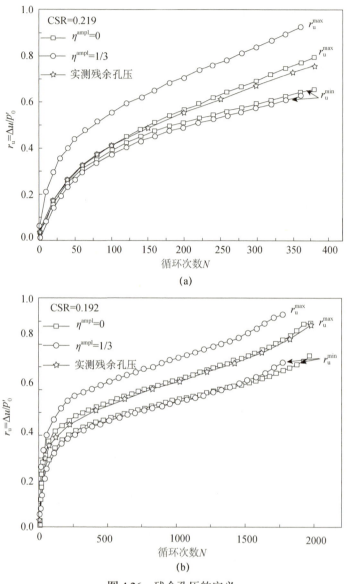

图 4.26　残余孔压的定义

2. 典型的瞬时动孔压时程曲线

典型的瞬时动孔压时程曲线（当瞬时动孔压稳定之后，并且只选择其中若干次循环）如图 4.28 所示，其中实线为动围压比 r_p 的时程曲线，虚线为动孔压比 r_u 的时程曲线。单纯循环围压作用下，在"增压半周"（即围压大于初始围压的半周），饱和软黏土的动孔压比时程曲线几乎与动围压比时程曲线重合；但是在"减压半周"（即围压小于初始围压的半周），动孔压比时程曲线与动围压比时程曲线完全不同，动孔压比时程曲线一直处于动围压比时程曲线之上，而且大于 0。

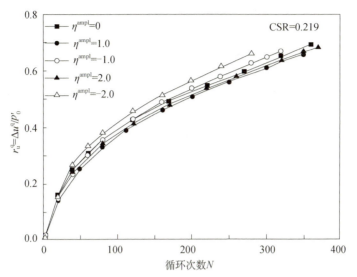

图 4.27　CSR=0.219 时不同应力路径下计算残余孔压的对比

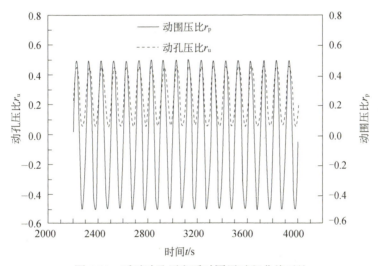

图 4.28　瞬时动孔压和瞬时围压时程曲线对比

选取 4 组试验的最大和最小瞬时动孔压比的发展曲线如图 4.29 所示。其中动围压比定义为

$$r_{\mathrm{p}} = \Delta p / p_0' \qquad (4.23)$$

由图 4.29 可见，稳定后的最大动孔压比 $r_{\mathrm{u}}^{\max}$ 符合完全瞬时动孔压变化的符合式（Skempton 公式）$\Delta u = B \cdot \sigma_3^{\mathrm{ampl}} \sin(2\pi t / T)$，即围压的增大会引起瞬时动孔压的相应增大，并且瞬时动孔压与动围压的比值介于 0.96～0.97 之间，与试验测得

的 B 值基本一致。需要指出的是，最大动孔压比并不是在加载的第一周就能达到动孔压比的 0.96～0.97 倍，而是需要若干周的积累，循环围压幅值越大，需要周数越多。最小动孔压比 r_u^{min} 却表现出完全不同的特性，虽然在开始加载时一般为负值，但是会随着试验的进行逐渐升高，最后几乎全部稳定在"0"左右。因此，只要加载频率足够低，周期足够长，循环围压下瞬时孔压就符合 Skempton 公式。循环围压下瞬时动孔压的变化符合 $\Delta u = B \cdot \sigma_3^{ampl} \sin(2\pi t / T)$。

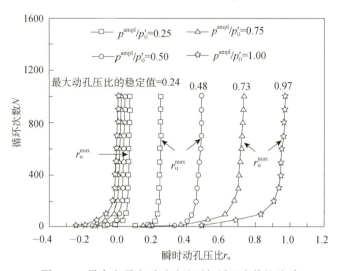

图 4.29　最大和最小瞬时动孔压与循环次数的关系

3. 典型循环围压对动孔压的影响

单调加载试验中，围压的变化（$\Delta \sigma_3$）只会引起相应孔压（$\Delta u = B \cdot \Delta \sigma_3$）的变化，对于饱和软黏土体，认为其 B 值等于 1，因此围压的变化完全转化为土体弹性孔压的变化，而对有效应力没有影响。

从循环围压试验结果发现，变围压虽然不会引起残余孔压，但是会改变瞬时孔压的发展规律。瞬时孔压发展规律受到很多因素的影响，比如土体种类、固结状态、应力历史、应力水平、频率等，更与动应力的维数以及应力路径的形式联系紧密（栾茂田等，2008）。有些情况下，瞬时动孔压的幅值逐渐改变或者发生突变，即最小与最大动孔压的发展并不一致。

典型的最大孔压比 r_u^{max}、最小孔压比 r_u^{min} 随循环次数 N 的变化规律如图 4.30 所示。对于 CSR=0.219，选用了其中 7 组试验的数据，其中图 4.30（a）表示相位差为 0°时的三组试验数据（η^{ampl}=1.0，1.5，2.0）与纯剪切（η^{ampl}=0）时孔压发展的对比；图 4.30（b）表示相位差为 180°时的三组试验数据（η^{ampl}=-1.0，-1.5，-2.0）与纯剪切（η^{ampl}=0）时孔压发展的对比；图 4.30（c）、（d）和（e）分别表示 CSR=0.192，0.268 和 0.313 时 3 组试验数据的对比（η^{ampl}=1/3，1.0，

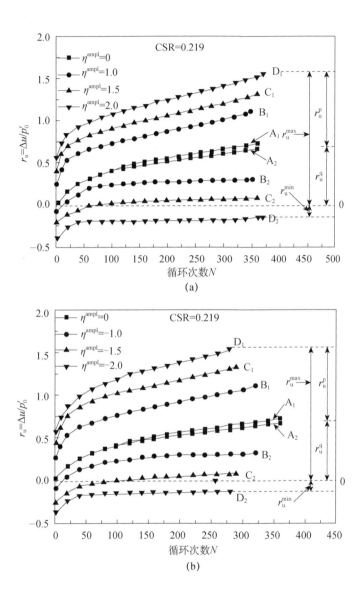

(a)

(b)

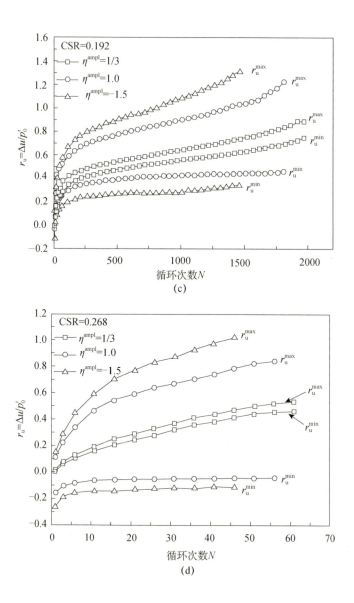

(c)

(d)

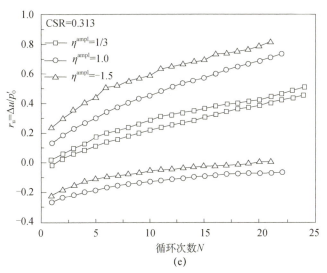

图 4.30　最大孔压比和最小孔压比与循环次数的关系：（a）CSR=0.219，η^{ampl}=1.0，1.5，2.0
与 η^{ampl}=1/3 的对比；（b）CSR=0.219，η^{ampl}=−1.0，−1.5，−2.0 与 η^{ampl}=1/3 的对比；
（c）CSR=0.192；（d）CSR=0.268；（e）CSR=0.313

−1.5）。可见，循环围压和循环偏应力的耦合作用对饱和软黏土的瞬时孔压发展产生巨大的影响，主要表现为以下三点：①对于最大动孔压比 r_u^{max}，不同应力路径下的总体发展规律类似：在加载的初期迅速增长，然后趋于稳定。但是，随着循环围压幅值的增大（η^{ampl} 的增大），r_u^{max} 的数值逐渐增大，这种增大主要出现在加载的初期（前 10～20 周），不管是第一次循环的 r_u^{max}，还是之后的增长速度，都随着 η^{ampl} 的增大而增高、增快。而当循环加载到一定周数之后，不同 η^{ampl} 的孔压发展则几乎变得平行。②对于最小动孔压比 r_u^{min}，就其基本发展规律，$\eta^{ampl}\neq0$ 应力路径下与 $\eta^{ampl}=0$ 应力路径下就出现了巨大的不同。在 $\eta^{ampl}=0$ 应力路径下，r_u^{min} 在试验初期较快增长，之后缓慢增长，但是在 $\eta^{ampl}\neq0$ 应力路径下，r_u^{min} 在加载的初期出现一定的增长，随后基本保持稳定，而不随着残余孔压的增长而增长。随着 η^{ampl} 的增大，r_u^{min} 这个稳定值逐渐减小，当 $\eta^{ampl}=\pm2.0$ 时，甚至处于 0 点之下。③循环偏应力幅值对瞬时孔压的发展规律有一定影响，当 CSR 值较小（循环次数较多）时，孔压的发展基本符合上述两条的描述，而当 CSR 值较大（循环次数较少）时，r_u^{min} 几乎线性增长，并且 r_u^{min} 自第一次循环开始就保持一个稳定值。

　　在循环围压作用下，饱和软黏土体会产生相应的"弹性孔压"，循环围压幅值越大，弹性孔压越大。对于 r_u^{max}，弹性孔压的存在会使其增大。从单纯循环围压试验结果可知，这种弹性孔压不会瞬间增大到 $B\cdot\sigma_3^{ampl}$，而是需要若干次循环的积累，因此加载一定周数之后，由循环围压引起的动孔压增长才基本完成，之后 r_u^{max} 的发展基本全部来自残余孔压的增长，因此不同应力路径下的 r_u^{max} 变得几乎平行。根据 Skempton 公式，可以使用下式计算 r_u^{max}：

$$r_u^{max} = r_u^q + r_u^p \qquad (4.24)$$

其中，r_u^q 表示残余孔压比，主要由循环偏应力引起的循环剪切产生；r_u^p 表示循环平均主应力引起的弹性孔压比，其与循环平均主应力幅值的关系为

$$r_u^p = B \cdot p^{ampl} / p_0' \qquad (4.25)$$

将式（4.25）代入式（4.24），得

$$r_u^{max} = r_u^q + B \cdot p^{ampl} / p_0' \qquad (4.26)$$

由于 $p^{ampl} = \left| \eta^{ampl} \cdot q^{ampl} \right|$，因此式（4.26）变为

$$r_u^{max} = r_u^q + \left| B \cdot (\eta^{ampl} \cdot q^{ampl}) / p_0' \right| \qquad (4.27)$$

式（4.27）表达了最大孔压比 r_u^{max} 与应力路径比值的关系。

对于最小孔压比 r_u^{min}，理论上讲可以通过下式计算：

$$r_u^{min} = r_u^q - r_u^p = r_u^q - \left| B \cdot p^{ampl} / p_0' \right| = r_u^q - \left| B \cdot (\eta^{ampl} \cdot q^{ampl}) / p_0' \right| \qquad (4.28)$$

最大孔压比的发展勉强可以通过式（4.27）预测（除了前若干次循环），通过相应的试验发现最小孔压比的数值只有在最后几次循环才能通过式（4.28）来预测，而之前的发展规律则完全与式（4.28）的预测不同。这可能是两个方面的原因：①孔压传递的滞后性，对黏土而言尤其如此；②由于循环加载过程中每一周加-卸载的影响，循环偏应力从 0 增加到 q^{max} 接着降到 0，然后减小到 q^{min} 再升到 0 的过程中会产生传递孔压，这种传递孔压对最小动孔压和最大动孔压都产生了影响，对最小动孔压的影响更大。因此，实际上能够计算最大孔压比 r_u^{max} 与最小孔压比 r_u^{min} 准确值的公式分别为

$$r_u^{max} = r_u^q + r_u^p + r_u^c \qquad (4.29)$$

$$r_u^{min} = r_u^q - r_u^p - r_u^c \qquad (4.30)$$

其中，r_u^c 为传递孔压，受很多因素的影响，包括土体种类、加载速率、应力幅值等。

对于 r_u^q，可以使用 Yasuhara（1982）提出的公式计算，即

$$r_u^q = \frac{\varepsilon}{a + b\varepsilon} \qquad (4.31)$$

需要指出的是，循环偏应力幅值较大时，这种传递孔压 r_u^c 的幅值更大，规律更加复杂，因此，动孔压的发展规律也更加复杂，几乎不能通过式（4.27）和式（4.28）来预测。

4.4.3 循环围压对应变累积的影响

在循环动力荷载试验中，某一循环次数下轴向应变包括最大应变（ε_a^{max}）、回弹应变（ε_a^r）、累积应变（即永久应变，ε_a^p）。其中，最大应变是该加载循环

中的应变最大值，回弹应变是该加载循环中最大应变与该加载循环中最终应变之差，累积应变是该加载循环中的最终应变。单向循环荷载试验轴向应变示意图，如图 4.31 所示。

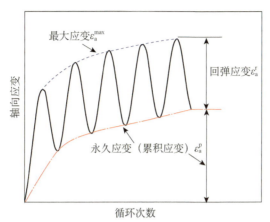

图 4.31　单向循环荷载试验轴向应变示意图

本小节将基于变围压应力路径，考虑土体固结应力历史（超固结度），介绍循环偏应力和循环围压耦合作用下饱和软黏土的累积变形规律。

图 4.32 为正常固结状态下（OCR=1）永久轴向应变与循环次数的关系。所有曲线的发展规律基本类似：在试验的初期迅速上升，达到一定的循环次数之后，应变开始缓慢累积。所有曲线均有一个明显的拐点，该拐点大部分在循环次数前 1000 次循环时产生。由每一张图对比可见，变围压对永久应变的发展存在较大的影响：无论 CSR 如何变化，永久轴向应变随着循环围压幅值的增加（应力路径斜率的增加）而减小。可见，循环围压的存在一定程度上限制了土体轴向应变的产生。

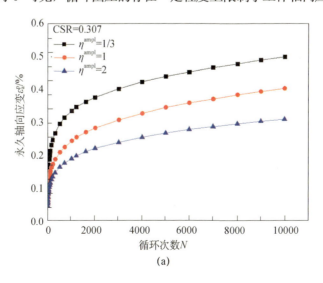

(a)

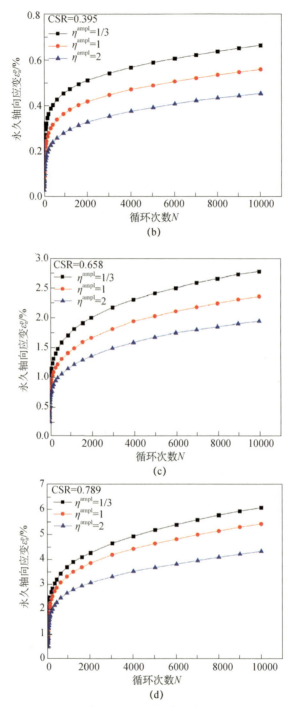

图4.32 正常固结状态下永久轴向应变与循环次数关系：
（a）CSR=0.307；（b）CSR=0.395；（c）CSR=0.658；（d）CSR=0.789

在不同循环应力路径下，饱和软黏土的有效应力路径差别较小，因此应变发展速率的差别主要受到平均主应力的影响。在变围压应力路径下，围压的增加会限制侧向变形的发展，由于体积不变，因此侧向"拉"应变的减小意味着轴向"压"应变的减小，即限制了轴向变形的发展。这种变围压的"约束"作用，使试样更难被压缩，如同一定程度上增加了土体的刚度。可见，虽然变围压并没有改变有效应力的发展规律，但是从总应力的角度仍然在影响土体的动力特性，这再次表明饱和软黏土复杂的动力学特性不能单单通过有效应力原理去解释，还受到很多其他因素的影响。

图 4.33 给出了 CSR=0.395 时，超固结试样（OCR=2，4，8）的永久轴向应变随循环次数的变化曲线。从图中不同应力路径对永久轴向应变的影响可以看出，对于正常固结土和超固结土，随着循环次数的增长，不同应力路径下循环加载 10000 次所测得的永久轴向应变均呈指数增长规律变化。循环围压的存在，会对循环偏应力的加载结果产生影响，在相同循环偏应力和循环次数下，循环围压幅值越大，土体产生的永久轴向应变反而越小。同时，不同超固结比下，土体表现出相同的变化规律。

为了量化循环偏应力和循环围压耦合对正常固结（OCR=1）以及超固结（OCR=2，4，8）饱和软黏土永久轴向应变的影响，定义永久轴向应变比为 R_{a}^{p}，即

$$R_{a}^{p} = \varepsilon_{a,VCP}^{p} / \varepsilon_{a,CCP}^{p} \tag{4.32}$$

其中，$\varepsilon_{a,VCP}^{p}$ 为某一循环次数时变围压应力路径下的永久轴向应变；$\varepsilon_{a,CCP}^{p}$ 为同一循环次数时恒定围压应力路径下的（$\eta^{ampl}=1/3$）永久轴向应变。

图 4.34 给出了永久轴向应变比（R_{a}^{p}）随循环次数的变化关系曲线，考虑到交通荷载具有长期性的特点，因此只选取了循环加载 2000 次之后变形较为稳定的数值（N=2000，4000，6000，8000 和 10000）。从图中可以看出，R_{a}^{p} 近似为常数且与循环应力比（CSR）、超固结比（OCR）以及循环次数 N 无关。

图 4.35 给出了 R_{a}^{p} 与应力路径斜率 η^{ampl} 之间的关系，可见，变围压（$\eta^{ampl}=1$，2）与相应恒定围压（$\eta^{ampl}=1/3$）应力路径下永久轴向应变的比值 R_{a}^{p} 与应力路径斜率 η^{ampl} 之间呈良好的线性关系，其表达式如下：

$$R_{a}^{p} = -0.201\eta^{ampl} + 1.059 \tag{4.33}$$

式（4.33）表明，应力路径斜率 η^{ampl} 每增加 1，饱和软黏土的永久轴向应变就减小 20.1%。因此，在式（4.33）的基础上可以建立不同应力路径下饱和软黏土永久轴向应变的经验公式，即

$$\varepsilon_{a,VCP}^{p} = \varepsilon_{a,CCP}^{p}\left[1 - 0.201\left(\eta^{ampl} - \frac{1}{3}\right)\right] \tag{4.34}$$

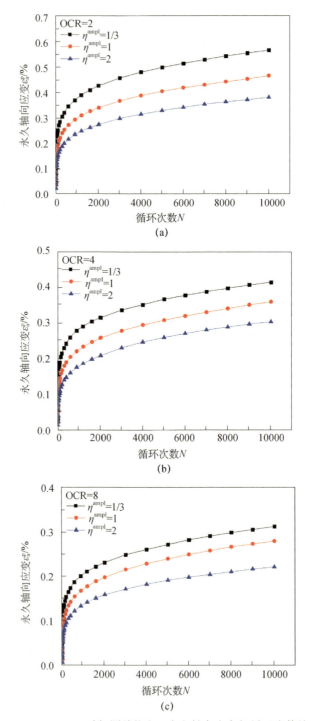

图 4.33 CSR=0.395 时超固结状态下永久轴向应变与循环次数关系：
（a）OCR=2；（b）OCR=4；（c）OCR=8

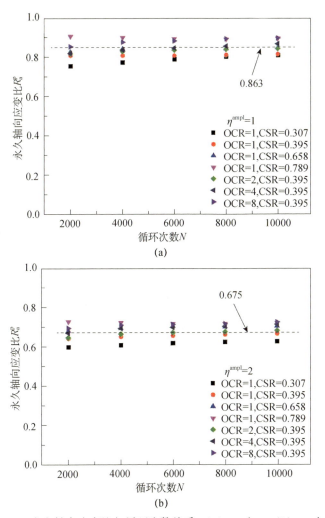

图 4.34　永久轴向应变比与循环次数关系：（a）$\eta^{ampl}=1$；（b）$\eta^{ampl}=2$

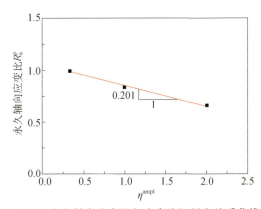

图 4.35　永久轴向应变比与应力路径斜率关系曲线

4.5 本章小结

利用 GDS 动三轴仪对温州饱和软黏土试验进行了不同循环应力比下次数达50000 次的单向长期循环三轴试验和变围压循环三轴试验，研究了长期循环荷载作用下的应变、孔压、应力-应变滞回曲线以及回弹模量的发展和演化规律。得到如下结论：

（1）不同循环应力比下轴向应变都随循环次数的增加而增长。在加载初期的几千个循环内，应变发展迅速；随后，应变的发展逐渐变缓；当循环应力比较低时，试样经过 50000 次循环后应变发展稳定，而当循环应力比较高时，经过50000 次循环后，试样的应变还在继续增长。

（2）由于三轴试验中孔压在底部测量，具有一定的滞后性，加载初期（前1000 次）的孔压可能与真实孔压不符。而经过 1000 次循环后，孔压相对准确。基于不同循环应力比下的有效应力路径发展规律，建立了 1000 次循环后的孔压-应变方程。

（3）不同循环应力比下，回弹模量随循环次数的变化规律明显不同。当循环应力比较小时，回弹模量随循环次数的增加减小不明显，在很少的循环次数后即达到稳定。随着循环应力比的增加，在循环加载初期，回弹模量衰减迅速，然后逐渐达到稳定。达到稳定的循环次数随循环应力比的增加逐渐增大。这与应力-应变滞回曲线的发展规律是一致的。

（4）循环围压对动模量的影响与相位差有关。与常规恒定围压应力路径相比，在相位差为 180° 的应力路径下，动模量显著增大，而在相位差为 0° 的应力路径下，动模量显著降低，并且随着循环围压幅值的增大而逐渐增大。循环围压对动模量的影响随着动应变的减小而逐渐增大，当应变超过 10^{-2} 时，循环围压对动模量的影响基本可以忽略。

（5）Skempton 公式可以较好地预测变围压下最大孔压的增长趋势（加载开始的若干次循环除外）。虽然可以较好地预测最小孔压的稳定值。但是，并不能预测最小孔压的发展趋势。通过最大、最小孔压与残余孔压的对比，发现可以通过 Skempton 公式计算残余孔压。这种计算残余孔压的方法比其他方法更具可行性。

（6）循环围压的存在一定程度上限制了土体轴向应变的产生，不论是正常固结还是超固结土，循环围压幅值越大，土体的永久轴向应变越小。通过定义永久轴向应变比，将循环偏应力和循环围压耦合效应对饱和软黏土永久轴向应变的影响进行了量化。

第5章 饱和软黏土动力特性真三轴试验研究

5.1 概述

本章主要讨论饱和软黏土在循环荷载作用下的力学特性，特别是利用真三轴试验设备对饱和软黏土进行的试验研究。循环荷载的作用使得土体在不同应力状态下表现出复杂的力学行为，而真三轴试验设备能够模拟这些多维应力状态，从而提供更加真实和全面的试验数据。

在本章中，我们首先介绍真三轴试验设备的原理和方法，然后详细讨论试验中需要注意的关键要点。接着，我们通过真三轴试验研究，分析饱和软黏土在不同应力状态下的应变积累规律和应力-应变关系。此外，我们还探讨了循环中主应力系数对饱和软黏土动弹性模量的影响。

5.2 真三轴试验

在交通荷载作用下，软黏土地基土单元通常处于三维应力状态，作用于土单元的交通荷载所引起的动应力包括竖向循环正应力和剪应力、垂直于行车方向的水平向正应力和平行于行车方向的正应力，如图 5.1 所示，其中垂直于道路方向的水平向循环正应力幅值较小，可以忽略。

以往的研究通常基于传统的动三轴展开，常规动三轴仪可以控制对土体试样两个方向主应力的施加，即大主应力 σ_1 与小主应力 σ_3 方向，但是这种仪器试验过程中的中主应力 σ_2 与小主应力 σ_3 均由围压施加，二者始终是相等的，这种情况属于轴对称受力情况，毕肖甫常数 b 的值始终为 0，在实际工程中这种应力状态并不常见，因此常规三轴试验大多数用于实验室内理论研究，而与土体真实的

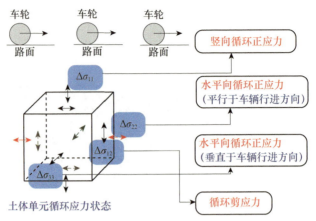

图 5.1　交通荷载下单元土体的受力状态

受力情况并不相符，土体真实的受力情况大多数情况下是非对称受力状况，土单元处于三维应力状态，各个方向的应力并不一定是相同的，并且大量研究已经表明土体在三维应力状态下的循环动力特性与轴对称状态下表现出较大的差异。受于仪器限制，目前少有考虑三维正应力的耦合，即竖向循环正应力和两个水平向正应力的耦合，对路基土体真实受力状态的模拟还不够全面。

真三轴仪可以从三个方向分别加三个应力 σ_1、σ_2 和 σ_3，可以独立控制三个方向的主应力变化，克服了常规三轴仪的缺陷，使得毕肖甫常数 b 可以变化，使得该仪器可以实现更多复杂的应力路径试验，从而更加真实地模拟土体的受力状况。

5.2.1　试验原理

目前，国内外已经研制了多种真三轴仪，由于加载方式的不同，产生了不同型式的真三轴仪。按其压力室所加荷载特性来分，有"刚性"、"柔性"和"复合"三种形式，它们各有特点，适用范围也不同。

最早的真三轴仪由瑞典的 W. K. Jellman 所研制，1936 年他设计的全刚性真三轴由六块刚性板在三个不同方向上对试样进行独立加载，在理论上可满足对土体力学性质的研究。图 5.2 是这种真三轴仪的二维示意图，可以独立控制三个方向上的主应力，大、中、小主应力可以在三个方向自由转换，可以做到大约 30% 的均匀应变而不会使刚性板相互干扰，每个方向的应变能够保持均匀，但是仪器太过复杂，在实际试验中，试样在某一方向受力出现剪胀后，其他两个方向的加载板不能立刻同步跟随，使得加载边界有土体被挤出，并且土体试样在受到较大荷载后，会发生明显的体积压缩，出现加载板相互碰撞的现象，影响试验测量精度，因此该设计没有得到推广。

为改善其加载方式，随后有学者研发出全柔性真三轴仪，Bell 最早研制了这

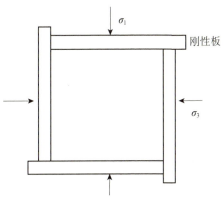

图 5.2　σ_1、σ_2 和 σ_3 方向均为刚性加载的真三轴仪二维图

种柔性边界加载的真三轴仪，由 6 个柔性加载囊组成，利用橡胶囊内的液体或气体对土样施加 3 个直角方向的力，图 5.3 是这种真三轴仪的二维示意图，但试样体积压缩变形后，边界的橡胶囊与试样脱开，试样边界会出现 σ_2 方向的橡胶囊被 σ_1 方向的橡胶囊挤压的现象，使试样上所受的应力分布不均匀。柔性加载设计的优点有：加载囊内的压力易于控制；土样表面（除了在转角处）的应力基本均匀；加载囊和土样表面的摩擦较小。缺点在于：土样表面的应变非常不均匀，相邻加载囊之间会相互挤压并产生影响；无法实现大应变的试验。

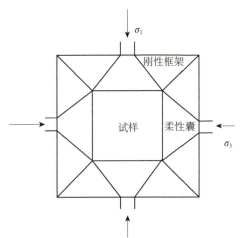

图 5.3　σ_1、σ_2 和 σ_3 方向均为柔性加载的真三轴仪二维图

　　鉴于全刚性真三轴仪与全柔性真三轴仪加载方式的缺陷较多，影响试验测量的准确性，故诸多学者建议刚柔复合型的加载方式，相比于"刚性"或"柔性"加载方式，刚柔复合型的加载方式避免了全刚性加载板相互接触的现象，同时克服了全柔性加载中两个方向上橡胶囊挤压的现象，是一种比较完善的加载方式。具体来说刚柔复合型加载方式又可分为以下几种：

（1）σ_1 方向为刚性加载，σ_2 和 σ_3 方向为柔性加载。

日本京都大学的 Shibata 和 Karub 所使用的真三轴仪，1987 年我国同济大学所研制的真三轴仪都采用这种形式，这种加荷方式具体为由液压活塞施加大主应力，由气压直接施加小主应力 σ_3、由橡皮胶囊施加中主应力 σ_2，橡皮胶囊中充水，由液压控制，适合黏土与砂土。缺点是橡皮胶囊对试验有较大的影响，柔性荷载的作用面无法保证变形均匀。中主应力 σ_2 的值估算困难，另外橡皮胶囊容易出现嵌入效应。

（2）σ_1 和 σ_2 方向为刚性加载，σ_3 方向为柔性加载。

代表性的真三轴仪有清华大学真三轴仪、河海大学老式真三轴仪等，大主应力 σ_1 方向是由刚性板通过电机或者液压活塞施加力，在柔性加压囊的内表面增加了一个金属板来施加中主应力，金属板的尺寸稍小于试样的侧面尺寸，小主应力 σ_3 是由压力室的气压或液压直接施加；这种真三轴仪在制作试样时，试样高度必须要高于中主应力方向的刚性板，目的是避免试验过程中，水平刚性板与竖向刚性板由于试样的压缩而相互碰撞干扰。这样在试验加载时，试样高出水平向刚性板的部分会被挤出，影响试样的均匀受力，出现边角效应。

（3）σ_1 方向为刚性加载，σ_3 方向为柔性加载，σ_2 方向为刚性加柔性的"复合"。

20 世纪 70 年代，Lade 和 Duncan 研制出复合型加载方式的真三轴仪，具体加荷方式为大主应力 σ_1 通过轴向刚性板直接施加，小主应力 σ_3 由压力室内气压施加，中主应力用一种刚柔"复合"加压板施加，这种加压板由软木垫层和不锈钢片组成。通过这一设计的变化，既可以保证中主应力方向为刚性，又便于大主应力方向的压缩。这种"复合"加压板在垂直方向可以压缩大约 20%，可以满足竖向变形的需要，这种真三轴仪是设计的比较合理的一种，可以用于砂土与黏土的试验研究。"复合"加压板的设计将边角效应减小到最低程度。但其复合加压板也存在一些缺陷：首先，具有这种特殊力学性质的软木垫层材料很少，不容易找到；其次，由于软木垫层材料具有很强的塑性，压缩后不容易回弹，使得有些实验无法实现，比如 σ_1 方向先压缩后膨胀或 σ_1 方向只膨胀的试验，复合加压板无法跟随试样在 σ_1 方向同步变形，σ_2 不能均匀施加到试样上，仍然会造成试样上部较严重的受力和变形不均匀。

5.2.2　试验仪器

本章以 GDS 动静真三轴系统对试验仪器进行介绍。GDS 动静真三轴系统使用刚柔混合的方法来施加应力，兼容有静态和动态两种加载形式，加载方向分为竖直（大主应力方向）和水平（中主应力方向）的刚性加载及侧向（小主应力方向）的柔性加载，其中刚性加载由刚性加载板提供，柔性加载由液压提供，动力和静力的加载模式均可采用应力或应变进行控制，整体原理示意图如图 5.4 所示。

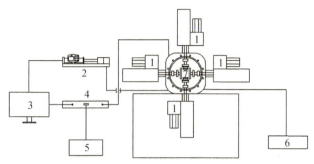

图 5.4　整体原理示意图

1. 伺服电机作动器；2. 反压控制系统；3. 计算机；4. 控制器；5. 采集器；6.空压机；7. 压力室

1. 硬件构成

（1）伺服电机作动器：伺服电机作动器是真三轴系统的主要动力加载装置。在竖直方向和水平方向上各装有一对，它是一台带有反馈控制以及应力和位移连续控制的多功能加载系统，由伺服电机驱动轴向伸缩连杆施加推力，连杆连接着压力室内部的高精度应力与位移传感器，通过伺服反馈可以精确地控制轴力的施加。相比液压作动器，伺服电机作动器操作简单，噪声小，加载频率最大可达到5 Hz，最大输出压力可以达到 20 kN。

（2）反压控制系统：GDS 动静真三轴仪中反压的控制主要依靠的是一个GDS 标准压力/体积控制器（STDDPC V2），如图 5.5 所示。它是一个水压与体变的测控装置，内部由一个步进马达与丝杆驱动器驱动相连的活塞直接压缩刚体内部的无气水，而水压力可以通过切换开闭合回路来控制调节，通过记录步进马达的移动步数测量体积的变化，且仪器的精度可达到 1 mm^3（0.001 cc）。除此之外，该装置通过 USB 数据线与计算机直接连接，并与控制计算机上的 GDSLAB控制与数据采集软件兼容，可以通过软件直接操作和记录数据。反压控制系统通过 PVC（聚氯乙烯）管与压力室底部反压通道相连，与试样内部形成通路。

图 5.5　GDS 标准压力/体积控制器

（3）围压控制系统：GDS 动静真三轴仪配有一个气压控制系统，压力室内部注水浸没整个试样之后，液面顶部留有一定空气，通过控制液面上部气压从而获得稳定的静态围压（水压）。气压控制系统如图 5.6 所示，主要由一个 GDS 气压控制器和一个外置空压机组成，围压的最大值为 2 MPa。

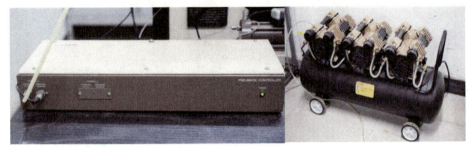

图 5.6　GDS 气压控制系统

（4）空压机：如图 5.7 所示，通过压缩空气为气压控制器提供压力，同时可以根据需要调整气压泵内压力的大小，最大可调节压力为 1.5 MPa，当气压不足时自动补偿至设定值。

图 5.7　空气压缩机

（5）储水箱：储水箱为外置设备，为试样内部供水。压力室舱门密封后，通过潜水泵将储水箱中的水注入压力室，当水完全浸没试样之后关闭供水通道的截止阀即可。

（6）压力室：压力室的结构如图 5.8 所示。竖直方向和水平方向各有一对连接应力与位移传感器的刚性加载板，竖直方向上的一对挡板各自连接一个刚性顶帽和刚性底座，且底座中镶嵌有金属透水石，并设置有连通试样内部的排水孔道，以保证试验过程中排水的通畅。舱室顶部设置有围压传感器和孔压传感器的连接通道，以及一个与大气连通的孔道。底部设置有一个反压通道和一个向压力室内部注水的供水通道，压力室前后设置有一个对开舱门，舱门上嵌入玻璃观测窗，方便观察试样的变形状况。舱门与压力室主体之间嵌有环形橡胶密封圈，并通过螺栓连接压力室以保证压力室绝对密封。

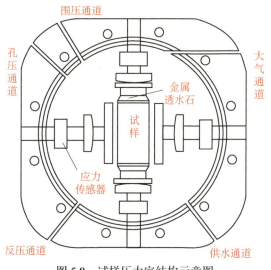

图 5.8　试样压力室结构示意图

2. 控制软件

GDSLAB 控制软件：该软件控制真三轴系统的各部分硬件，为标准和高级试验提供数据采集，通过接入的传感器实时显示和控制四个轴的应力、应变及位移变化。

（1）基础控制模块：在此界面可以观察到四个刚性挡板的位置，该模块可以独立控制挡板的荷载和位移，进行合轴、撤轴、加载等操作，软件中设置了瞬时撤开挡板的急停按键，防止发生碰撞，保证紧急情况下仪器的安全。

（2）饱和固结模块：由三部分组成，包括饱和、B-check 孔压参数-监测及固结。在饱和阶段界面可以独立控制围压和反压的增加和降低，以保证试样有效应力不变或稳定变化至指定值。B-check 孔压参数-监测界面用来检测试样的饱和程度，即在不排水条件下，由围压增量（$\Delta\sigma_3$）引起的孔压增量（Δu），得到孔压参数 $B=\Delta u/\Delta\sigma_3$，$B>0.98$ 时一般认为试样已完全饱和。固结阶段施加恒定的围压和反压，同时监测试样的排水速率。

（3）高级加载模块：可控制应力、应变、围压和反压等参数按设定变化速率达到目标值或保持目标值恒定，根据试验需要添加多个步骤，达到试验目的。

（4）动态加载模块：该模块分为位移和荷载控制的两种动态循环，对加载幅值、频率及波形进行控制来实现动力加载，轴向与水平向可独立控制从而实现较复杂的循环路径。

5.2.3　试验方法

GDS 动静真三轴仪所用试样为 75 mm×75 mm×150 mm 的立方体试样，试样的制作工具如图 5.9 所示。

图 5.9　真三轴试样制作工具

　　先从固结完成的重塑土上切下圆柱体土块，应尽量避免移动过程中土样的扰动。将土块放在切土台上，调整好位置，上下夹住土块。利用割土刀将土样周围的多余土切除，只留下土样中间的部分，利用刮土刀和割土刀反复切除多余土，并配合切土盘的旋转，将土样四周切成非常平滑的切面，注意不能有竖向的划痕，以免造成应力集中。长方体试样初步成型后，用金属刮土薄片继续调整试样的四个侧面，直至四个面变得光滑平整。在钢模内壁涂抹凡士林（便于钢膜与试样脱开），将钢膜小心贴合在切好的土样上，取下试样，置于毛玻璃上，用直尺量测长度后切除两端多余的土，贴上 10 mm×150 mm 滤纸条，贴上滤纸条是为了实验过程中能够让试样排水更加均匀，由于孔压是在试样的底部测得的，因此滤纸条不能上下贯通，否则无法测得正确的孔压。将 0.3 mm 厚的橡胶模套在承膜桶上，再将承膜桶缓慢套在试样上。将其一同安放在真三轴的加载底座上，用 1 kPa 的压力合轴。合轴完成时底座与试样完美贴合，将承膜桶上的橡皮膜外翻套在加载底座上，再用橡皮筋箍在橡皮膜外固定密封，最后拆除承膜桶，完成试样的安装。图 5.10 为整个过程的流程图。

　　安装好试样之后，利用吸满水的压力/体积控制器通过试样下部的管道进行充水，充水时水从试样下方逐步流向试样上部，使得试样内部的空气通过上部底座的管道及金属透水石排出，直到气泡完全排出，这时会清晰地看到滤纸条，气泡完全排光时在小主应力方向（试样的前后面）贴上与传感器的位置相对应的锡箔纸，以便更加准确地测量小主应力方向的位移。关闭舱门，在试样内部与外界大气连通时将围压、反压、孔压以及位移传感器清零。进行二次排气。使用围压控制器加上 30 kPa 的围压，帮助试样排气，然后继续使用反压控制器充水重复第一次排气的操作，直到管道中排水连续，表明试样中没有肉眼可见的气泡，接

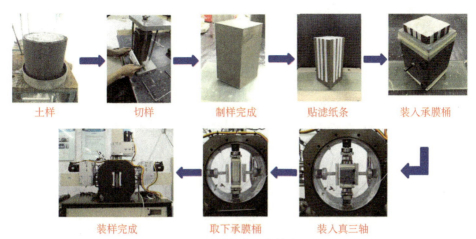

图 5.10 试样制作及安装流程图

着让试样自由排水至橡皮膜紧紧贴合试样（以能够明显看到滤纸条厚度为标准），然后进行左右加载板的合轴操作，最后连接好相应的管路即完成试样安装。

　　由于试验对象是饱和黏土，因此对土进行饱和是很关键的一步，如果黏土未充分饱和，则孔压的测量是不准确的，试验也就失去了意义，因此采用反压饱和的方法：施加 320 kPa 的围压和 300 kPa 的反压，形成有效围压 20 kPa，打开试样底部的阀门对试样注入二氧化碳约 2 h，此操作的目的是从试样内部排除空气，在注入二氧化碳的期间其压力保持为 10 kPa，将无气水通过试样底部通道通入试样，利用无气水溶解试样颗粒间孔隙的二氧化碳，通入无气水的过程持续 1 h，通过压力室施加 20 kPa 的有效围压并保持恒定，逐渐增加反压至 400 kPa，溶解剩余二氧化碳，待试样排水体积的变化速率小于 200 mm³/h 之后，认为试样已经处于稳定状态，GDSLAB 软件会计算由于围压的增加量 $\Delta\sigma_3$ 引起的孔压的变化量 $\Delta\mu$，B 值为 $\Delta\mu/\Delta\sigma_3$，通过 B-check 孔压参数-监测模块检测到孔压系数 B 值大于 0.98，则认为试样饱和。

5.2.4　试验要点

　　针对超载预压、应力释放等原因引起的饱和软黏土地基，使用三维应力固结状态模拟路堤堆载引起的应力诱发各向异性，通过循环大、中、小主应力的耦合模拟行车荷载下竖向循环正应力及两个方向水平向循环正应力的耦合，研究长期循环荷载下饱和软黏土的累积变形特性；分析三维应力固结及静力应力路径对饱和软黏土静力特性和屈服面的影响；研究三维应力固结、三维循环正应力耦合、超固结比等因素对饱和软黏土三向累积应变耦合发展规律的影响，明确不同固结状态、不同动力应力路径、不同循环次数、不同超固结比等因素下应力增量张量方向与应变增量张量方向的关系；并进一步考虑部分排水条件下累积体应变对竖向累积变形的影响，尝试建立一个能够综合反映较多因素影响的饱和软黏土地基长期沉降显式预测模型，为长期交通荷载下饱和软黏土路基的变形预测及控制提供依据。

5.3　三维应力状态下饱和软黏土动力特性研究

在循环加载下，土体的变形和强度特性受到应力状态的显著影响。为了反映三维应力状态下循环大主应力和中主应力的耦合，Gu 等引入了循环中主应力系数 b_{cyc}：

$$b_{cyc} = \frac{\sigma_2^{ampl} - \sigma_3^{ampl}}{\sigma_1^{ampl} - \sigma_3^{ampl}} \tag{5.1}$$

σ_1^{ampl}，σ_2^{ampl} 和 σ_3^{ampl} 分别是大、中、小主应力的幅值。其中 σ_1^{ampl} 和 σ_2^{ampl} 为同相位纯压缩波。然而，由于真三轴系统无法施加循环小主应力，所以 $\sigma_3^{ampl} = 0$。并且，在实际由交通荷载引起的应力场中，垂直于行车方向的主应力 $\Delta\sigma_{33}$ 几乎可以忽略不计，所以公式（5.1）可以简化为公式（5.2）：

$$b_{cyc} = \frac{\sigma_2^{ampl}}{\sigma_1^{ampl}} \tag{5.2}$$

试验中所施加的应力路径在 σ_1-σ_2 空间中如图 5.11 所示。图中 AC 线为同时施加循环大主应力和循环中主应力的应力路径，AB 线为单独施加循环大主应力的应力路径。

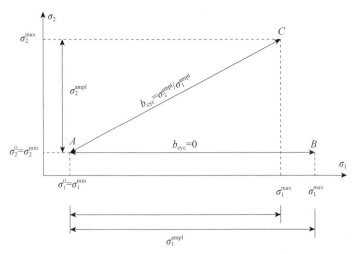

图 5.11　σ_1-σ_2 平面单向循环加载的应力路径

本节中出现的其他参数：超固结比（OCR）为先期平均有效固结应力 p'_{OC} 与当前平均有效固结应力 p'_0 的比值；循环应力比（CSR）为循环剪应力幅值 q^{ampl} 与两倍的三轴剪切强度 q_f 的比值。计算公式分别如式（5.3）和式（5.4）表示。

$$OCR = p'_{OC} / p'_0 \tag{5.3}$$

$$CSR = q^{ampl} / (2q_f) \tag{5.4}$$

在三维应力状态下，循环剪应力幅值的计算公式为

$$q^{ampl} = \frac{\sqrt{2}}{2}\sqrt{(\sigma_1^{ampl} - \sigma_2^{ampl})^2 + (\sigma_1^{ampl} - \sigma_3^{ampl})^2 + (\sigma_2^{ampl} - \sigma_3^{ampl})^2} = \sqrt{1 - b_{cyc} + b_{cyc}^2}\,\sigma_1^{ampl}$$

$$\tag{5.5}$$

5.3.1　应变分量耦合发展规律

1. 应变分量及时程曲线

在此定义压缩应变为正，拉伸应变为负，并给出 CSR=0.269 和 OCR=1、CSR=0.290 和 OCR=4 试验的累积应变分量演化过程，如图 5.12 和图 5.13 所示。在试验中，累积大、中和体应变由试验设备直接测得，其中累积大、中主应变由与刚性加载板连接的位移传感器测得，体应变由反压器测得的孔隙水体积改变进一步计算获得。通过公式（5.6）可以计算得到小主应变。

$$\varepsilon_3 = \varepsilon_v - \varepsilon_1 - \varepsilon_2 \tag{5.6}$$

图 5.12 对正常固结黏土在不同 b_{cyc} 值下的应变分量进行了比较，可以看出，所有应变分量在开始时表现出急剧增长的趋势，然后在 2000 个周期后迅速减慢，发展速率逐渐减小。

具体地，累积体应变除 b_{cyc}=0.8 外其余都为最大的应变分量，b_{cyc}=0.8 时（图 5.12（e））的体应变为第二大的应变分量仅次于累积中主应变。累积体应变始终为正，说明试样孔隙水在整个循环加载过程中不断排出。对于累积体应变的曲线在图中有一定的滞后性，这可能是孔隙水排出不够及时造成的。

累积中主应变在 b_{cyc}=0 时与累积小主应变相等且为靠近零的正值，说明试样在二方向和三方向表现为轻微压缩应变。随着 b_{cyc} 值的增长，累积中主应变不再与累积小主应变相等，且应变在最终数值上不断增大，即 b_{cyc} 值的增长使得试样在二方向的压缩应变不断增大。

对于累积小主应变，在 b_{cyc}=0 是正值，除此之外都为负值。累积小主应变为负值意味着在三方向试样受拉伸。累积小主应变的发展规律是累积大、中和体应变共同作用的结果。

对于图 5.13 的超固结黏土，应力分量的发展规律与正常固结土相比略有不同。累积小主应变在所有的 b_{cyc} 值下都为负值，即拉伸应变。累积体应变在数值上相比正常固结土有所减小，这可能是由于超固结土的负孔压限制了孔隙水的排出。

它们的相对大小关系也呈现出一定的规律性，如图 5.12 中，在所有的 b_{cyc} 值下都是 $\varepsilon_v^p > \varepsilon_1^p > \varepsilon_3^p$。在 b_{cyc}=0，0.2，0.4 时，$\varepsilon_v^p > \varepsilon_1^p > \varepsilon_2^p$，而当 b_{cyc}=0.6 时，ε_2^p

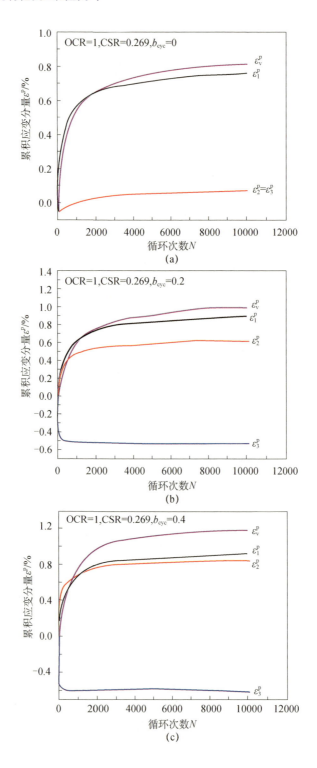

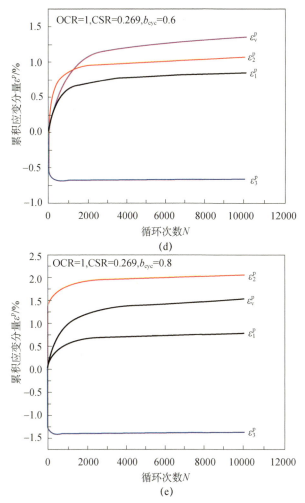

图 5.12   OCR=1，CSR=0.269 累积应变分量：
（a）b_{cyc}=0；（b）b_{cyc}=0.2；（c）b_{cyc}=0.4；（d）b_{cyc}=0.6；（e）b_{cyc}=0.8

的相对位置在增长，并在 b_{cyc}=0.8 时成为最大的应变分量，此时它们的相对大小关系为 $\varepsilon_2^p > \varepsilon_v^p > \varepsilon_1^p > \varepsilon_3^p$。

对于图 5.13 的超固结土，同样的所有的 b_{cyc} 值下 $\varepsilon_1^p > \varepsilon_v^p > \varepsilon_3^p$。在 b_{cyc}=0，0.2 时，$\varepsilon_1^p > \varepsilon_v^p > \varepsilon_2^p$，在 b_{cyc}=0.4 时 ε_2^p 的相对位置上升，并在 b_{cyc}=0.6 时 ε_2^p 成为最大的应变分量，此时它们的相对大小关系为 $\varepsilon_2^p > \varepsilon_1^p > \varepsilon_v^p > \varepsilon_3^p$。在 b_{cyc}=0.8 时，规律不再变化。

总之，应变分量中，累积中主应变受 b_{cyc} 值影响较明显，累积体应变受 OCR 影响较明显。

图 5.14 给出了一组试验（OCR=1，CSR=0.303，b_{cyc}=0.8）的时程曲线，分别为大主应变、中主应变、体应变和时间的关系。为了便于理解时程曲线，在图

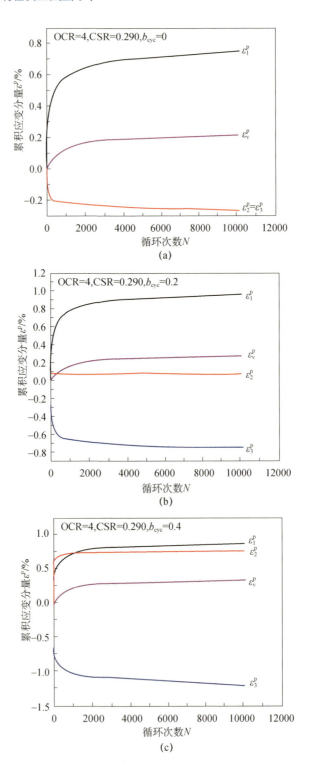

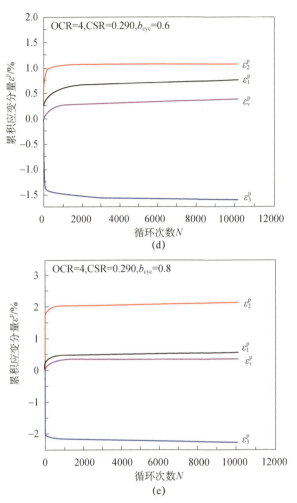

图 5.13　OCR=4，CSR=0.290 累积应变分量：
（a）b_{cyc}=0；（b）b_{cyc}=0.2；（c）b_{cyc}=0.4；（d）b_{cyc}=0.6；（e）b_{cyc}=0.8

5.14（a）中标明了总应变、回弹应变和累积应变，分别用 ε_i^t、ε_i^r、ε_i^p 表示（上标 t 表示总应变，r 表示回弹应变，p 表示累积应变）。本文中时程曲线的发展呈现出一定的规律性，即在试验的初始阶段迅速增长，随着循环次数的增加，应变累积速率呈下降趋势并最终趋于零。时程曲线是最原始的试验数据，它最直观地反映了应变从零到最终趋于稳定的发展过程。下文将继续对数据进行深度挖掘和处理，找出各应变分量的发展规律和对试验变量参数的影响程度。

2. 累积应变分量及其耦合

土体在循环荷载作用下的塑性特性主要表现为累积应变。本节主要介绍累积大主应变、中主应变和体应变的耦合发展规律。在 Zhang 等的研究中，大主应变

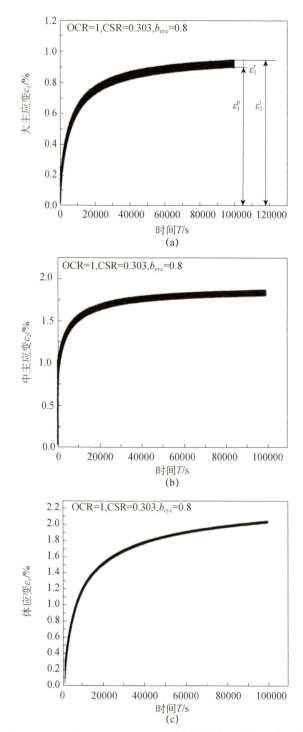

图 5.14　试验（OCR=1，CSR=0.303，b_{cyc}=0.8）大主应变、中主应变、体应变时程曲线

（ε_1）、中主应变（ε_2）和孔隙水的体积变化由测试设备直接测量和记录，而体应变（ε_v）则是根据孔隙水的体积变化得到的，根据公式计算出小主应变 $\varepsilon_3 = \varepsilon_v - \varepsilon_1 - \varepsilon_2$。在不排水试验中，孔隙水体积变化为零，即没有产生体应变，因此 $\varepsilon_3 = -\varepsilon_1 - \varepsilon_2$。在此定义压缩应变为正，拉伸应变为负。

两种排水条件下循环应变分量的典型时程曲线，如图 5.15 所示。累积大主应变和弹性大主应变在图 5.15（a）中标出。在一个特定的加载循环中，累积应变是试验开始时的总残余应变，弹性应变是每个加载循环中的可恢复部分。从图中可以看出，循环应变分量均呈非线性发展，且随着时间的增加，发展速度逐渐减慢。

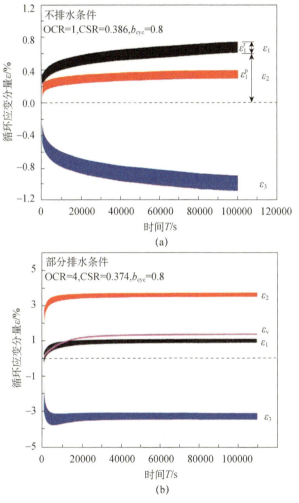

图 5.15　循环应变分量的典型时程曲线：（a）不排水；（b）部分排水

图 5.16 为三组正常固结黏土（OCR=1）和超固结黏土（OCR=4）在两种排水条件下的对比。每组图中 CSR 和 b_{cyc} 的值是相同的。总的来说，几乎所有的累

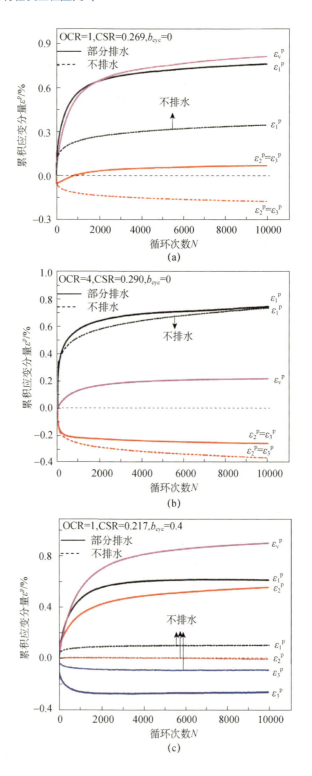

(a)

(b)

(c)

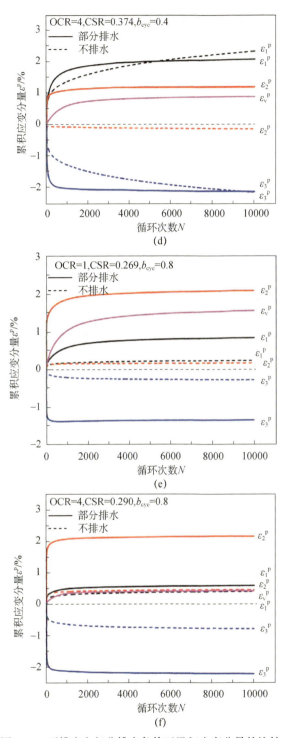

图 5.16　不排水和部分排水条件下累积应变分量的比较

积应变分量都表现出相似的累积趋势，即开始时急剧增加，然后在几百个循环内累积速率迅速下降到非常低的水平。各子图的比较结果表明，排水条件对累积应变分量的演化具有重要的影响，无论是在值、发展方式还是发展方向上。在三维应力状态下，排水条件对应变积累的影响与OCR、CSR、b_{cyc}等因素有关。

对于累积中主应变ε_2^p，试验结果表明，在部分排水试验中一般大于在相同CSR和b_{cyc}情况下的不排水试验，b_{cyc}的增大促进其向正向累积。在OCR=1，b_{cyc}=0时，不排水试验的ε_2^p累积方向不同，ε_2^p为负值，且随着循环次数的增加而减小，如图5.16（a）所示，而在部分排水试验中则相反，如图5.16（b）所示。图5.16（c）展示了b_{cyc}=0.4下的不排水试验，正常固结和超固结试样中的ε_2^p都保持在零附近，而部分排水状态试验中呈上升趋势，ε_2^p为正，如图5.16（d）所示。此外，与正常固结相比，超固结下不排水试验ε_2^p的增加幅度较部分排水的低。无论在哪种固结状态和排水条件下，b_{cyc}的增加都会导致ε_2^p的增长。OCR=1时，不排水中的ε_2^p在b_{cyc}小于0.4时为负，当b_{cyc}大于0.4时为正，而部分排水中N=10000时ε_2^p均为正。在OCR=4的试验中，不排水和部分排水中ε_2^p=0时b_{cyc}的值分别位于0.4和0.2左右。

与ε_2^p不同，累积小主应变ε_3^p在几乎所有情况下都是负（试样拉伸）的。除了图5.16（a）中OCR=1，b_{cyc}=0的部分排水试验外，ε_3^p开始逐渐减小，直到达到一个稳定的值。在b_{cyc}=0且无循环中主应力的条件下，部分排水的ε_3^p值大于不排水的ε_3^p值，而当b_{cyc}增大到0.4和0.8时，二者的相对关系发生逆转。在所有部分排水试验中，累积体应变ε_v^p均为正，表明试样在OCR=1和4时均发生体积收缩。

在此，进一步讨论累积应变分量的相对大小。在几乎所有情况下，b_{cyc}=0时累积应变分量的相对关系为$\varepsilon_1^p > \varepsilon_2^p = \varepsilon_3^p$，$b_{cyc}$=0.4时$\varepsilon_1^p > \varepsilon_2^p > \varepsilon_3^p$，$b_{cyc}$=0.8时$\varepsilon_2^p > \varepsilon_1^p > \varepsilon_3^p$。由于$\sigma_2^{ampl}$的增加，$\varepsilon_2^p$的相对位置在$b_{cyc}$=0时最低，变为$b_{cyc}$=0.8时最高。同时，$\varepsilon_3^p$是各分量中最低的。在部分排水条件下，OCR=1时$\varepsilon_v^p$总是大于$\varepsilon_1^p$，而当OCR=4时$\varepsilon_1^p$大于$\varepsilon_v^p$。

图5.17为两种排水条件下的ε_1^p-ε_2^p关系对比。ε_1^p-ε_2^p曲线的斜率表示ε_1^p-ε_2^p平面上累积应变路径的方向。在不排水试验中b_{cyc}=0时，应变路径在x轴以下，由于$\varepsilon_2^p = -0.5\varepsilon_1^p$，应变路径呈线性下降。不排水的OCR=1，CSR=0.269和0.346，b_{cyc}=0.4，部分排水的OCR=1，CSR=0.269，b_{cyc}=0的试验中，ε_2^p是在零附近波动的，围绕x轴振动。除上述情况外，其他试验的ε_1^p-ε_2^p曲线也表现出类似的趋势，由两个线性部分组合而成。在初始的线性部分，曲线的斜率（绝对值）非常大，特别是部分排水中ε_2^p的积累速度远超于ε_1^p。在后一个线性部分，斜率显著减小，这意味着相对于ε_2^p，ε_1^p增长得更多。此外，线性关系表明ε_1^p和ε_2^p以几乎恒定的比例累积，直到测试结束。随着b_{cyc}的增加，两种排水条件下的应变路径都倾向于逆时针旋转，即随着b_{cyc}的增长，ε_2^p累积的更多。相同b_{cyc}情况下部

分排水中 ε_1^p-ε_2^p 曲线的斜率高于不排水中的斜率，说明部分排水试验产生的 ε_2^p 相对于 ε_1^p 更多。

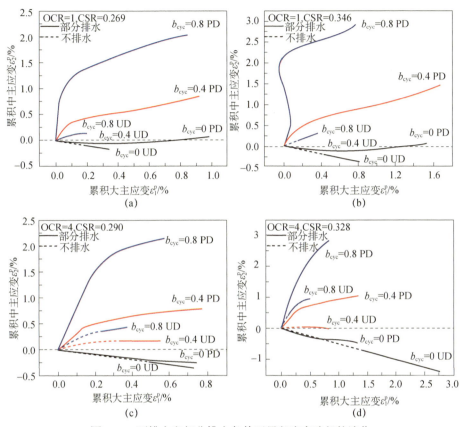

图 5.17　不排水和部分排水条件下累积应变路径的演化

　　总的来说，排水条件的所有因素 CSR、OCR 和 b_{cyc} 对累积应变分量的演化有很大的影响，与不排水条件相比，部分排水条件下各累积应变分量的绝对值均有所增加。在某些情况下，排水条件也会改变应变的发展方向。b_{cyc} 的增加导致 ε_2^p 和 ε_v^p 增加，而 OCR 的增加导致 ε_2^p 和 ε_v^p 减少。试验结果表明，同时考虑排水条件和三维应力状态时，饱和软黏土的变形是非常复杂的。

3. 体应变-剪应变耦合

　　为了进一步研究部分排水条件下三向累积应变分量的耦合关系，将累积广义剪应变 ε_q^p 和累积体应变 ε_v^p 的关系曲线绘制于图 5.18 中，图中曲线表示 ε_v^p-ε_q^p 空间中应变路径的方向。其中累积广义剪应变的计算公式为

$$\varepsilon_q^p = \left(\sqrt{2}/3\right)\left[\left(\varepsilon_1^p - \varepsilon_2^p\right)^2 + \left(\varepsilon_2^p - \varepsilon_3^p\right)^2 + \left(\varepsilon_3^p - \varepsilon_1^p\right)^2\right]^{0.5} \tag{5.7}$$

　　总的来说，无论 b_{cyc}、OCR 和 CSR 为何值，所有的 ε_v^p-ε_q^p 曲线都呈现出相似

的趋势。应变路径在试验开始时几乎垂直上升，伴随着曲线斜率的减小，应变路径逐渐弯曲凹向下，最后趋于一条斜率较小的直线。此外，在相同的 OCR 和 CSR 但不同 b_{cyc} 值下，应变路径的稳定斜率相近，从各图中应力路径的线性部分来看，它们几乎是平行的。推测其原因，b_{cyc} 值对累积应变分量积累的影响可能集中在试验的初始阶段，因此各 ε_v^p-ε_q^p 曲线的初始部分斜率有很大的不同，即随着 b_{cyc} 值增大，ε_q^p 比 ε_v^p 有着一个更快速的发展。在试验曲线的后半段，累积应变的发展变得很小，b_{cyc} 值对应变（尤其是 ε_v^p）的影响变小，使得相同 CSR 和 OCR 条件下应变路径的斜率变得非常接近。

4. 大主应变-中主应变耦合

图 5.19 为累积大主应变和累积中主应变的耦合关系。每幅图中 OCR、CSR 值相同而 b_{cyc} 不同。累积大主应变（ε_1^p）-累积中主应变（ε_2^p）关系曲线的切线斜率即为应变路径的方向。当 CSR 相同时，随着循环中主应力系数 b_{cyc} 的增大，应变路径逐渐逆时针旋转。

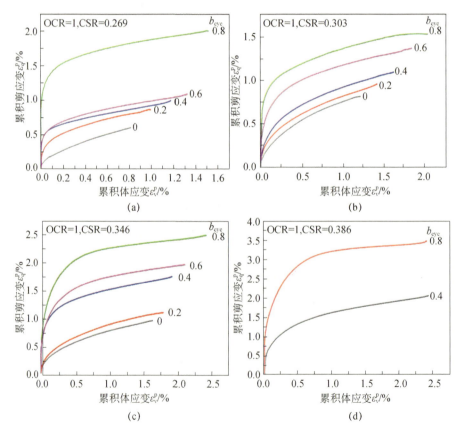

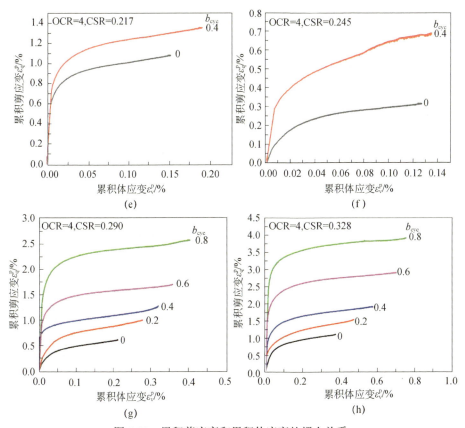

图 5.18　累积剪应变和累积体应变的耦合关系

对于正常固结土，当 $b_{cyc}=0$ 时，应变路径在 x 轴附近，随着应变的增加逐渐上升到 x 轴上方。而对于超固结土，当 $b_{cyc}=0$ 时，应变路径在 x 轴下方，随着应变的增加近似线性下降。几乎所有的 ε_1^p-ε_2^p 曲线在末端都呈一条直线。可以看出末端直线部分的斜率随着 b_{cyc} 的增大而增大。

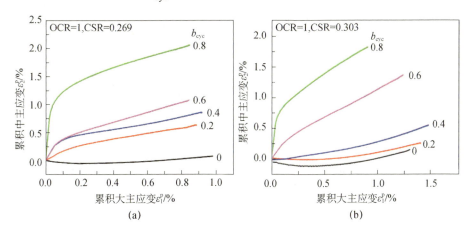

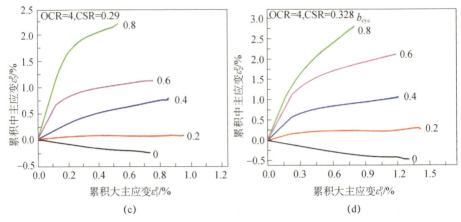

(c)   (d)

图 5.19　累积大主应变和累积中主应变的耦合关系

5.3.2　循环中主应力系数对应变累积的影响

1. 对体应变的影响

在部分排水条件下，正常固结和超固结黏土的累积体应变 ε_v^p 随循环次数 N 的累积过程，如图 5.20 所示。总的来说，无论 CSR 和 OCR 为何值，b_{cyc} 的增加都会导致累积体应变 ε_v^p 的增加。这是因为随着 b_{cyc} 的增加，循环平均主应力幅值在测试范围内也逐渐增大，导致孔隙水排水量的增长，累积体应变进一步增大。循环平均主应力幅值的计算公式为

$$p^{ampl}=\frac{1+b_{cyc}}{3\sqrt{1-b_{cyc}+b_{cyc}^2}}q^{ampl} \tag{5.8}$$

值得注意的是，由于固结土的超孔隙水压力比正常固结土更低，当 CSR 值接近时，超固结土的体应变（图 5.20（d）、（e））要明显小于正常固结土（图 5.20（a）、（b）、（c））。

以试验 OCR=1 和 CSR=0.303 为例（图 5.20（b）），试验结束时，b_{cyc}=0 和 b_{cyc}=0.8 试验的最终体应变分别为 1.199% 和 2.026%，后者比前者大 69%，是十分显著的。而对于超固结土，以试验 OCR=4 和 CSR=0.328 为例（图 5.20（e）），试验的最终体应变及增幅分别为 0.373%，0.749% 和 100.8%。

在三维动力特性试验中，选取特定循环次数下的累积体应变和 b_{cyc} 值绘制图像（选取循环次数 N=500，1500，2500，5000，10000，如图 5.21 所示），可以更进一步研究 b_{cyc} 与累积体应变之间的关系。从图中可以看出，所有的 b_{cyc}-ε_v^p 曲线都表现出良好的线性关系，b_{cyc} 的增加会导致 ε_v^p 线性增长。以前面提到的两组试验为例（OCR=1，CSR=0.303 和 OCR=4，CSR=0.328），b_{cyc}-ε_v^p 曲线在 N=10000 时的拟合斜率分别为 1.03% 和 0.47%，即 b_{cyc} 值的单位增量会使 ε_v^p 分别增加 1.03%，0.47%。两组测试的 ε_v^p 最大值分别为 2.026% 和 0.749%，增量十分显著。

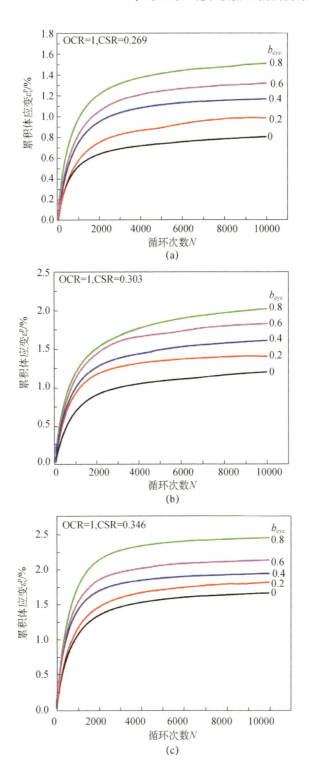

(a)

(b)

(c)

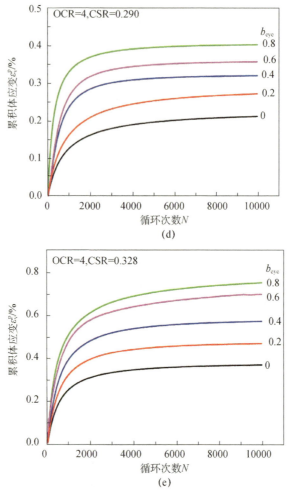

图 5.20　不同 b_{cyc} 值下累积体应变与循环次数 N 的关系

在图 5.22（a）和（b）中，分别绘制了 OCR=1 和 4 时，b_{cyc}-ε_v^p 线的拟合斜率随循环次数 N 的变化。可以看出，在循环试验的前半段（$N<5000$），拟合斜率随着 N 的增大而增大，当 N 大于 5000 时趋于恒定。这表明，b_{cyc} 值的增加引起的 ε_v^p 增长主要集中在循环加载的初始阶段，而当循环次数大于一定值时，这种关系趋于稳定。孔隙水的排出导致了超孔隙水压力的消散，随着时间的增加，残余超孔隙水压力下降到一个非常小的值，并进一步导致了 ε_v^p 轻微的积累，其中 b_{cyc} 值的作用也变得微弱。由图 5.22 可知，随着 CSR 的增加，拟合线的斜率也有所增大（即 CSR 的增加进一步加剧了 b_{cyc} 值对 ε_v^p 的影响），而 OCR 的增加导致拟合线斜率的减小。

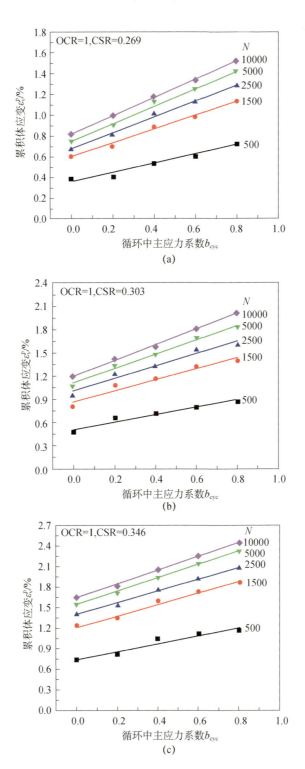

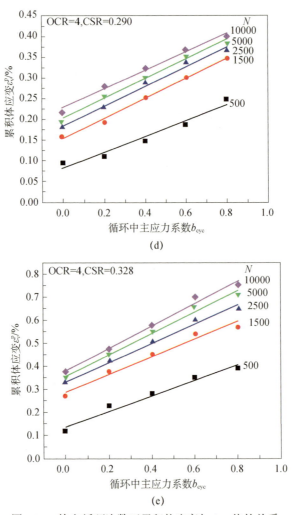

图5.21 特定循环次数下累积体应变与 b_{cyc} 值的关系

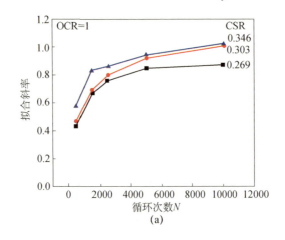

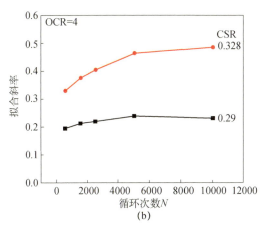

图 5.22　b_{cyc}-ε_v^p 线拟合斜率与 b_{cyc} 值的关系

2. 对大主应变的影响

图 5.23 为正常固结和超固结状态下的累积大主应变随循环次数 N 的关系。在每一幅图中进行了不同 b_{cyc} 值下的对比。通过与图 5.20 的对比，可见 b_{cyc} 对累积大主应变的影响比累积体应变复杂。在不排水条件下，Gu 等研究得到相同 OCR 和 CSR 时累积大主应变随 b_{cyc} 值增加而降低的规律。而在部分排水条件下，累积大主应变随着 b_{cyc} 值的增大先增大后减小，在不同 OCR 下应变达到峰值时的 b_{cyc} 值不同。

对于 OCR=1 的正常固结土，累积大主应变随着 b_{cyc} 值从 0 增大到 0.4 的过程中不断增大；而当 b_{cyc} 值超过 0.4 时，累积大主应变逐渐减小。大多数情况下，b_{cyc}=0 和 b_{cyc}=0.6 的曲线非常接近，b_{cyc}=0.8 的曲线通常低于 b_{cyc}=0 的曲线。为了进一步探究循环中主应力系数对部分排水状态下累积大主应变的影响，在正常固结土和超固结土中分别选取 3 个试验，绘制了在特定循环次数（500、1500、2500、5000、10000）和相同 CSR、OCR 下累积大主应变与 b_{cyc} 值的关系图，如图 5.24 和图 5.25 所示。从图中可以看出随着 b_{cyc} 值的增大，累积大主应变先增大后减小并在 b_{cyc}=0.4 时达到峰值。以图 5.24（b）为例（OCR=1，CSR=0.303），第 10000 次循环时的累积大主应变在 b_{cyc}=0.2，0.4，0.6 和 0.8 时的值相较于 b_{cyc}=0 时分别增长了 10.16%，16.24%，−0.32%和−29.34%。由此可见 b_{cyc} 值引起的累积大主应变的波动并不像累积体应变那样大，特别是在 b_{cyc} 值从 0 到 0.6 的变化过程中。

对于超固结状态，b_{cyc} 值对累积大主应变的影响和正常固结状态下类似，达到峰值的 b_{cyc} 值为 0.2。同样是先增大后减小，累积大主应变在 b_{cyc} 值大于 0.2 后的降幅更大。以试验（OCR=4，CSR=0.328）为例，累积大主应变（N=10000）在 b_{cyc}=0.2，0.4，0.6 和 0.8 时的值相较于 b_{cyc}=0 时分别增长了 7.91%，0.28%，

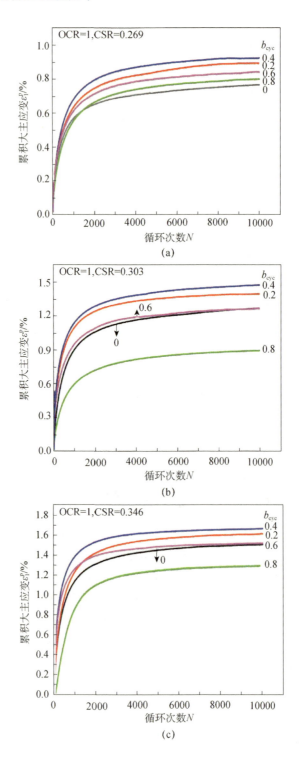

(a)

(b)

(c)

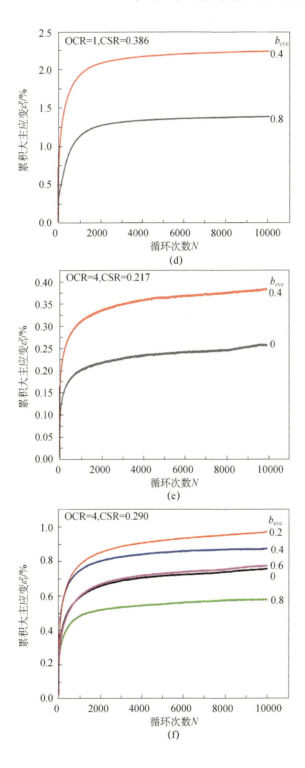

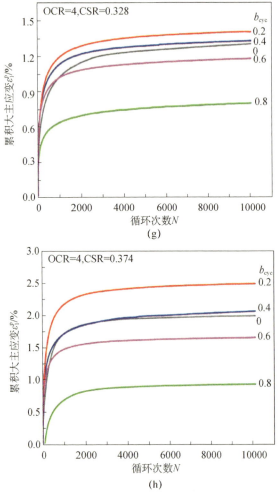

图 5.23 不同 b_{cyc} 值下累积大主应变与循环次数 N 的关系

-9.45%和-38.76%。可以看出累积大主应变在 b_{cyc}=0.6 和 b_{cyc}=0.8 时都要小于 b_{cyc}=0 时所对应的值。通过对比可以发现，超固结土比正常固结土受 b_{cyc} 值影响更加明显。在不排水条件下，Gu 等研究发现，b_{cyc} 值的增大会明显抑制累积大主应变的累积，而在部分排水条件下 b_{cyc} 值对累积大主应变的影响更为复杂且与 OCR 有关。

不同 CSR 和 OCR 下 ε_1^p-b_{cyc}（N=10000）关系曲线如图 5.26 所示，显然，CSR 的增加导致了应变值的上升，而 OCR 的增加产生了相反的效果。同一 OCR 下的曲线形状基本相似，说明在相同 OCR 下，单位 b_{cyc} 值变化所引起的 ε_1^p 变化受 CSR 的影响较小。

ε_1^p 的累积过程受 b_{cyc} 值和 OCR 影响的复杂行为可以解释如下。在部分排水条件下，ε_1^p 的发展是循环剪切引起的累积剪切应变和孔隙水排出引起的体应变

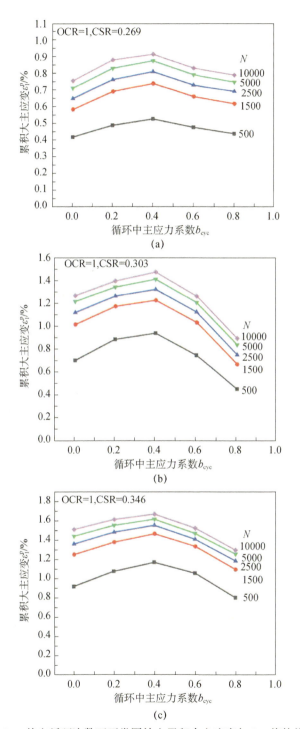

图 5.24　特定循环次数下正常固结土累积大主应变与 b_{cyc} 值的关系

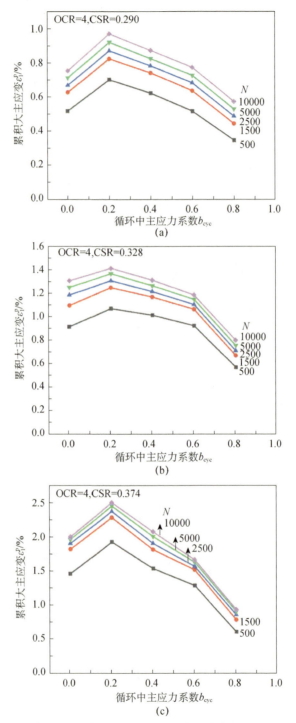

图 5.25　特定循环次数下超固结土累积大主应变与 b_{cyc} 值的关系

耦合的结果。在不排水条件下，Gu 等研究发现，b_{cyc} 值的增加会导致 ε_1^p 的降低，笔者认为这种与累积剪切应变 ε_q^p 有关的 b_{cyc}-ε_1^p 关系在部分排水条件下依然存在。然而，研究结果表明，b_{cyc} 值的增加会引起累积体应变 ε_v^p 的增长，而累积体应变的增长又会进一步促进累积大主应变的发展。b_{cyc}-ε_1^p 曲线在 ε_q^p-ε_1^p 和 ε_v^p-ε_1^p 机理耦合作用下呈现出如图 5.26 先上升后下降的规律。当 b_{cyc} 值较小时，ε_v^p-ε_1^p 关系下 ε_1^p 的增量大于 ε_q^p-ε_1^p 关系下 ε_1^p 的降幅，b_{cyc}-ε_1^p 曲线上升；当 b_{cyc} 值逐渐增长到某一临界值时，它们的相对大小关系出现逆转，b_{cyc}-ε_1^p 曲线下降。

对比正常固结土在 b_{cyc}=0.4 时到达 ε_1^p 峰值，超固结土 ε_1^p 到达峰值时的 b_{cyc} 值提前到了 0.2。这是因为单向循环荷载下超固结土产生更小的超孔隙水压力，试样孔隙水排出减少，体应变减小，ε_v^p-ε_1^p 关系减弱，ε_q^p-ε_1^p 关系占主导地位，曲线更早地进入了下降阶段。不难发现 b_{cyc}=0.8 时，ε_1^p 在超固结状态下比正常固结要更小，反映在图中就是数据点更靠下。

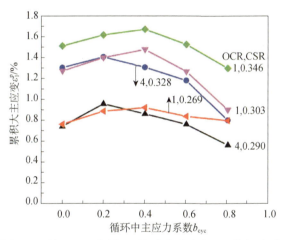

图 5.26　第 10000 次循环累积大主应变与 b_{cyc} 值的关系

3. 对中主应变的影响

图 5.27 中分别展示了不同 b_{cyc} 值下的中主应变变化情况。随着 b_{cyc} 值的增加，循环中主应力幅值逐渐增大，导致：当 b_{cyc}=0 时，中主应变为拉应变；当 b_{cyc} 值增加至 0.4 时，中主应变大约为 0；当 b_{cyc} 值超过 0.4 时，中主应变转化为压应变。

图 5.28 和图 5.29 分别展示了 OCR=1 和 OCR=4 时，不同 b_{cyc} 值下累积中主应变与循环次数（N）的关系。

在正常固结（OCR=1）状态下，累积中主应变随 b_{cyc} 的增加而累积。对于相同的 OCR 值和 CSR 值，b_{cyc} 的增加促进了累积中主应变的累积，这与 Gu 等在不排水条件下的试验结果相似。累积中主应变在 b_{cyc}=0 时接近于零，表明在正常固结部分排水状态下试样在二方向上受压缩。

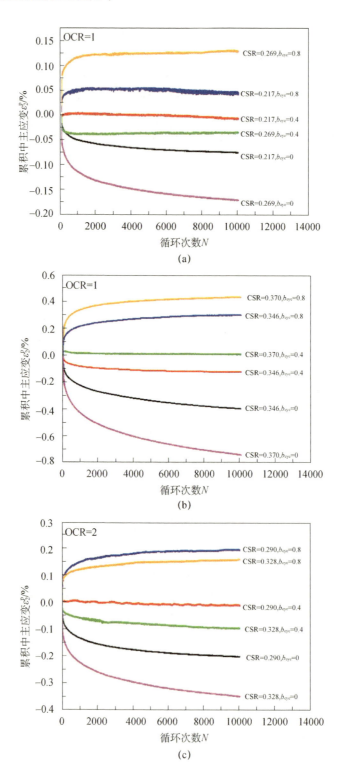

(a)

(b)

(c)

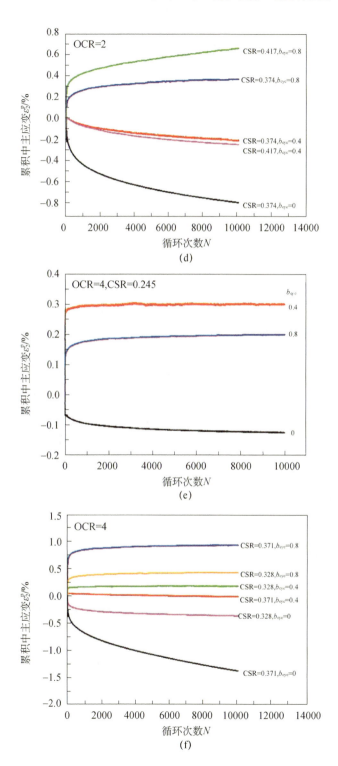

(d)

(e)

(f)

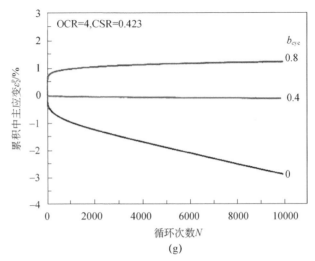

图 5.27　循环中主应力对累积中主应变的影响

在超固结土（OCR=4）状态下，累积中主应变在 b_{cyc}>0.2 时为正值，而在 b_{cyc}<0.2 时为负值。当 b_{cyc}=0.2 时，累积中主应变保持在零左右。累积中主应变随 b_{cyc} 的增大而增大，说明 b_{cyc} 的增加促进了累积中主应变的累积。

从图 5.28 和图 5.29 的分析可以看出，b_{cyc} 值的增加促进了累积中主应变的累积。这与 Gu 等在不排水条件下的试验结果相似。对于正常固结的黏土，累积中主应变为正值且在 b_{cyc}=0 时接近于零，说明在正常固结部分排水状态下试样在二方向上受压缩。而对于超固结土，当 b_{cyc}>0.2 时，累积中主应变为正值；当 b_{cyc}<0.2 时，累积中主应变为负值；在 b_{cyc}=0.2 时保持在零左右。

这表明，累积中主应变随 b_{cyc} 的增大而增大。正常固结和超固结状态下的差异主要是由于超固结土试样排水减少，进一步影响了三向应变的发展。

4. 对应变路径的影响

为了更加清楚地说明 b_{cyc} 对 ε_1^p 和 ε_2^p 的影响，图 5.30 给出了几个典型的 ε_1^p-ε_2^p 关系曲线即应变路径。同时，作为参考也将相对应的应力路径绘制在图中。ε_1^p-ε_2^p 曲线的切线斜率也就是应变路径的方向。一般来说，在不考虑 CSR 和 OCR 的情况下，随着 b_{cyc} 值的增加，应变路径的方向逆时针旋转。当 b_{cyc}=0 时，应变路径在 x 轴以下，随着应变的增加线性下降，当 b_{cyc}=0.8 时，ε_1^p-ε_2^p 曲线在 x 轴上方，并逐渐上升。然而，对于 b_{cyc}=0.4 的试验，几乎所有的应变路径都围绕着 0 波动。对于 b_{cyc}=0.8 的试验，应变路径的斜率随应变的增加而减小。

相应的应力路径和应变路径的比较表明，当 b_{cyc}=0 和 0.4 时，应变路径低于应力路径，两路径之间的相位差较大。但当 b_{cyc} 增加到 0.8 时，即应变路径一般高于应力路径，相位差变小。

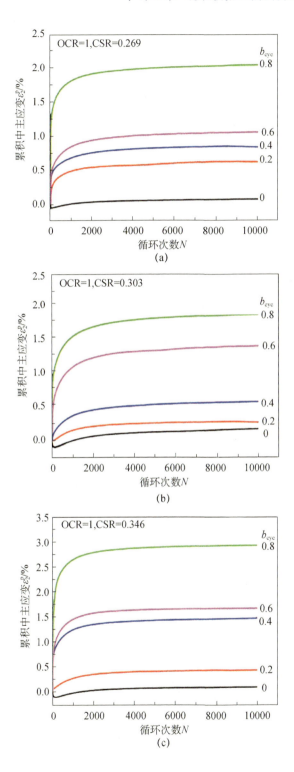

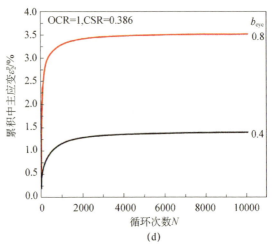

(d)

图 5.28 正常固结土不同 b_{cyc} 值下累积中主应变与循环次数的关系

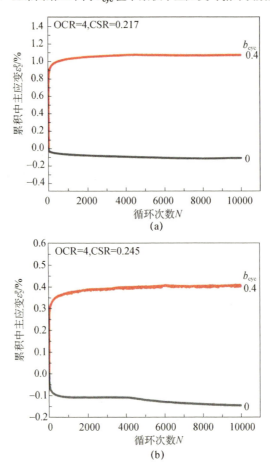

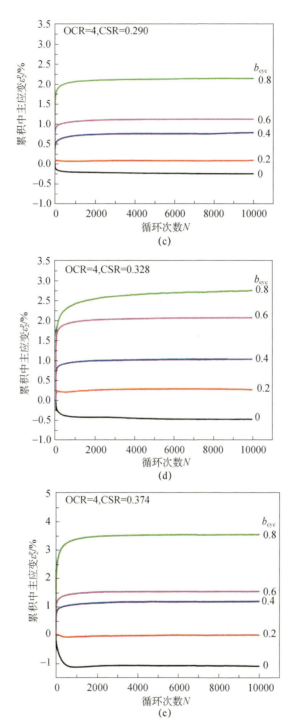

图 5.29　超固结土不同 b_{cyc} 值下累积中主应变与循环次数的关系

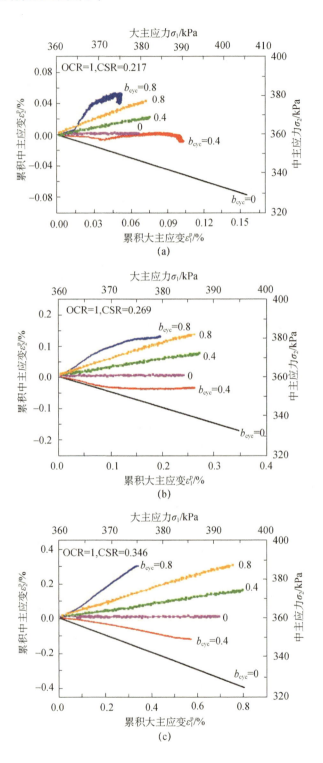

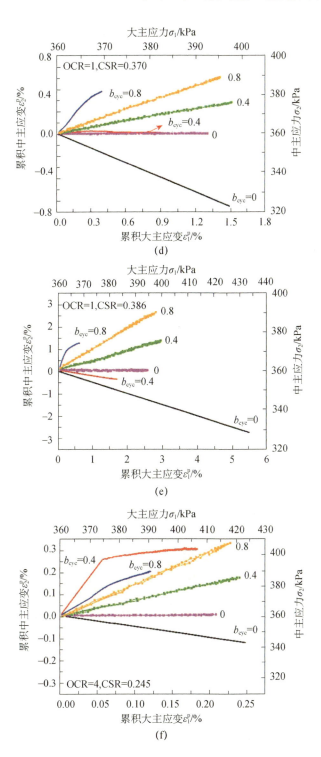

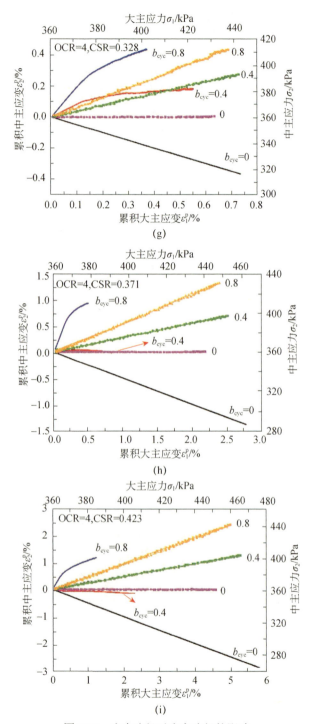

图 5.30　应力路径对应变路径的影响

5.3.3　循环中主应力系数对回弹模量的影响

图 5.31 显示了不同循环中主应力对大主应力方向回弹模量的影响。总的来说，在单向循环荷载作用下，黏土会逐渐软化。在试验开始时，随着大主应变的快速发展，回弹模量逐渐减小，在一定的加载循环后趋于稳定。

相比于循环中主应力系数对累积大主应变的影响，增加 b_{cyc} 值可以显著提高路基的回弹模量，有利于路基的稳定。这可以理解为随着循环中主应力幅值的增大而引起了较大的水平约束，从而增加了试样在大主应力方向的刚度。

图 5.32 展示了 $N=10000$ 时 $b_{cyc}=0$，0.4，0.8 下的回弹模量与相应 $b_{cyc}=0$ 的回弹模量的比值与 b_{cyc} 的关系。结果显示，$b_{cyc}=0.8$ 时回弹模量可达到 $b_{cyc}=0$ 时的 4.2 倍（如 OCR=4，CSR=0.371），在交通工程中，这种幅度的增大是我们不能忽视的。此外，在相同的 OCR 和 CSR 的情况下，呈现出线性关系，其表达式如下所示：

$$\frac{M_r}{M_r(b_{cyc}=0)} = 1 + k_{M_r} \times b_{cyc} \tag{5.9}$$

其中，k_{M_r} 是拟合线的斜率。

图 5.32（b）中进一步描述了在图 5.32（a）中获得的 k_{M_r} 和 CSR 之间的关系。结果表明，k_{M_r} 呈现指数型的增长趋势，这意味着 CSR 的增加极大地放大了 b_{cyc} 值对 M_r 的影响，特别是当 CSR 大于一定值（约为 0.35）时，而 OCR 对 k_{M_r}-CSR 关系几乎没有影响。

图 5.33 为不同 b_{cyc} 值下回弹模量与循环次数的关系。总体上，回弹模量随着循环次数的增加而增加，这是由于土体在部分排水状态下逐渐硬化。回弹模量在试验开始时迅速增加，在试验进行到 4000 次循环之后增长速率逐渐放缓，直至试验结束依然有一定的增量。第 10000 次循环时的回弹模量随着 b_{cyc} 值的增大而增大。以试验 OCR=1，CSR=0.303 为例，$b_{cyc}=0$，0.2，0.4，0.6，0.8 时回弹模量在第 10000 次循环的值分别为 46.6MPa，56.5MPa，70.3MPa，73.9MPa，93.8MPa。

对比正常固结和超固结的试验结果可以发现，超固结土回弹模量在试验初期有一定的增长，但随着循环次数的增加很快趋于稳定。可以看出超固结土在第 1 次循环和第 10000 次循环时回弹模量差值并不明显。直到 CSR 增长到 0.374 时，回弹模量随循环次数才有了明显的增长。当 OCR=4，CSR=0.374，$b_{cyc}=0$，0.2，0.4，0.6，0.8 时，回弹模量在第 10000 次循环的值分别为 26.8MPa，28.4MPa，34.5MPa，53.9MPa，58.9MPa。

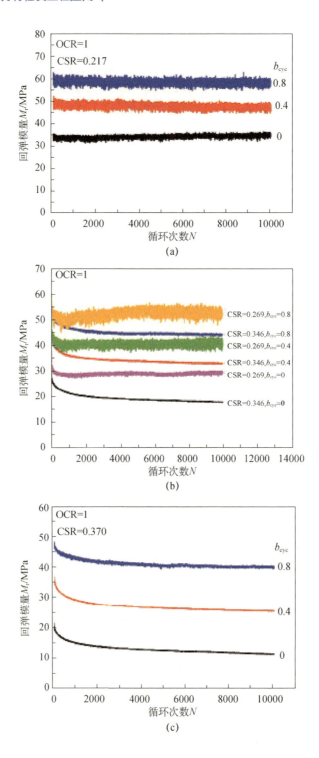

(a)

(b)

(c)

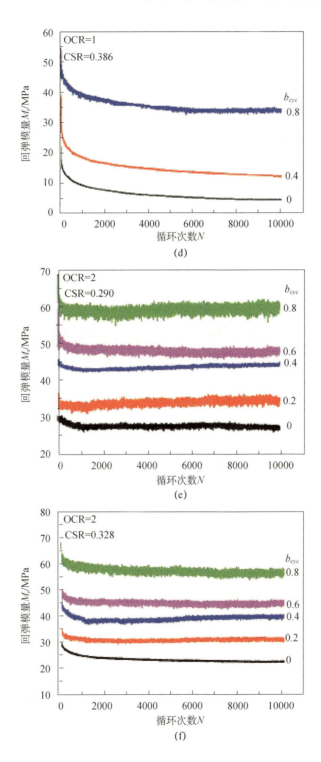

(d)

(e)

(f)

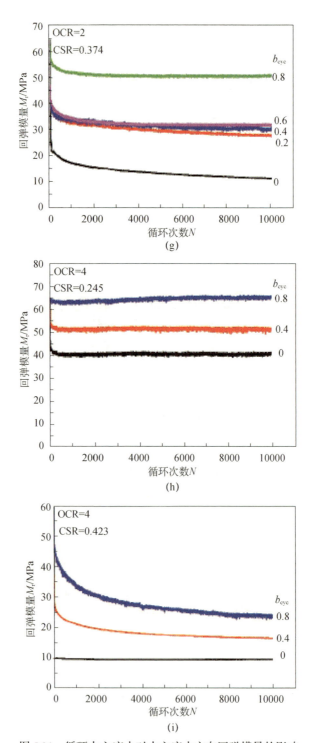

图 5.31　循环中主应力对大主应力方向回弹模量的影响

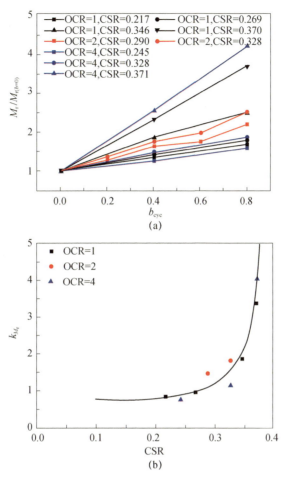

图 5.32　（a）b_{cyc} 值对 N=10000 回弹模量的影响；（b）CSR 对拟合线斜率的影响

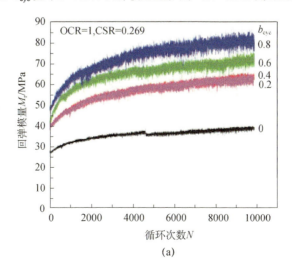

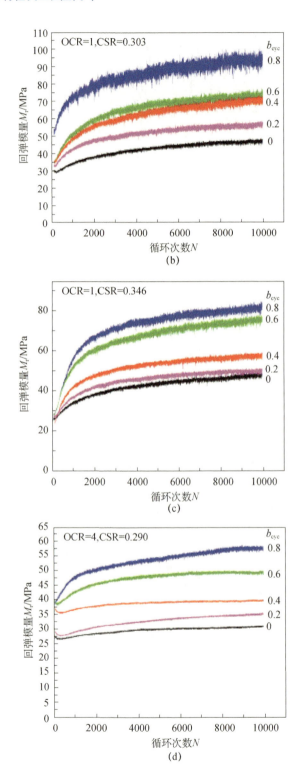

160

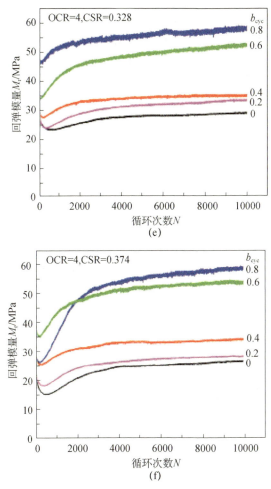

图5.33 不同 b_{cyc} 值下回弹模量与循环次数的关系

5.4 本章小结

通过本章的研究，我们详细阐述了饱和软黏土在动态荷载作用下的力学特性，特别是利用真三轴试验设备所获得的实验数据。真三轴试验设备能够模拟复杂的应力状态，为饱和软黏土的力学特性研究提供了可靠的实验手段。通过试验发现，饱和软黏土在不同应力路径下的应变积累规律具有显著差异，这对预测和评估土体在实际工程中的表现具有重要意义。循环中主应力系数对饱和软黏土动弹性模量的影响显著，了解这一影响有助于更准确地预测土体在循环荷载作用下的变形和破坏行为。主要结论如下：

（1）不同 OCR 和 b 值条件下土体都表现为应变硬化，OCR 和 b 越大，土体竖向抗变形能力越强。大主应变 ε_1 都随时间加速增大直至破坏，而对于中主应变

ε_2，可将时程曲线分为三个不同阶段，不同 OCR 对于每一个阶段的时长有着较大的影响，而变形规律基本相同。不同 b 值对于第三阶段 ε_2 的影响很大：开始时，随着时间的增长快速增大；接着，随着时间的变化逐渐趋于或者达到一个稳定值；最后，$b=0.2$ 时，由正转负。$b=0.4$ 时，仍然保持第二阶段最后的状态维持在稳定值不变。$b\geqslant0.6$ 时，快速增大，表明试样已经破坏。

（2）OCR 对 ε_1-ε_2 关系影响不大，而 b 值对 ε_1-ε_2 曲线影响显著：$b=0.2$ 时应当注意 ε_2 方向的膨胀问题；$b=0.4$ 和 0.6 时，土体首先在竖向破坏，应当优先考虑竖向承载力；而当 $b=0.8$ 时，土体首先在水平向破坏，应当优先考虑土体水平向承载力。

（3）累积大主应变 ε_1^p、累积中主应变 ε_2^p、累积小主应变 ε_3^p 和累积体应变 ε_v^p 等应变分量的相对大小关系受 b_{cyc} 和 OCR 影响。其中 ε_2^p 相对大小随着 b_{cyc} 的增大而增大，ε_v^p 相对大小随着 OCR 的增大而减小。对于正常固结土，ε_v^p 总是大于 ε_1^p，而对于超固结土，ε_1^p 总是大于 ε_v^p。ε_3^p 始终为最小的应变分量。

（4）与不排水试验相比，部分排水对超孔隙水压力和累积应变成分的影响在大小、方式和方向上都很大，且其影响与 CSR、OCR、b_{cyc} 等因素有关。部分排水促进了 ε_2^p 和 ε_3^p 的正向积累，在某些情况下改变了 ε_2^p 的应变路径。对于相同的 CSR 和 OCR 但不同的 b_{cyc} 值的试验，试验开始时 ε_v^p-ε_q^p 空间应变路径的累积方向有很大的不同，但随着循环次数的增加趋于一致。

（5）累积体应变 ε_v^p 与循环中主应力系数 b_{cyc} 呈良好的线性关系，b_{cyc} 的增加会导致累积体应变线性增长；累积大主应变 ε_1^p 会随着循环中主应力系数 b_{cyc} 的增大先增大后减小，正常固结土在 $b_{cyc}=0.4$ 时 ε_1^p 达到最大值，超固结土在 $b_{cyc}=0.2$ 时 ε_1^p 达到最大值；循环中主应力系数 b_{cyc} 对累积中主应变 ε_2^p 的促进作用十分明显，ε_2^p 随着 b_{cyc} 的增大而增大；通过应力路径与应变路径的耦合发现，随着 b_{cyc} 值的增大，应力路径与应变路径的相位差会逐渐减小。

6.1　概述

主应力方向变化在实际工程中普遍存在，例如在基坑开挖、大坝蓄水的过程中均伴随着主应力角的旋转变化，一些循环荷载（如波浪荷载、交通荷载或多向地震荷载，见图 6.1）也会引起土体单元上的主应力轴连续旋转（Ishihara 和 Towhata，1983，王常晶和陈云敏，2005）。单纯的主应力轴旋转作用能加剧土体塑性变形的一个重要原因就是土体自身存在各向异性。由于其剪切强度等力学参数在各主应力方向上有所不同，土体在不同方向上即使受同样大小的应力但产生的应变也有所不同。研究表明，忽视主应力轴旋转作用将大大低估土体累积应变的产生（Chan，1990；Gräbe and Clayton，2009；Qian et al.，2016；Cai et al.，2017）。

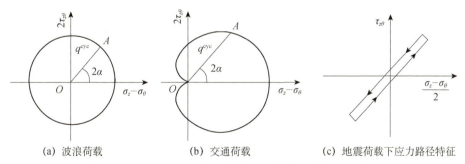

(a) 波浪荷载　　　　　　　(b) 交通荷载　　　　　(c) 地震荷载下应力路径特征

图 6.1　存在主应力轴旋转现象的典型循环荷载应力路径

空心圆柱扭剪仪在三轴仪的试验原理基础上发展而来，除满足三轴试验要求外还可独立控制主应力轴方向的连续变化，其出现最早可追溯到 1965 年

（Broms and Casbarian，1965）。Hight 等（1983）正式提出以空心圆柱扭剪仪开展考虑主应力轴连续旋转等复杂应力条件或土体各向异性问题的试验方法及其适用情形。21 世纪初期，随试验技术不断进步，在实现高精度的力、扭矩、轴向位移和转角等参数控制和测量的前提下，出现了可实现大周数循环的动态空心圆柱扭剪试验设备，并渐被引入我国。由于该仪器使用的专业门槛较高，目前主要由一些国内高校、科研机构以及大型工程单位使用。随着动态空心圆柱扭剪试验技术的发展，可精确控制主应力轴方向的土体静、动力特性的试验研究逐渐增加，提升了人们对主应力轴旋转作用下软黏土变形特性的认知。

本章首先介绍了动态空心圆柱扭剪（以下简称动扭剪）试验的原理、仪器和方法等；然后利用 GDS 动扭剪仪开展了考虑主应力方向变化的饱和软黏土静、动力试验，揭示了复杂应力路径下软黏土的孔压、应变、回弹特性、非共轴特性等力学特性的发展规律，并完成相关模型构建。

6.2 空心圆柱试验

6.2.1 试验原理

传统动态试验研究中一般以动三轴试验模拟交通荷载等循环应力路径（Guo et al.，2013；Wang et al.，2013；Gu et al.，2016）。常规三轴试验中至少有两个方向的主应力大小相等，主应力轴与竖直方向夹角 α 只能为 0°或者 90°，即主应力轴只能在 0°和 90°两个值之间跃变；同理，在真三轴试验中，大主应力也只能在空间中三个相互垂直的方向变换，而不能实现主应力轴连续旋转；直接单剪试验中的试样虽然可以做到主应力轴连续旋转，但其内应力分布极不均匀，也不可能测得 σ_v，σ_h，q 和 α 确切的值（Nishimura et al.，2007）。动空心柱扭剪仪可以独立控制竖向力、扭矩、内围压及外围压（Guo et al.，2013；Xiao et al.，2013；Xiong et al.，2016；Cai et al.，2017），因此更适合进行主应力轴连续旋转的循环加载试验（沈扬，2007）。该类型的试验适用于很多常见工况下的循环应力路径，如交通荷载、波浪荷载等（Ishihara and Towhata，1983；Tao et al.，2013）。

图 6.2 为空心圆柱试样中的应力和应变状态。通过联合施加轴力 W，扭矩 M_T，内围压 p_i 和外围压 p_o，空心圆柱试样的侧壁中任意一块近似正方体可视作土体单元，单元体中受四个应力分量：轴向应力 σ_z，径向应力 σ_r，环向应力 σ_θ 和剪应力 $\tau_{z\theta}$。在这四个应力分量的作用下，试样所受大主应力方向可以发生连续旋转。对应的应变分量则可表示为：轴向应变 ε_z，径向应变 ε_r，环向应变 ε_θ 和剪应变 $\gamma_{z\theta}$。

Hight 等（1983）提出了空心圆柱试样中各应力/应变分量以及各主应力/主应变的计算公式，如表 6.1 所示。

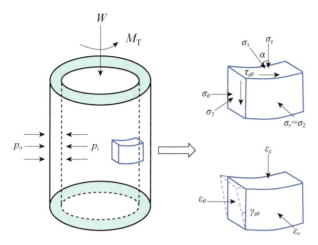

图 6.2　空心圆柱扭剪仪试样中的应力分量和应变分量示意图

表 6.1　应力分量与应变分量计算公式

	应力分量	应变分量
竖向	$\sigma_z = \dfrac{W}{\pi(r_o^2 - r_i^2)} + \dfrac{p_o r_o^2 - p_i r_i^2}{r_o^2 - r_i^2}$	$\varepsilon_z = \dfrac{z}{H}$
环向	$\sigma_\theta = \dfrac{p_o r_o + p_i r_i}{r_o + r_i}$	$\varepsilon_\theta = -\dfrac{u_o + u_i}{r_o + r_i}$
径向	$\sigma_r = \dfrac{p_o r_o - p_i r_i}{r_o - r_i}$	$\varepsilon_r = -\dfrac{u_o - u_i}{r_o - r_i}$
剪切	$\tau_{z\theta} = \dfrac{T}{2}\left[\dfrac{3}{2\pi(r_o^3 - r_i^3)} + \dfrac{4(r_o^3 - r_i^3)}{3\pi(r_o^2 - r_i^2)(r_o^4 - r_i^4)}\right]$	$\gamma_{z\theta} = \dfrac{\theta(r_o^3 - r_i^3)}{3H(r_o^2 - r_i^2)}$
大主应力/ 大主应变	$\sigma_1 = \dfrac{\sigma_z + \sigma_\theta}{2} + \sqrt{\left(\dfrac{\sigma_z - \sigma_\theta}{2}\right)^2 + \tau_{z\theta}^2}$	$\varepsilon_1 = \dfrac{\varepsilon_z + \varepsilon_\theta}{2} + \sqrt{\left(\dfrac{\varepsilon_z - \varepsilon_\theta}{2}\right)^2 + \gamma_{z\theta}^2}$
中主应力/ 中主应变	$\sigma_2 = \sigma_r$	$\varepsilon_2 = \varepsilon_r$
小主应力/ 小主应变	$\sigma_3 = \dfrac{\sigma_z + \sigma_\theta}{2} - \sqrt{\left(\dfrac{\sigma_z - \sigma_\theta}{2}\right)^2 + \tau_{z\theta}^2}$	$\varepsilon_1 = \dfrac{\varepsilon_z + \varepsilon_\theta}{2} - \sqrt{\left(\dfrac{\varepsilon_z - \varepsilon_\theta}{2}\right)^2 + \gamma_{z\theta}^2}$

表 6.1 中，r_o 和 r_i 分别为空心圆柱试样的外壁半径和内壁半径，u_o 和 u_i 分别为空心圆柱试样的外壁和内壁在径向上的位移（以向外为正）。

空心圆柱扭剪仪器可以独立地对空心圆柱土样施加轴力 W、扭矩 M_T、外围压 p_o 和内围压 p_i 四个荷载量，从而实现主应力轴的连续旋转。试样单元及应力、应变状态如表 6.1 所示。试验中通过设定平均主应力 p、偏应力 Q、大主应力方向角 α 和中主应力系数 b 实现加载步骤，p、Q、q、b 和 α 的计算公式如下所示：

$$p = \frac{1}{3}(\sigma_1 + \sigma_2 + \sigma_3) \tag{6.1}$$

$$Q = \sigma_1 - \sigma_3 \tag{6.2}$$

$$q = \sqrt{3J_2'} = \sqrt{\frac{1}{2}[(\sigma_1 - \sigma_2)^2 + (\sigma_2 - \sigma_3)^2 + (\sigma_1 - \sigma_3)^2]} \tag{6.3}$$

$$b = \frac{\sigma_2 - \sigma_3}{\sigma_1 - \sigma_3} \tag{6.4}$$

$$\alpha = \frac{1}{2}\arctan\left(\frac{2\tau_{z\theta}}{\sigma_z - \sigma_\theta}\right) \tag{6.5}$$

其中，J_2' 为第二偏量应力张量不变量；q 为广义偏应力，也称等效应力，当 $0.0<b<1.0$ 时广义偏应力 q 不等于偏应力 Q。中主应力系数 b 与两个偏应力比值的关系曲线如图 6.3 所示，其中当 $b=0.5$ 时，二者区别最大，q/Q 比值约为 0.866。在 GDS 仪器的试验模块中，偏应力 Q 为加载时的控制值。

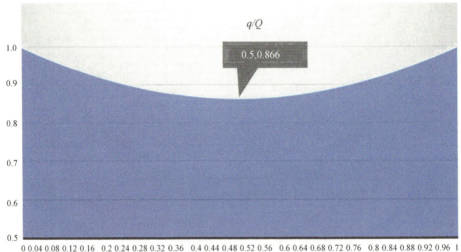

图 6.3　不同中主应力系数 b 与两个偏应力比值的关系曲线

土体各向异性也导致其非共轴特性的存在。非共轴角度的定义主要有两种：一种为主应力方向和塑性主应变增量方向之间的夹角（Gutierrez and Ishihara，2000；Lashkari and Latifi，2008；严佳佳，2014）；另一种是主应力方向与主应变增量方向之间的夹角（Lade et al.，2009；Tong et al.，2010；Jiang et al.，2013；杨彦豪，2014）。由于难以在试验中单独测量土体在任意时刻的塑性应变分量，因此在本书中非共轴角度定义为主应力方向与主应变增量方向之间的夹角：

$$\beta = \beta_{d\varepsilon} - \alpha \tag{6.6}$$

其中，

$$\beta_{d\varepsilon} = \frac{1}{2}\arctan\left(\frac{2d\gamma_{z\theta}}{d\varepsilon_z - d\varepsilon_\theta}\right) \tag{6.7}$$

式中，α 为大主应力角；$\beta_{d\varepsilon}$ 为大主应变角；β 为二者之差，即非共轴角。图 6.4 为定轴剪切及纯主应力轴旋转两种典型加载应力路径下，土体非共轴角的示意图。

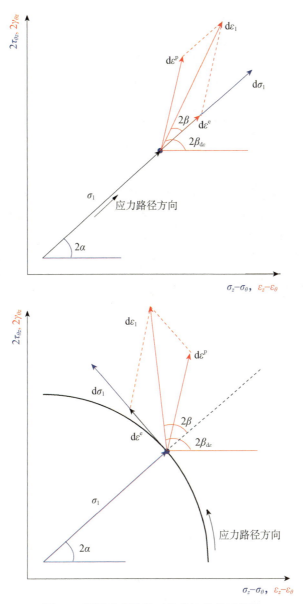

图 6.4　不同应力路径下非共轴角度示意图

6.2.2 试验仪器

1. 动态空心圆柱系统

以 GDS 动态空心圆柱系统（DYNHCA）为例，如图 6.5 和图 6.6 所示，主要包括以下六个子系统：

图 6.5　GDS 动态空心圆柱系统设备组成

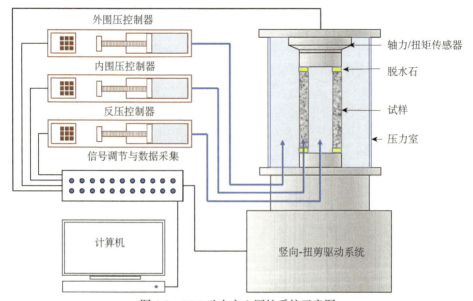

图 6.6　GDS 动态空心圆柱系统示意图

168

（1）竖向-扭剪驱动系统和轴力/扭矩传感器。

竖向-扭剪驱动装置是一个容纳有轴向马达和驱动器、扭剪马达和驱动器的台座。这套装置包括通过齿形传动带驱动滚珠丝杠和花键轴的两个无刷直流伺服马达。压力室底座固定在驱动装置的底部，可容纳所有的水压连接管路，包括围压、内压、反压、孔压和压力室充/排连接。压力室顶部装有可互换式荷载/扭矩传感器，顶盖通过一个连接在电动马达上的升降架实现升降操作，使试样处于合适的位置。

（2）内/外围压控制器。

由于扭剪试样为空心圆柱，所以该设备具有两台压力控制器分别控制内外围压。控制器由伺服步进马达控制，通过改变控制器体积实现内外围压的静动态变化。内/外围压控制器在循环扭剪过程中均可实现高频振动。

（3）反压控制器。

反压控制器如图 6.7 所示，采用的是 GDS 高级数字式压力控制器，其容积为 200 cc，最大压力为 2 MPa，采用水作为加载介质。仪器由一个步进马达和螺旋驱动器驱动活塞直接压缩水，通过闭合回路控制调节压力，通过计算步进马达的步数测量体积变化，可以精确到 0.001 cc。仪器还可以通过控制面板编程，按照斜率和循环加载方式加压或按时间线性变化控制体变。

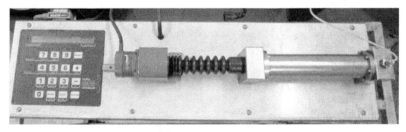

图 6.7　反压控制器

（4）信号调节与数据采集系统。

如图 6.8 所示，信号调节装置包括模拟信号调节和数字信号调节。模拟信号调节包括一个 8 通道的计算机板，可以为每个传感器提供激励电压、调零和设置增益值。数字信号调节固化于一个独立的装置（DTI）内，包括一个 8 通道计算机板用于连接从 HSDAC 卡到马达控制器及其他设备的数字信号。

（5）数字控制系统（计算机）。

GDS 动态系统以高速数字控制系统（GDSDCS）为基础，该系统有位移和荷载闭环反馈。GDSDCS 配有 16 bit 数据采集（A/D）和 16 bit 控制输出（D/A）装置，以每通道 10 Hz 的控制频率运行。这意味着当以 10 Hz 运行时，每个循环可以有 1000 个数据控制和采集点；以 1 Hz 运行时每个循环可以有 10000 个数据控制和采集点。

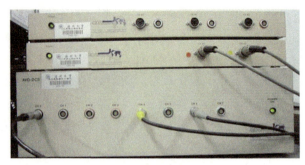

图 6.8　信号调节装置

（6）其他附属设备。

包括管道、支架等附属设备。

试验仪器的精度对于试验结果的可靠度至关重要，以 GDS 动三轴系统为例，DYNHCA 各部件量程和精度如表 6.2 所示。

表 6.2　GDS 动态空心圆柱系统的各部件量程和精度

部件	量程	精度
竖向位移	40 mm	0.001 mm
竖向应力	3 kN	0.3 N
扭剪角	无限制	0.36°
扭矩	30 Nm	0.03 Nm
内/外围压	2 MPa	0.5 kPa
围压控制器体积	200 cm³	1 mm³
孔压	1 MPa	1 kPa
反压压力	2 MPa	1 kPa
反压体积	200 cm³	1 mm³

2. 控制软件

动态空心圆柱系统所使用的控制软件也是由 GDS 公司开发的 GDSLAB 控制和数据采集软件。DYNHCA 控制软件的主要模块分为以下三类：

（1）高级加载试验（advanced loading）模块。

内/外围压、反压、轴力/轴向位移、扭矩/扭转角皆可独立控制，实现各种复杂的应力加载。

（2）HCA 应力路径试验（HCA stress path）模块。

通过控制有效平均主应力 p、偏应力 Q、中主应力系数 b 和大主应力轴夹角 α，实现不同应力路径加载。试验中可自由选择排水条件。

（3）HCA 动态加载试验（dynamic HCA）模块。

与动三轴动态加载试验模块类似，区别在于动三轴只有轴向力/位移和围压两个变量动态变化，而空心圆柱系统中有轴向力/位移、扭矩/扭转角、内围压、外围压四个可独立控制的动态变量。

6.2.3　试验方法

1. 空心圆柱试样制样及装样方法（黏性土）

空心圆柱扭剪试验的试样形状及尺寸在历史上曾有不同规格，并不断发展（图 6.9）。考虑到空心圆柱属于薄壁结构，因此尺寸不能过于细长；同时由于端部约束效应，试样不能过于粗短。空心圆柱试样在近年来逐渐稳定为外直径 100 mm，内直径 60 mm，高 200 mm 的标准尺寸。这也是本文空心圆柱扭剪试验所采用的试样尺寸。

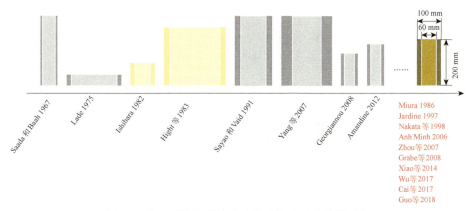

图 6.9　空心圆柱扭剪试验试样形状及尺寸发展历史

本文空心圆柱扭剪试验试样的制备及装样方式如下：

（1）与三轴试样制作类似，把土块放在特制的切土器上，用钢丝锯和刮刀进行修边处理，将试样切成直径 100 mm，高 200 mm 的圆柱形。

（2）将圆柱土体放入护筒中，用切取器钻头在切土器中从下往上进行内芯切取。在切取过程中将钻头与试样底部中心点接触，对准圆心位置，缓缓推动钻杆向上做螺旋式缓慢推进，依据孔径要求，以刮刀辅助去除内部多余土屑。切土器、螺旋钻头以及切好的空心圆柱土样如图 6.10 和图 6.11 所示。

（3）将制作好的试样的内外壁和上表面贴上滤纸条以增加试样的排水路径，用橡胶模封闭，将试样包裹在特制三瓣模中加以保护。

（4）在 GDS 控制软件上对各数值清零。

（5）在试样下端连接内围压管道并对内腔充水，充水完毕后盖上试样密封帽，并用螺栓固定。

（6）解开三瓣模，将试样安装到试验仪器基座上，通过控制软件将试样升降到合适位置，用螺栓将扭剪试样顶部和加载架上部固定，再连接好试样上的各个管道，随后安装压力室外罩以及系统的其他组件，最后对外腔充水。

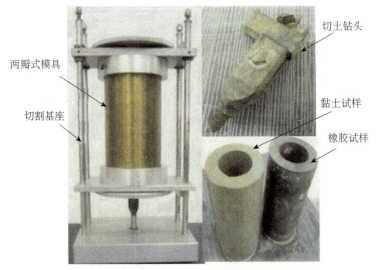

图 6.10　空心圆柱扭剪试样的制作

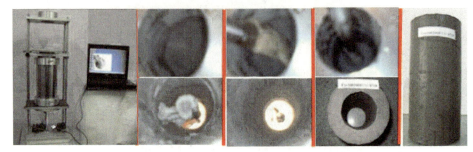

图 6.11　可视化空心圆柱试样制样

2. 试样的饱和（黏性土）

本文采用反压饱和：

（1）饱和前通过控制软件施加 10 kPa 围压，同时利用反压器通无气水去除排水线路和试样中的空气。

（2）如图 6.12 所示，在饱和过程中，同时线性增加围压和反压对试样进行饱和，整个过程中保持 10 kPa 的有效围压不变。

（3）软黏土的饱和过程一般需要 24 小时甚至更久，试样在进行固结试验之前，需要对试样进行 B 值检测。当 $B \geqslant 0.95$ 时可以认为试样已经完全饱和。接下来就可以进行固结试验。

3. 试样的固结（黏性土）

饱和完成后，开始对试样进行固结，本文中涉及的固结过程有各向同性固结和 K_0 固结两种。各向同性固结：在高级加载模块中，将围压线性增长至 100 kPa

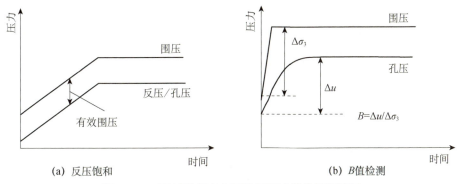

图 6.12　三轴试样和空心圆柱扭剪试样的饱和过程

（或其他设计值），保持有效围压不变。K_0 固结：采用 K_0 固结模块或计算 K_0 值后用应力路径加载模块按一定速率将总应力状态加到设计值，随后保持总应力状态不变。待孔压消散且排水量稳定小于一定值后认为固结完成。

固结完成的条件参考《土工试验规程》（SL237—1999），对于三轴试验，当试样每小时排水量稳定小于 60 mm^3 时，认为排水固结完成；而对于扭剪试验，由于试样体积相对较大，当试样每小时排水量稳定小于 100 mm^3 时，认为排水固结完成。在排水固结阶段完成之后，再进行后续的试验研究。

试样固结完成之后，方可通过 GDSLAB 提供的各种模块对其进行后续的静力或动力试验。

6.2.4　试验要点

1. 预加载问题

如采用中主应力系数 b 及大主应力方向角 α 作为试验控制指标，当三个主应力大小相等时，如等压固结状态，此时偏应力为零，大主应力方向角 α 和中主应力系数 b 均无法确定，在正式的剪切加载之前须设置预剪步骤。在加载前期短时间内，在小偏应力下（如 5 kPa）使中主应力系数及大主应力方向角达到试验设计值。由于此时应力水平很小，因此预加载造成的不同试验之间的区别可忽略。随后可在已实现的设计值之上，进行控制大主应力方向角和中主应力系数的任意加载。

波浪荷载等应力路径下的加载同样存在预加载问题，由于固结完成后的应力状态不一定处于波浪荷载应力路径上，因此须在正式施加循环荷载前设置预加载步骤进行过渡。

2. 薄壁结构问题

如图 6.13 所示，试样属于薄壁结构，对纯压缩和纯挤伸剪切的试样而言，轴力沿空心圆柱试样薄壁的轴线方向加载，极易导致薄壁结构的局部失稳（局部应变），因此其应力-应变特性表现出一定的软化现象。而对纯扭转应力路径来说，空心圆柱试样一直受到扭转作用，这样加载下更难以发生局部失稳。因此，不同应变分量的破坏准则可能有所不同。

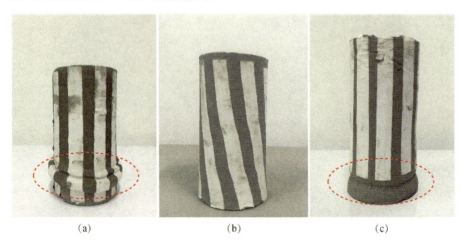

（a）   （b）   （c）

图 6.13 不同剪切应变路径下试样变形破坏形式：（a）纯压缩；（b）纯扭转；（c）纯挤伸

此外，空心圆柱试样为薄壁结构，当内外压差较大时，试样会产生较明显的应力或应变不均。因此，在设计试验方案时，应尽量保证 $0.9 \leqslant p_o/p_i \leqslant 1.2$。也因此，在试验方案上会存在两个"不可实现"区域，如图 6.14 所示。即，当大主应力角为 0°时（即纯压状态），中主应力系数不可为 1；当大主应力角为 90°时（即纯拉状态），中主应力系数不可为 0。且，两个"不可实现"区域随偏应力水平增高而扩大。

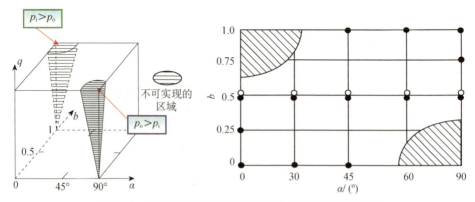

图 6.14 空心圆柱扭剪试验方案中的"不可实现"区域

3. 其他实际操作问题

在应力控制的纯剪切试验中，由于软黏土的扭转应变的发展空间较大，腔内管道容易在发生大扭转应变后接触、缠绕试样（图 6.15）；甚至在仪器自动终止不及时情况下将管道等暴力扯断，导致设备细部变形。因此，首先装样时须提前预留并调整好内腔管道位置，同时，必须在加载后期由人工监管试验加载进度，及时手动终止，避免发生意外。

图 6.15　应力控制加载中极易发生大扭转应变导致腔内管道缠绕试样

6.3　定轴剪切应力路径下饱和软黏土力学特性研究

6.3.1　试验方案

为了解软黏土基本的各向异性和非共轴特性，首先以不同恒定大主应力方向角对软黏土定向剪切。共计 7 个试验。试验为在不排水条件下，保持平均主应力（100 kPa）及中主应力系数（$b=0.5$）不变（以保持三个主应力大小不变），分别设置 0°、15°、30°、45°、60°、75°和 90°共 7 个不同大主应力方向角的定向剪切试验。偏应力 Q 的加载速率统一设置为 5 kPa/h。试验方案如表 6.3 所示。试样编号由 S 开头（"shear"：剪切），后缀两位数字为其对应的大主应力方向角。根据上述定向剪切试验方案，在 p-q 平面及 $(\sigma_z-\sigma_\theta)$-$2\tau_{z\theta}$ 平面上的应力路径示意图如图 6.16 所示。

需要说明的是，由于初始时刻的三个主应力大小相等，即中主应力系数无法确定，且大主应力方向角不等于试验设计值，在正式的剪切加载之前设置预剪步骤，在前 1 h 时间内（偏应力 Q 从 0 匀速增至 5 kPa），在小偏应力下使中主应力系数及大主应力方向角达到试验设计值。在此试验设计值之上，保持大主应力方向角和中主应力系数不变，继续增大偏应力 Q 直到试样发生破坏。

表 6.3　主应力方向固定的剪切试验方案

试验编号	围压 p/kPa	主应力方向 α/（°）	中主应力系数 b	偏应力加载速率（dQ/dt）/ （kPa/h）
S00	100	0	0.5	5
S15	100	15	0.5	5
S30	100	30	0.5	5
S45	100	45	0.5	5
S60	100	60	0.5	5
S75	100	75	0.5	5
S90	100	90	0.5	5

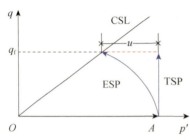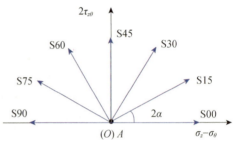

图 6.16　定向剪切试验方案示意图

6.3.2　强度包络线

图 6.17 给出了加载过程中各试验在 $(\sigma_z-\sigma_\theta)\text{-}2\tau_{z\theta}$ 平面内的应力路径，图中还做出若干特定值的等效应变 $\bar{\varepsilon}=\dfrac{2}{\sqrt{3}}\sqrt{I_2'}=\sqrt{\dfrac{2}{9}[(\varepsilon_1-\varepsilon_2)^2+(\varepsilon_2-\varepsilon_3)^2+(\varepsilon_3-\varepsilon_1)^2]}$ 在平面内形成的包络面。该包络面为近似半圆形，呈现出一定的不对称性。图 6.18 为不同等效应变时偏应力与主应力角关系曲线。由图可见，大主应力角由 0° 至 90°，各试样在特定等效应变值下能发挥出的强度依次递减。说明该试验所用软黏土在等压固结后仍然存在一定的各向异性。

图 6.17 还给出了各应力路径在包络面上的主应变增量（如箭头所示）。由图可知，当大主应力角为 15°、30°、60° 和 75° 时，土体呈现的非共轴现象较为明显，并且左右两边的主应变增量均指向 S45 方向，大主应力角为 45° 时非共轴现象并不明显，当应变较大时，主应变增量方向几乎与应力路径重合。该现象与前人对饱和软黏土进行的定向剪切试验结果是一致的（严佳佳，2014；杨彦豪，2014；陈进美，2016）。

6.3.3　非共轴特性

图 6.19 为不同主应力角定向剪切时主应变增量角随偏应力变化情况。由图可知，当大主应力角在 0°～90° 之间时，非共轴现象较为明显，最大能达到 17°

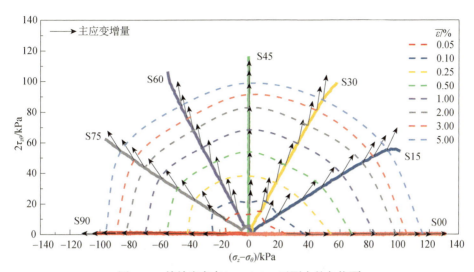

图 6.17　等效应变在 $(\sigma_z - \sigma_\theta)$-$2\tau_{z\theta}$ 平面内的包络面

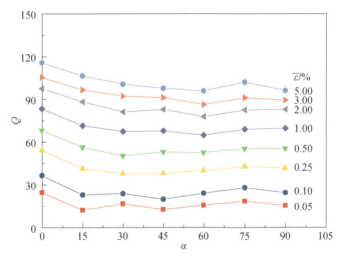

图 6.18　不同等效应变时偏应力与主应力角关系

左右。且当偏应力较高，即土体接近破坏时，非共轴角度还有一定的增大。这一点与以往学者对软黏土进行的类似试验研究（Lade et al., 2009；严佳佳，2014；杨彦豪，2014）结果相符。其原理如图 6.20 所示，当土体接近破坏时，即应力路径运动到屈服面附近，在屈服面上其弹性变形响应减少，塑性应变占据主导，因此弹性应变增量减小为 $\mathrm{d}\varepsilon^{e'}$，则主应变增量向外旋转，变为 $\mathrm{d}\varepsilon_1'$，故主应变增量与主应力方向夹角变大，即非共轴角度变大。

图 6.21 为不同主应力角定向剪切时主应变增量角在稳定之后与主应力角的关系。图中直线表示 $\alpha = \beta$，主应变增量角与主应力角的关系曲线在 $\alpha = 45°$ 时出现拐点，并大致关于该拐点旋转对称，以三次函数拟合之即可得一简易的公式：

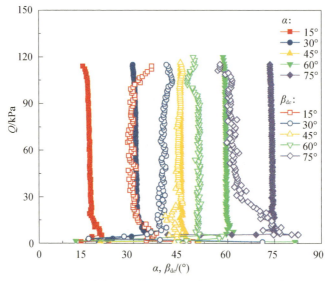

图 6.19 不同主应力角定向剪切时主应变增量角随偏应力变化情况

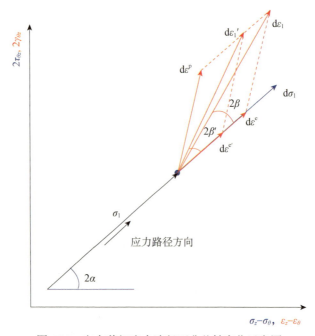

图 6.20 定向剪切应力路径下非共轴变化示意图

$$\beta_{d\varepsilon}=45+0.0005(\alpha-45)^3 \tag{6.8}$$

则非共轴角与大主应力角的关系可表示为

$$\beta=45+0.0005(\alpha-45)^3-\alpha \tag{6.9}$$

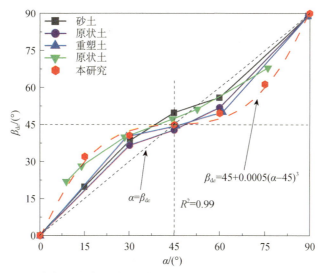

图 6.21　不同主应力角定向剪切时主应变增量角与主应力角的关系（伍婷玉，2019）

6.4　纯主应力轴旋转应力路径下饱和软黏土动力特性研究

6.4.1　试验方案

常见的循环荷载，如交通荷载、波浪荷载等，其应力路径往往同时伴随偏应力以及主应力轴连续旋转循环变化，两个因素分别体现应力大小及方向的变化，相互独立。偏应力的循环变化对土体变形的加剧在前面章节中已有介绍，在此不做赘述。关于单纯主应力轴连续旋转这一因素如何对土体力学特性产生影响的研究较少，且大部分局限在有限次数或拟静力的主应力连续旋转应力路径研究中。考虑到实际循环荷载的循环周数普遍较大，本文对饱和软黏土开展大周数纯主应力轴连续旋转试验，分析该因素对软黏土的长期变形特性，尤其是非共轴特性的影响。

值得指出的是，$(\sigma_z - \sigma_\theta)$-$2\tau_{z\theta}$ 平面中的正圆形应力路径并不代表一定是纯主应力轴旋转应力路径。若动扭剪仪无法实现内、外围压的高频精确控制及测量，即循环加载中内、外围压始终保持不变，则实现的是偏应力幅值不变、大主应力角连续变化、中主应力系数也循环变化的应力路径，如图 6.22（a）所示；若要控制唯一变量进行对照试验，即控制中主应力系数恒定（如图 6.22（b）所示），则要求内、外围压可独立实现循环变化。

本研究共计开展 15 个纯主应力轴连续旋转试验，试验方案如表 6.4 所示。其中 14 个试验为加载频率 0.01 Hz（循环周期 100 s，应力轴旋转速度 3.6(°)/s）、平均主应力 100 kPa、循环次数 1000 次的主应力轴连续旋转的大周数循环加载试验，按照不同中主应力系数 b（0.0、0.5 和 1.0）分为三组。试验编号由 b 值开

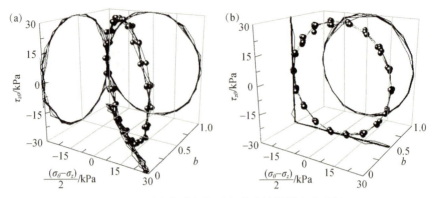

图 6.22　正圆应力路径与纯主应力轴旋转应力路径

头，后缀两位数字为其对应的偏应力值。由于中主应力系数为 0.5 时广义偏应力 q 小于偏应力 Q，因此在括号中标注其广义偏应力值。另有 1 个循环周期 1200 s（应力轴旋转速度 0.3（°）/s）、平均主应力 100 kPa、循环次数 20 次的主应力轴连续旋转的循环加载试验。试验编号添加前缀 "S"（"slow" 慢速加载）。根据试验方案，在 p-q 平面及 $(\sigma_z-\sigma_\theta)$-$2\tau_{z\theta}$ 平面上的应力路径示意图如图 6.23 所示。

表 6.4　纯主应力轴连续旋转试验方案

试验编号		偏应力		中主应力系数	循环次数	加载时长
		Q/kPa	q/kPa	b	N	T/s
Series Ⅰ	0.0-10（10）	10	10	0.0	1000	100
	0.0-20（20）	20	20		1000	
	0.0-25（25）	25	25		1000	
	0.0-30（30）	30	30		1000	
Series Ⅱ	0.5-13（11）	13	11	0.5	1000	100
	0.5-20（17）	20	17		1000	
	0.5-23（20）	23	20		1000	
	0.5-27（23）	27	23		4000	
	0.5-30（26）	30	26		461（破坏）	
	0.5-35（30）	35	30		179（破坏）	
Series Ⅲ	1.0-10（10）	10	10	1.0	1000	100
	1.0-20（20）	20	20		1000	
	1.0-25（25）	25	25		1000	
	1.0-30（30）	30	30		481（破坏）	
Series Ⅳ	S0.5-28（24）	28	24	0.5	20	1200

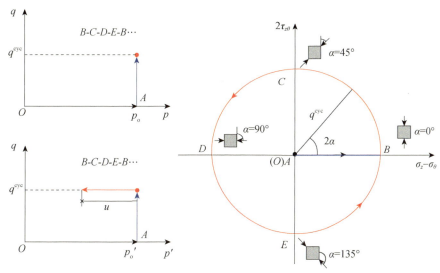

图 6.23　纯主应力轴连续旋转试验方案示意图

同样，由于固结完成后（即图 6.23 中 O-A 段）的三个主应力大小相等，应力状态尚处于 $(\sigma_z - \sigma_\theta)$-$2\tau_{z\theta}$ 平面的原点处，且中主应力系数无法确定，在正式施加循环荷载前设置预加载步骤。在不排水条件下，保持大主应力方向角为 0°，偏应力 Q 的增加速率为 1 kPa/min，使偏应力及中主应力系数达到试验设计值（即图中 A-B 段）。预加载完成后，保持偏应力和中主应力系数大小不变，使大主应力方向角连续旋转（即图中 B-C-D-E-B…段，其总应力路径（TSP）在 p-q 平面只表现为一个点），直到完成预计循环次数或试样发生破坏。

6.4.2　应变分量发展规律

图 6.24 为不同应力水平下软黏土试样的竖向应变在不排水条件下随时间发展情况。尽管各主应力大小保持不变，仅有大主应力角的旋转作用，但土体依然能产生一定的变形，甚至破坏。如图 6.24 所示，当偏应力水平较低时，试样竖向应变、累积应变及回弹应变均较小。随偏应力水平增加，试样回弹应变有了较明显的增长，且应变峰值也有所增加。与传统循环三轴试验不同的是试样应变在高应力水平下的破坏形式：由于偏应力水平始终保持正值且为常数，故试样竖向应变始终朝正向发展，这与单向循环三轴试验的结果是一致的。但在试样破坏时，其竖向应变幅值急剧增长，图像呈"喇叭"状，这又与双向循环三轴试验类似。

本组实验中还考虑了中主应力系数的影响，试验结果表明，不同中主应力系数对饱和软黏土在长期主应力轴旋转作用下变形响应的影响不容忽视。比较中主应力系数 b 为 0 和 1 两种情况，在应力水平较低时（$q \leqslant 25$ kPa），b 值增加，软黏土在长期主应力轴连续旋转下的变形响应并不明显。例如试样 0-25（25）在加载完成后竖向峰值应变约为 0.27%，而试样 1-25（25）在加载完成后竖向峰值应

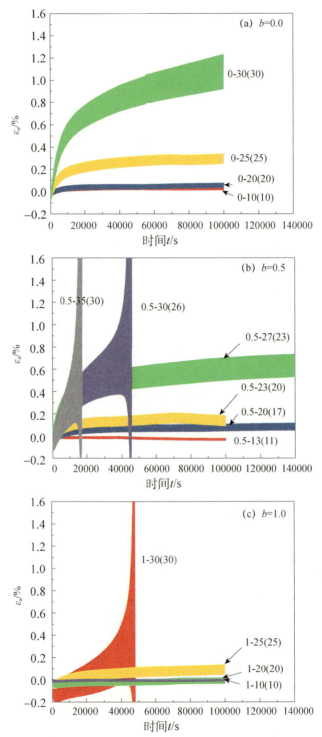

图 6.24 不同应力水平下软黏土试样的竖向应变在不排水条件下随时间发展情况

变仅为 0.11%。在应力水平较高时（q=30 kPa），中主应力系数的增加将加剧试样在长期主应力轴连续旋转下的变形响应。当中主应力系数为 0 时，试样竖向应变增长明显，但在前 1000 次循环之内并未达到破坏，而当中主应力系数为 1 时，试样在 400 次循环之后竖向应变急剧增长，随后试样破坏。较为特殊的是中主应力系数为 0.5 的情况。无论是以偏应力 Q 还是广义偏应力 q 作为参照标准，同应力水平下，试样在中主应力系数为 0.5 时，主应力轴连续旋转的作用对试样变形的影响最为明显，试样产生的竖向应变均大于中主应力系数 b 为 0.0 或 1.0 的情况。如试样 0.5-30（26）的破坏发生早于试样 1-30（30）及 0-30（30）。这一结果与 Yang 等（2007）对饱和砂土进行纯主应力轴旋转试验得到的结果是类似的，b=0 时主应力轴旋转对土体影响最小。

6.4.3　动孔压演化及软化规律

图 6.25 为试样孔压随循环次数的发展情况，与传统三轴循环试验不同，主应力轴连续旋转试验中其偏应力始终保持恒值不变，在 p'-q 平面内其应力路径为一条从右至左发展的横线（图 6.23），因而其实测孔压曲线也的确形状细窄，由于应力状态的循环变化，仍然存在少许波动，但振幅不超过 2 kPa。不同应力水平及不同中主应力系数，对饱和软黏土孔压发展规律的影响与竖向应变发展规律是一致的，在此不一一赘述。

图 6.26 为竖向回弹模量在不同应力水平下随循环次数发展的情况。竖向回弹模量定义如下：

$$E_{\mathrm{d}} = \frac{\sigma_{z,\max} - \sigma_{z,\min}}{\varepsilon_{z,\max} - \varepsilon_{z,\min}} \tag{6.10}$$

其中，$\sigma_{z,\max}$ 和 $\sigma_{z,\min}$ 分别为同一周期内竖向应力的最大值和最小值，$\varepsilon_{z,\max}$ 和 $\varepsilon_{z,\min}$ 分别为同一周期内竖向应变的最大值和最小值。

回弹模量随循环次数发展呈现三种不同模式，当应力水平极低时，回弹模量始终保持不变，其发展模式水平向右，如试样 0-10（10）、0.5-13（11）及 1-10（10）。当应力水平稍高时，回弹模量在初始有限循环次数内急剧减小，随后也基本保持不变，仍能稳定地向右发展，如试样 0.5-27（23）等。当应力水平较高时，回弹模量在初始少数循环次数内急剧减小，经拐点后，仍以较小速率继续减小，随即破坏，如 0.5-30（26）。当应力水平极低时，中主应力系数对试样回弹模量发展情况的影响甚微，如试样 0-10（10）、0.5-13（11）及 1-10（10）在第 1000 次循环时回弹模量均为 60 MPa 左右（见图 6.27（a））。随应力水平增加，中主应力系数影响逐渐显现。然而，当平均主应力大小相同时，中主应力系数对土体软化程度的影响与中主应力系数的大小呈非线性关系：b=0 时影响最小，其次为 b=1 时，影响最大的是 b=0.5 时，如图 6.27（b）和（c）所示。该现象与上述中主应力系数对竖向应变大小的影响是一致的。

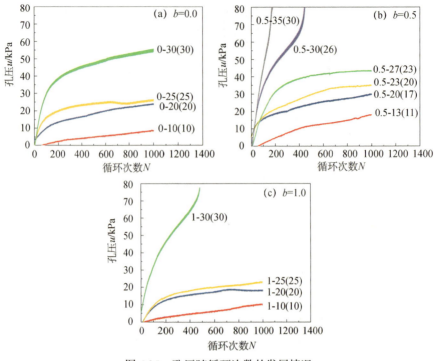

图 6.25　孔压随循环次数的发展情况

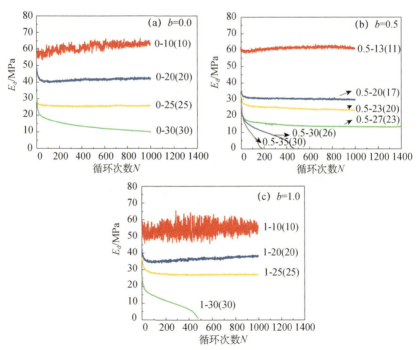

图 6.26　竖向回弹模量在不同应力水平下随循环次数发展的情况

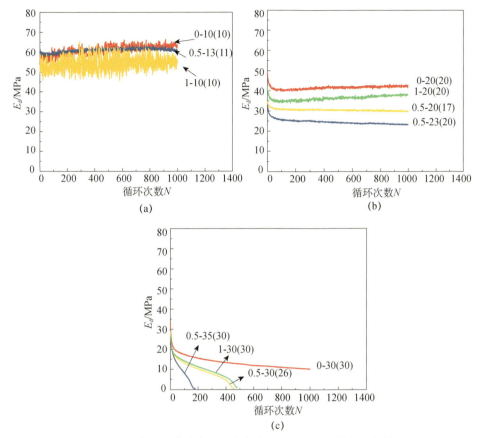

图 6.27　竖向回弹模量在不同应力水平下随循环次数发展的情况

6.4.4　非共轴特性

图 6.28 为主应力轴连续旋转时主应变增量的方向及大小发展情况的三个典型模式。为便于观察，图中仅给出几个典型循环次数下（$N=1$，100，500，1000）的主应变增量。

第一种模式：见图 6.28（a），当应力水平极小时，主应变增量的大小及非共轴大小随循环次数的变化均不明显。值得注意的是，主应变增量的方向在第二、四象限时指向应力路径圆的内侧，这说明此时主应变增量的方向并不在主应力增量和主应力方向夹角之间，非共轴角大于 45°。这与过去学者观察到的塑性主应变增量一般介于应力方向和应力增量方向之间的现象有一定区别（Miura et al.，1986；Gutierrez et al.，1991）。

第二种模式：见图 6.28（b），当应力水平稍大时，主应变增量的大小及方向在第一次循环时较小，但是当循环次数超过一定范围时，主应变增量的大小及方向逐渐保持稳定，不再随循环次数变化。任意循环次数下，主应变增量的大小在第一、三象限时较大，在第二、四象限时较小；而非共轴大小在第一、三象限时较小，在第二、四象限时较大。

第三种模式：见图6.28（c），当应力水平较大时，主应变增量的大小随循环次数的增加而增大，主应变增量的方向则随循环次数的增加而愈发指向应力路径圆的外侧，因而非共轴角大小是随循环次数的增加而减小的。在这样的应力水平下，试样也将较快地达到破坏。

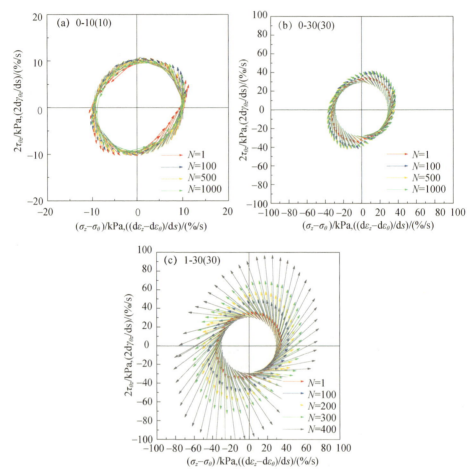

图6.28 主应变增量的方向及大小发展情况的三个典型模式

为更好地比较各加载应力状态下试样的非共轴角大小随大主应力角连续旋转的发展情况，以及非共轴角的发展随循环次数变化的情况，图6.29及图6.30给出了不同中主应力系数及不同偏应力条件下，非共轴随主应力轴旋转的发展变化情况（典型循环次数下）。过去研究学者常以直角坐标系表示非共轴大小在某周期内随时间或大主应力角度变化的情况（Nakata et al.，1997；Tong et al.，

2010；Jiang et al.，2013；Zhou et al.，2014；Xiong et al.，2016），这类作图能很好地反映非共轴角度大小在周期内的变化。如图6.29所示，在每个周期中，非共轴大小的发展曲线均存在两个波峰和两个波谷，其在周期初始时的发展模式均为先减小再增大。

　　由于非共轴角大小的发展曲线离散性较大，因此不同应力水平下的非共轴角在直角坐标系下的变化不便于比较。本研究尝试将非共轴角大小随大主应力角连续旋转的发展情况以极坐标展示，图中以每个循环周期中大主应力角的两倍，即 2α，作为极坐标内任一点到极轴的角度，以非共轴角度的大小 β 作为极坐标中任一点到原点的距离。

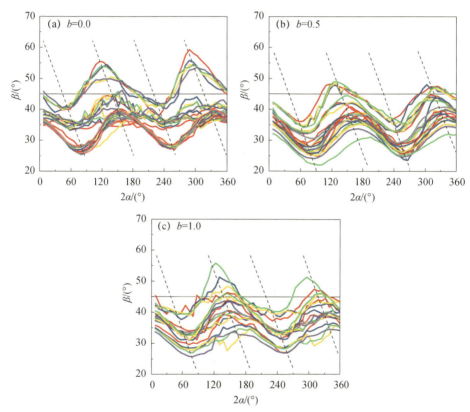

图6.29　非共轴随主应力轴旋转时的发展变化情况（直角坐标系）

　　图6.30中的14个极坐标图分别给出了14个主应力轴连续旋转试验中，非共轴大小随主应力轴旋转的发展变化情况（典型循环次数下）。这个形式更符合大主应力角旋转的本质，可以使不同周期的曲线首尾相连。由于非共轴角度的大小在周期内存在两个波峰和两个波谷，因此在极坐标内非共轴角的变化曲线形成了一个倾斜的椭圆区域。如图6.30所示，一般来说，不同循环次数代表的区域

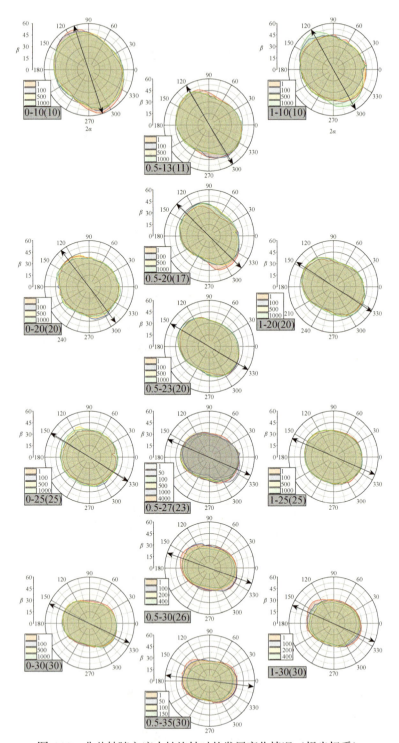

图 6.30 非共轴随主应力轴旋转时的发展变化情况（极坐标系）

边界几乎重合。这说明在每个主应力轴旋转周期内，非共轴大小与大主应力角的变化关系是固定的，且在长期循环加载下该关系并不随循环次数变化。

当应力水平极低时，椭圆区域较大，非共轴在第二、四象限存在超过 45° 的情况，因此在第二、四象限，主应变增量方向超出主应力和主应力增量之间的范围，如试样 0-10（10）和 1-10（10），该情况对应前述非共轴的典型模式一（图 6.28（a））。

对比不同试验可知，应力水平对非共轴大小有着显著影响，随着应力水平的提高，椭圆区域逐渐缩小，此时非共轴大小均不超过 45°，对应为以往学者试验研究中常见的主应变增量方向处于主应力和主应力增量之间的情况，即前述非共轴的典型模式二（图 6.28（b））。

而当应力水平较高时，如试样 0.5-30（26）、0.5-35（30）和 1-30（30）（这三个试样提前破坏），经不同循环次数加载后非共轴大小形成的椭圆区域明显不同，随循环次数增加，椭圆区域逐渐缩小，即非共轴角度随循环次数明显减小。这也是图 6.28（c）代表的典型模式三。

图 6.31 绘制了周期内平均非共轴大小 $\beta_{ave,N}$ 随循环次数的变化情况。图 6.31 显示周期内非共轴大小随大主应力角的变化曲线在不同应力水平或循环次数下几乎相互平行，因此周期内平均非共轴大小 $\beta_{ave,N}$ 可用以代表忽略周期内部变化后的某周期内非共轴发展情况。当应力水平不高时，图中曲线均呈水平，说明周期内平均非共轴大小亦不随循环次数变化。但是当应力水平较大时，见试样 0.5-30（26）、0.5-35（30）和 1-30（30），周期内平均非共轴 $\beta_{ave,N}$ 随循环次数衰减。

图 6.32 为平均非共轴大小随着偏应力或广义偏应力的变化情况，其中平均非共轴大小 β_{ave} 定义为所有循环的周期内平均非共轴大小 $\beta_{ave,N}$ 的平均值：

$$\beta_{ave} = \frac{\sum_1^N \beta_{ave,N}}{N} \qquad (6.11)$$

Wang 等（2018）在 100 kPa 围压下以偏应力 40 kPa 对饱和软黏土进行主应力轴旋转试验时，平均非共轴大小变化范围约 30°，本试验结果与其相似，同样在 100 kPa 围压下，当偏应力 Q 范围在 10 kPa 至 35 kPa 之内时，平均非共轴大小 β_{ave} 的变化范围大致为 30°～45°。当应力水平极低时，平均非共轴大小约为 45°，这与弹塑性理论是一致的，当应力水平极低时，土体呈现纯弹性，主应变增量即弹性主应变增量，弹性主应变增量与主应力增量方向平行，因此非共轴大小理论上始终为 45°。

值得注意的是，平均非共轴大小和应力水平之间具有一定的线性关系。以广义偏应力 q 作为参照指标时，中主应力系数对该关系有一定影响，但是影响较小，中主应力系数 $b=0.5$ 时非共轴大小在同等广义偏应力 q 条件下偏小，$b=1.0$

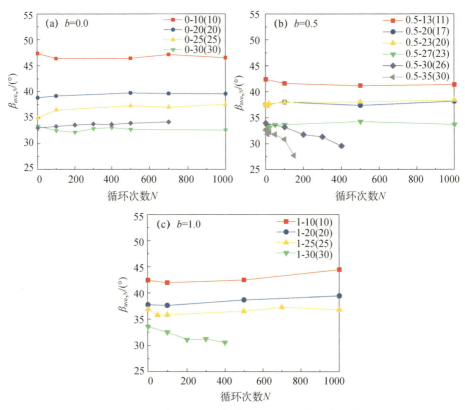

图 6.31 周期内平均非共轴大小随循环次数的变化情况

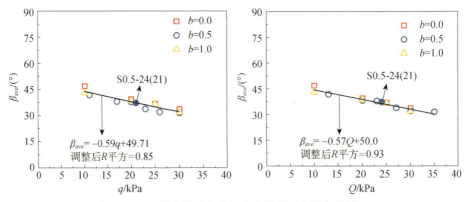

图 6.32 周期内平均非共轴大小随偏应力的变化情况

和 0.0 时的数据点之间差别不大。以偏应力 Q 作为参照指标时，中主应力系数对该关系的影响不明显，拟合直线公式调整后 R 平方为 0.93，高于以广义偏应力 q 作为参照指标时调整后 R 平方 0.85。因此更建议在进行比较时采用偏应力 Q 比较指标。

非共轴大小随偏应力水平的增加而减小，这与以往学者在纯主应力轴旋转试验中观察到的现象是一致的（Tong et al.，2010；Jiang et al.，2013；严佳佳，2014；杨彦豪，2014；Xiong et al.，2016；陈进美，2016；Qian 等，2016；Wang 等，2018），其原理如图 6.33 所示，当偏应力值越大，即应力路径距离屈服面越近时，在屈服面上其弹性变形响应减少，塑性应变占据主导，因此弹性应变增量减小为 $d\varepsilon^e$，则主应变增量向圆外旋转，变为 $d\varepsilon_1'$，故主应变增量与主应力方向的夹角变小，即非共轴角度变小。

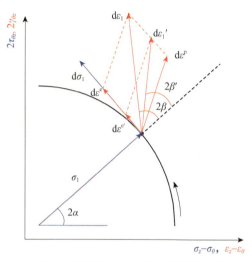

图 6.33　主应力轴旋转应力路径下非共轴变化示意图

由于每个循环周期的时间相同，偏应力越大也意味着主应力变化速率越大。考虑到应力速率对软黏土存在一定的影响，因此对同一应力水平下试样 S0.5-24（21）和 0.5-23（20）的非共轴发展情况进行比较，以探究主应力变化速率是否对非共轴发展有影响。如图 6.34 所示，当主应力变化速率较小时（S0.5-24（21）），非共轴椭圆区域更圆润，即非共轴在周期内变化波动不大（试样 S0.5-24（21）非共轴变化范围为 35°～41°，而试样 0.5-23（20）非共轴变化范围为 31°～45°）。同时，试样 S0.5-24（21）的周期内平均非共轴大小也是符合 0.01 Hz 加载频率下平均非共轴大小和应力水平之间线性关系的（见图 6.32），也就是说加载速率从 1.8(°)/s 降至 0.15(°)/s 对周期内平均非共轴大小影响较小，但是对非共轴在周期内的波动幅度有一定影响。这可能是由于在主应力旋转过程中，软黏土的塑性应变发展迟滞（杨彦豪，2014），加载速率越高，迟滞效应越明显（Zergoun and Vaid，1994；Yin et al.，2011）。前述提及当应力水平极低时，非共轴大小在图 6.30 极坐标下理论上为半径 45° 的正圆，波动为零，但由于加载速率较高，非共轴大小在周期内产生较明显的波动变化，由此出现了非共轴大于 45°、主应变增量方向指向圆心的现象，即非共轴发展模式一。

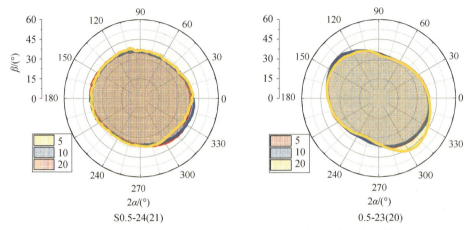

图 6.34　不同加载频率下非共轴随主应力轴旋转时的发展变化情况

同时也注意到，随偏应力增大，在周期内出现非共轴极值的大主应力角逐渐变大，反映在图 6.29 中即不同试验的相应非共轴极值连线为斜线，且上下极值所连成的直线相互平行。在图 6.30 中则可观察到椭圆区域的长轴随应力水平的增加而逐渐倾斜旋转。Jiang 等（2013）在类似试验中也有观察到该现象，见图 6.35。

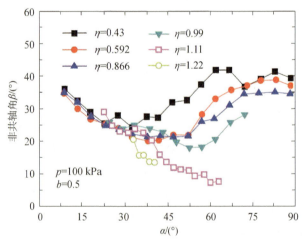

图 6.35　不同应力水平下非共轴角随大主应力角变化（Jiang et al., 2013）

定义周期内非共轴出现第一次峰值时刻大主应力角（即图 6.30 中长轴到极轴角度的 1/2）为 $\alpha_{\beta m}$，图 6.36 为 $\alpha_{\beta m}$ 随中主应力系数 b 和偏应力 Q 的变化情况。$\alpha_{\beta m}$ 在随偏应力 Q 逐渐变大的基础上，还受到中主应力系数的影响，中主应力系数增大，$\alpha_{\beta m}$ 也会有一定相应的增大。

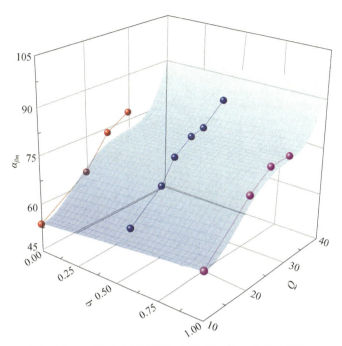

图 6.36　$\alpha_{\beta m}$ 随中主应力系数 b 和偏应力 Q 的变化情况

6.4.5　主应变增量发展情况

图 6.37 为不同应力状态下主应变增量大小在周期内变化情况，与非共轴角度类似，主应变增量大小在周期内波动近似正弦函数，在每个周期中，非共轴大小的发展曲线均存在两个波峰和两个波谷，其在周期初始时的发展模式一般为先增大到峰值后随即减小。当应力水平较高时，主应变增量更大，波动幅度也更大。当 $b=0.0$ 时，主应变增量出现峰值的时刻会随偏应力的增加而推迟，而在 $b=0.5$ 和 1.0 时并未出现该现象。

图 6.38 给出了以极坐标表示的不同应力水平下主应变增量在周期内的变化（以 $b=0.0$ 时为例）。当以 4 倍 α 作圆周轴时，主应变增量在极坐标内的曲线是两圈几乎重合的偏心正圆。当应力水平较低时，主应变增量曲线在不同循环次数下的区别不大，当应力水平较高时，如试样 0.0-30（30），图中主应变增量曲线朝向同一方向放大。

如图 6.39 所示，主应变增量与大主应力角在周期内的关系可表示为

$$d\varepsilon / dt = (d\varepsilon_{ave} / dt)\sin(4\alpha + \varphi) \pm \sqrt{(d\varepsilon_{ave} / dt)^2 \cos(4\alpha + \varphi)^2 + (d\varepsilon_{amp} / dt)^2}$$

$$(6.12)$$

其中，$d\varepsilon_{ave}$ 表示偏心圆圆心到原点的距离，可代表主应变增量的平均值；φ 为偏心圆圆心到原点连线的倾斜角度；$d\varepsilon_{amp}$ 为偏心圆半径，可表示主应变增量的波动幅度。

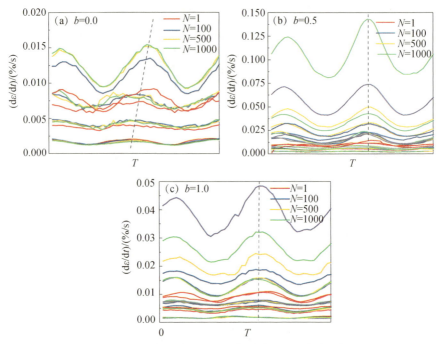

图 6.37   不同应力状态下主应变增量在周期内变化情况

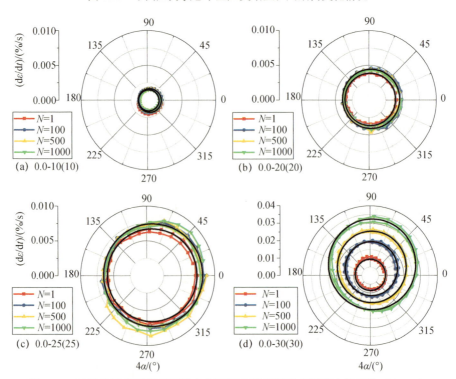

图 6.38   以极坐标表示的不同应力水平下主应变增量在周期内的变化（b=0.0）

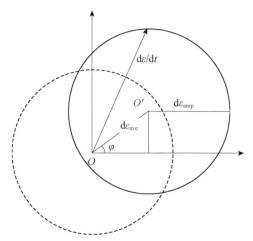

图 6.39　主应变增量与大主应力角在周期内关系公式示意图

图 6.40 为在不同应力状态下主应变增量大小和非共轴角度大小的关系，图中仅给出典型循环次数（N=1，100，500，1000）下的曲线。由于主应变增量和非共轴大小在周期内均存在两个波峰和波谷且存在相位差，二者之间的关系曲线在周期内呈现为几乎重合的两圈。各应力水平下得到的关系曲线在半对数坐标下呈近似的线性关系，主应变增量越小则非共轴角越大（但一般不超过 45°）。且中主应力系数对该线性关系影响甚微。

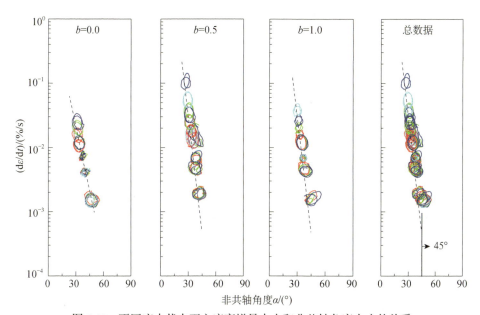

图 6.40　不同应力状态下主应变增量大小和非共轴角度大小的关系

6.5 交通荷载应力路径下饱和软黏土动力特性研究

6.5.1 应力路径的模拟

交通荷载是常见的循环荷载之一。在软黏土广泛分布地区，软基交通设施过大沉降是亟待解决的问题，其关键原因之一就是交通荷载对软土路基的不利影响。土体单元在运动的车轮之下所受应力的路径其实非常复杂，见图1.3。在一个交通荷载的循环过程中，车轮从远处驶来，经过土体单元正上方，随后远去。在此期间，土体单元所受的竖向应力从零增长到峰值，随后回落至零；而剪切应力则不仅在大小上有变化，方向在中途也发生反转，由此形成主应力轴的连续旋转（Ishikawa et al.，2011；Tang et al.，2015）。由单个移动中的车轮所导致的应力路径，在 $2\Delta\tau_{12}$-$(\sigma_{11}-\sigma_{22})$ 平面内呈一个横置的心形，见图6.41。

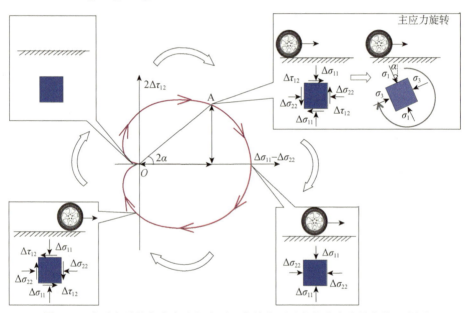

图 6.41 典型交通荷载应力路径中不同车轮位置对应的应力分量变化示意图

此外，根据 Powrie 等（2007）的有限元数值分析结果，剪切应变大小随深度的消散快于竖向应力。因此，剪应力与竖向应力之比（扭剪应力比）将随深度的增加而逐渐变小，即心形应力路径将逐渐变扁平（如图6.42所示）——应力路径越扁平意味着应力路径中主应力轴旋转作用更弱。对此，交通荷载应当考虑主应力连续旋转和偏应力水平变化耦合作用。以下从长期主应力轴连续旋转作用对软黏土变形响应的影响，以及应力路径中主应力轴旋转作用大小两方面，对交通荷载应力路径下饱和软黏土长期动力特性研究现状进行阐述。

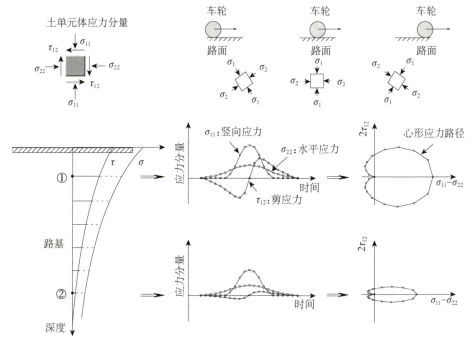

图 6.42　交通荷载作用引起的土单元体应力分量随深度变化图

为研究大周数交通荷载应力路径循环加载下软黏土动力响应，主要是不同循环应力比和扭剪应力比的影响。固结完成后，保持内外围压不变，对试样施加轴力和扭矩，加载波形如图 6.43 所示。图 6.43 中 $\Delta\sigma_z^{\mathrm{cyc}}$ 为竖向动应力幅值，$\Delta\tau_{z\theta}^{\mathrm{cyc}}$ 为扭转动应力幅值，为方便试验方案对比，定义竖向循环应力比（VCSR）和扭剪应力比例（η）值如下：

$$\mathrm{VCSR} = \frac{\Delta\sigma_z^{\mathrm{cyc}}}{2p_0'} \tag{6.13}$$

$$\eta = \frac{\Delta\tau_{z\theta}^{\mathrm{cyc}}}{\Delta\sigma_z^{\mathrm{cyc}}}$$

式中，p_0' 为有效平均主应力（$p_0' = \sigma_{1,0}' + \sigma_{2,0}' + \sigma_{3,0}'$）。

该组共计 19 个试验，按照不同扭剪应力比分成三组（η 值分别为 0、0.25 和 0.50）。不同扭剪应力比代表着不同程度的主应力轴旋转作用，即不同"胖瘦"心形应力路径，见图 6.44，其中 $\eta=0$ 的试验，应力路径与动力三轴试验相同，大主应力方向保持不变，主应力轴不发生旋转。

各试验初始平均有效主应力为 100 kPa，加载频率为 0.1 Hz，循环次数为 1000 次，每个循环记录 50 个数据点（即每隔 0.2s 记录一次）。试验编号由 D（"dynamic"动力试验）加上试验编组组号（罗马数字：Ⅰ、Ⅱ、Ⅲ）开头，后缀两位数字为其对应的循环应力比（表 6.5）。

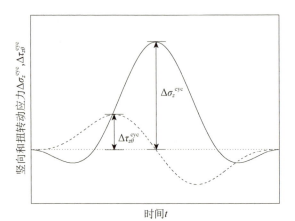

图 6.43　试验加载波形

表 6.5　循环扭剪试验方案

试验组	试验编号	W^{cyc}/kN	M_T^{cyc}/（N·m）	$\Delta\sigma_z^{cyc}$/kPa	$\Delta\tau_{z\theta}^{cyc}$/kPa	VCSR	η
	DI05	0.046	0.00	10	0.0	0.05	
	DI10	0.093	0.00	20	0.0	0.10	
	DI15*	0.139	0.00	30	0.0	0.15	
I	DI20	0.186	0.00	40	0.0	0.20	0.00
	DI25	0.232	0.00	50	0.0	0.25	
	DI30	0.278	0.00	60	0.0	0.30	
	DI40	0.371	0.00	80	0.0	0.40	
	DII05	0.046	0.465	10	2.5	0.05	
	DII10	0.093	0.931	20	5.0	0.10	
	DII15	0.139	1.396	30	7.5	0.15	
II	DII20	0.186	1.862	40	10.0	0.20	0.25
	DII25	0.232	2.327	50	12.5	0.25	
	DII30	0.278	2.793	60	15.0	0.30	
	DII35	0.325	3.258	70	17.5	0.35	
	DIII05	0.046	0.931	10	5.0	0.05	
	DIII10	0.093	1.862	20	10.0	0.10	
III	DIII15	0.139	2.793	30	15.0	0.15	0.50
	DIII20	0.186	3.724	40	20.0	0.20	
	DIII25	0.232	4.655	50	25.0	0.25	

注：* DI15 循环次数为 10000 。

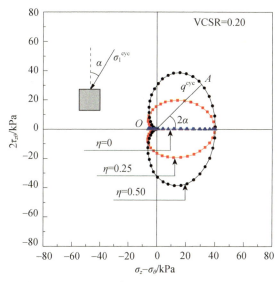

图 6.44　在 $2\tau_{z\theta}$-(σ_z-σ_θ)平面内三种不同扭剪比下的心形应力路径

图 6.45 给出了实际应力路径与设计方案应力路径对比情况。试验过程中实际的应力路径如图中散点所示，根据加载方案，试验方案设计的应力路径用虚线表示。可以看出，实际应力路径与设计的应力路径基本一致，表示本文所用仪器可以很好地实现对交通荷载应力路径的模拟。

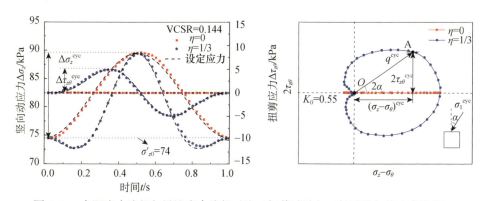

图 6.45　实际应力路径与设计应力路径对比（扭剪试验与三轴试验加载应力路径）

6.5.2　应变发展与主应力轴旋转

图 6.46 为不同扭剪应力比及循环应力比下竖向应变随循环次数 N 的发展情况。根据前人的相关研究（Lekarp et al.，2000；Guo et al.，2013），在对数坐标下，累积应变的发展在第 100 次循环之后，将随循环加载次数呈近乎直线的发展趋势（当动应力水平不高时）。本章试验中，对 D I 15 试样（η=0.0，VCSR=0.15）进行了10000 次循环加载，其应变发展模式也验证了上述现象的存在（图 6.46（a′））。

因此，本章研究方案中的其他试样均设置为加载 1000 次循环。在已知前 1000 次循环的应变发展情况后，1000 次循环之后的应变发展将易于预测。

如图 6.46（b）或（b′）所示，竖向应变包含两部分：回弹应变 ε_z^r 及累积应变 ε_z^p。当 VCSR 相对较低时（如 0.05），无论剪应力水平是多少，随着循环次数 N 的增加，试样几乎没有产生累积应变，回弹应变也保持恒定。以 DⅡ10 为例（VCSR=0.10，η=0.25），1000 次循环加载之后累积应变依然只有 0.08%，回弹应变从第 10 次到第 1000 次循环只增加了 13.75%。随着 VCSR 的增大，试样开始

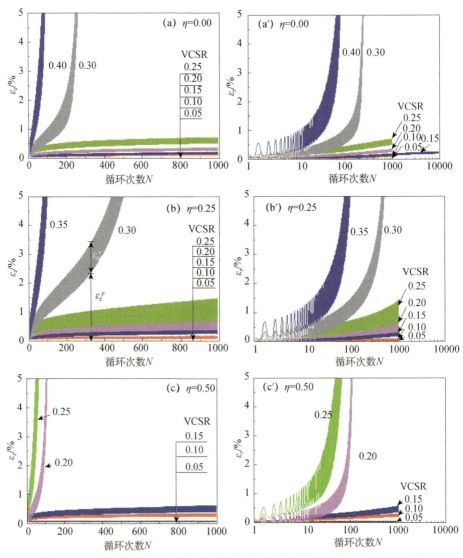

图 6.46　不同扭剪应力比及循环应力比下竖向应变随循环次数 N 的发展情况
（线性和半对数坐标）

产生累积应变，回弹应变也会随循环次数增加而增大。以 DⅡ25 为例（VCSR=0.25，η=0.25），1000 次循环加载之后累积应变达到 1.31%，回弹应变则从第 10 次到第 1000 次循环增加了 152.61%之多。当 VCSR 达到临界值后，累积应变的发展模式变得完全不同，呈骤然增长状态（即发生疲劳破坏）。这样的发展趋势与以往学者循环加载试验研究的结果是一致的（Lekarp et al.，2000a；Li et al.，2011；Wang et al.，2013），对于不同剪应力水平下的试验结果也同样成立。

但当 VCSR 大于 0.15 时，扭剪应力水平开始对试验结果有所影响，扭剪应力水平的增加将加剧试样的变形响应。图 6.47 对比了不同扭剪应力比对竖向应变发展的影响。如图所示，扭剪应力水平较高时，试样产生的累积应变也更高。当 VCSR=0.20 时，处于 η=0.50 状态的试样其累积应变发展远快于处于 η=0.25 状态的试样，并在 100 次循环加载之前就发生了破坏。当 VCSR=0.15，η 大小从 0.00 增长到 0.50 时，累积应变增至三倍（从 0.12% 增长到 0.36%）。此外，扭剪应力水平较高时，试样的回弹应变也更高。例如 VCSR=0.15 时，1000 次循环加载后，试样 DⅢ10（η=0.50）比试样 DⅡ10（η=0.25）的回弹应变值高出 74.3%。

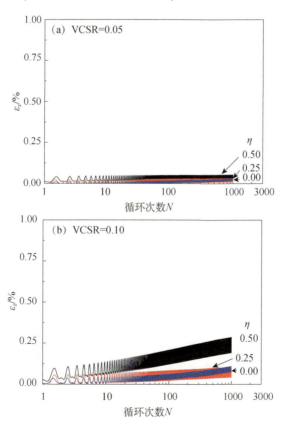

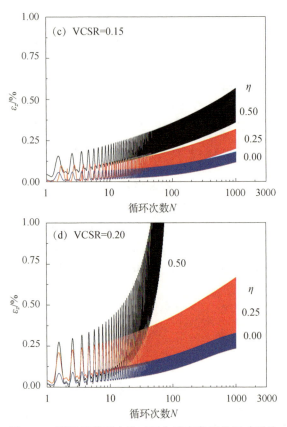

图 6.47　不同扭剪应力比对竖向应变发展的影响对比

VCSR 的临界值也受剪应力水平影响，随剪应力水平的提高，VCSR 临界值也将变小。如图 6.47 所示，处于 η=0.50 状态的试样，当 VCSR 超过 0.15 后即发生疲劳破坏；而处于 η=0.00 状态的试样，当 VCSR 达到 0.25 后依然能够维持安定状态。

　　图 6.48 能较合理地解释扭剪应力水平（主应力轴旋转作用大小）对土体变形响应的影响。该图将静力试验中不同应变水平的包络面及不同扭剪水平下的应力路径绘制在了一起。如图所示，虽然由于土体原生各向异性，包络面略呈现右大左小的形态，但交通荷载下的心形应力路径大部分出现在原点右侧，因而更易接触到右侧包络面。并且当扭剪应力水平较高时，应力路径更易接触到更大应变值的包络面，即能使土体产生更大的变形。类似的静动力关系在之前学者的研究中也有所见述（Mao and Fahey，2003；Li et al.，2017）。综合上述，更高的扭剪应力水平将加剧试样竖向应变发展，需要引起人们的重视。

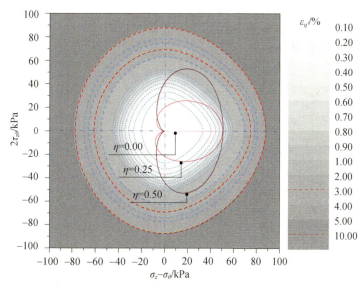

图 6.48　非对称应变包络面和不同扭剪应力比下的心形应力路径（以 VCSR=0.25 为例）

6.5.3　应变回弹与累积发展规律

1. 回弹应变分析

图 6.49 描绘了双对数坐标中在不同竖向循环应力和扭剪应力比下竖向回弹应变发展情况。如图所示，不同 VCSR 下，扭剪应力比对试样应变发展均有影响，影响程度随 VCSR 增大而增加。当 VCSR=0.05 时，回弹应变值极小，在不同扭剪应力比下循环加载 1000 次后回弹应变 $\varepsilon_{z,1000}^{r}$ 均不超过 0.05%（仪器精度为 10^{-4}）。不同 η 下的三条曲线之差也极其微小。随 VCSR 增加，不同 η 值下曲线的差别逐渐明显。当 VCSR=0.15，1000 次循环加载之后，在 η=0.25 时的回弹应变为 0.10%，是 η=0.00 时的 2 倍；在 η=0.50 时的回弹应变为 0.18%，是 η=0.00 时的 3.6 倍。当 VCSR=0.25 时，η=0.00 时的 $\varepsilon_{z,1000}^{r}$ 仅为 0.18%，而 η=0.50 的试样在 100 次循环之前便达到了 3%，并发生破坏。

此外，值得注意的是，如图 6.50 所示，对于在试验中达到破坏的试样，无论处于多大的 η 值下，其破坏应变均不超过 3%。该现象与一些以往的研究是一致的（Andersen et al.，1980；Li et al.，2011）。在以上提到的研究中，黏土在循环加载下的双幅应变均存在临界值为 3% 的破坏准则。这样的临界值相对于在其他类似研究中的临界值（如 5% 或 10%）较小（Hyodo et al.，1992；Hyodo et al.，1999；Wichtmann et al.，2013）。这个特性可归因为软黏土本身的低强度，也不排除是空心柱扭剪试样相对实心三轴试样更容易发生局部应变的原因，详见第 3 章。

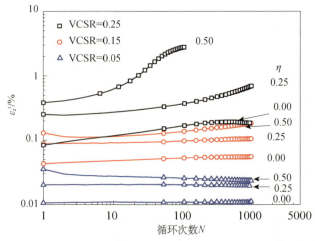

图 6.49　在不同竖向循环应力和扭剪应力比下竖向回弹应变发展情况

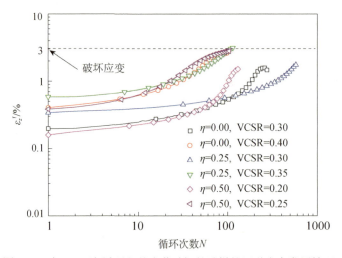

图 6.50　在 1000 次循环之前疲劳破坏的试样的回弹应变发展情况

2. 应力-应变关系分析

以 DⅡ20 为例，图 6.51 描绘了典型的循环加载下应力-应变关系曲线。图中以红色特别标出了 N=10，100，500，1000 时的四个典型滞回圈。由图可见，随循环次数增加，滞回圈逐渐向右侧倾斜。由于累积应变逐渐达到稳定值，因此单位循环次数间隔的两个滞回圈之间的距离也逐渐变小，最后 100 次循环几乎重叠在了一起。

为更好地比较滞回圈，各典型循环次数（N=10，100，500，1000）的起点全部平移至原点，去除累积应变影响后，图 6.52 对比了不同 VCSR 和 η 下的典型滞回圈。图 6.52（a）中，该试验加载情况为 VCSR=0.10 且 η=0.00，不同循环

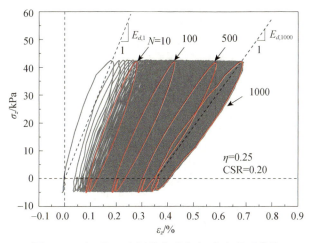

图 6.51　以 DⅡ20 为例的典型应力-应变关系曲线

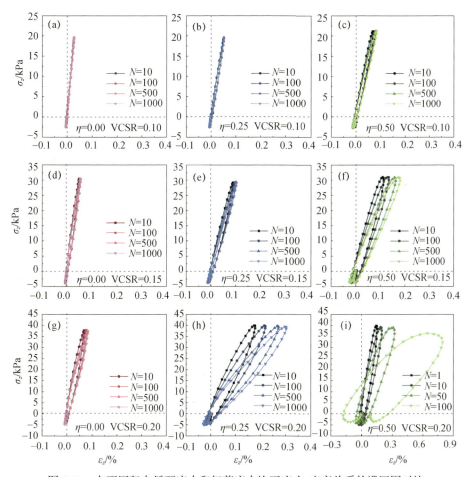

图 6.52　在不同竖向循环应力和扭剪应力比下应力-应变关系的滞回圈对比

次数加载后的滞回圈极狭窄呈直线，并且全部重合。当 η 值增加后，第 10 次循环到第 1000 次循环的滞回圈之间的区别依然不明显见图 6.52（b）和（c）。这说明当 VCSR 较小时，试样的变形响应以弹性为主，且 η 的影响很小。随 VCSR 增加见图 6.52（d）～（f），滞回圈逐渐开始呈现典型的纺锤形，滞回圈所包络的面积也逐渐增加，代表着滞回现象的出现。此外，随循环次数增加，滞回圈逐渐向右侧水平方向倾斜，体现了刚度的软化现象。该软化现象随着 η 值的加大而变得愈发明显。当 VCSR 达到一定临界值后见图 6.52（g）～（i），滞回圈开始变得非常明显。当 $\eta=0.00$ 时，滞回圈的倾斜程度尚能逐渐稳定；而当 $\eta=0.50$ 时，试样在 100 次循环之前即已破坏。图 6.52（i）中的滞回圈在纵向方向的长度随循环次数增加而缩小，这是因为试样在竖向上发生了非常明显的形变，进而截面积激增，导致竖向应力随之锐减。以上试验结果说明，η 对软黏土的刚度软化的影响随 VCSR 的增加而更加明显。

3. 动模量分析与经验模型

为了对刚度软化现象进行定量分析，不同循环次数下的竖向动模量 E_d，可计算为

$$E_\mathrm{d} = \frac{\sigma_\mathrm{d}}{\varepsilon_\mathrm{d}} = \frac{\sigma_{z,\max} - \sigma_{z,\mathrm{initial}}}{\varepsilon_{z,\max} - \varepsilon_{z,\mathrm{initial}}} \tag{6.14}$$

其中，$\sigma_{z,\max}$ 和 $\varepsilon_{z,\max}$ 分别为该循环次数内最大的竖向应力和应变，$\sigma_{z,\mathrm{initial}}$ 和 $\varepsilon_{z,\mathrm{initial}}$ 分别为该循环次数的初始竖向应力和应变，如图 6.51 所示。

图 6.53 为在线性坐标和半对数坐标下，竖向动模量在不同应力加载情况下随循环次数的发展情况。当 VCSR 较低时，E_d 基本保持不变。VCSR 增大后，在现行坐标下表现为，在初始 100 次循环左右内有所衰减，但随后趋于稳定，在半对数坐标下则呈现为一条逐渐向下发展的直线。当 VCSR 增加到一定程度时，E_d 快速衰减，试样在达到稳定状态之前即已破坏。η 对 E_d 的发展也有一定影响。以 VCSR=0.20 时为例，当 $\eta=0.00$ 时，E_d 先在初始 100 次循环快速衰减，随后达到稳定值。而当 $\eta=0.25$ 时，E_d 在 1000 次循环内都呈衰减姿态。当 $\eta=0.50$ 时，E_d 骤降并在 100 次循环时破坏。

为进一步分析未破坏试样的 E_d 衰减情况，最早由 Idriss 等（1978）提出软化指数 δ_d。该指数定义为第 N 次循环之后的剪切模量与第一次循环时的剪切模量之比：

$$\delta_\mathrm{d} = \frac{E_{\mathrm{d},N}}{E_{\mathrm{d},1}} \tag{6.15}$$

因此，所有试样的 δ_d 初始值均为 1。

基于试验结果可知，δ_d 与 N 的关系为对数关系（Idriss et al.，1978；Yasuhara et al.，1992）或半对数关系（Yasuhara et al.，1992；Zhou and Gong，2001）：

$$\delta_{\mathrm{d}} = N^{-t} \qquad\qquad (6.16)$$

或者

$$\delta_{\mathrm{d}} = 1 - d\ln(N) \qquad\qquad (6.17)$$

其中，t 和 d 分别为由应力状态和土性决定的软化参数。

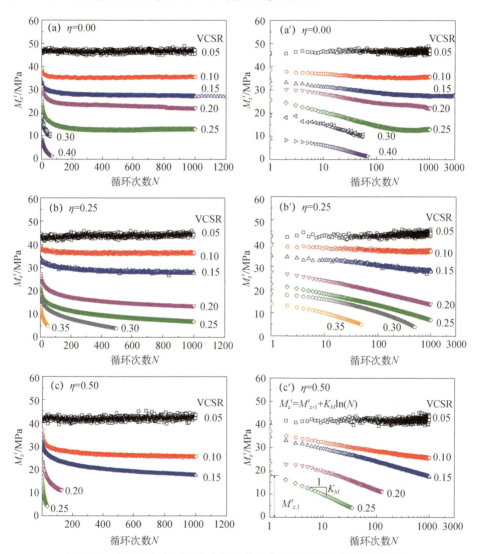

图 6.53　在不同竖向循环应力和扭剪应力比下竖向动模量发展情况

　　然而在本章试验结果中，当 VCSR 较大时，试样的动模量早在第一次循环时就会软化。如图 6.54 所示，各试验中第一次循环时的模量（$E_{\mathrm{d},1}$）随着 VCSR 的增加而降低。试样 DI25 的 $E_{\mathrm{d},1}$ 值只有 20.9 MPa，这比试样 DI05 的值低了 54.5%。

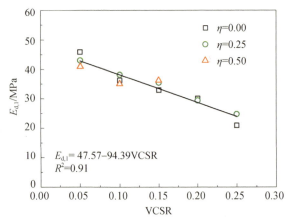

图 6.54　在不同竖向循环应力和扭剪应力比下各试样的第一次循环竖向动模量

为考虑第一次循环时发生的软化，现将软化指数重新定义为第 N 次循环之后的剪切模量与初始剪切模量之比：

$$\delta = \frac{E_{d,N}}{E_{d,\text{initial}}} \tag{6.18}$$

其中，$E_{d,\text{initial}}$ 为与当前应力状态无关的初始竖向动模量。如图 6.53 所示，当 VCSR 足够小时，E_d 保持恒定值，不随 N 变化。且该值大小亦不受不同 η 的影响。这也许是因为在这样轻微的循环荷载下土体结构几乎未受损伤，其变形响应为"弹性"。因此，在本研究中将这个稳定的值作为初始竖向动模量 $E_{d,\text{initial}}$，其均值为 44.13 MPa。

图 6.55 给出了在半对数坐标下，以 VCSR=0.15 为例，在不同 η 值影响下，δ 随 N 变化的曲线。如图所示，第一次循环时的 δ 值，δ_1 在不同 η 下几乎相等。这意味着 η 值对 δ_1 几乎没有影响。而随着循环次数 N 的增加，三条曲线呈现不同的斜率。η 值越高，曲线斜率越大。这应该是因为主应力轴旋转带来的不利影响随着循环次数的增加逐渐累积。

δ 与 $\ln(N)$ 的关系在半对数坐标下呈直线，基于试验结果建立如下公式：

$$\delta = \delta_1 + \lambda \ln(N) \tag{6.19}$$

其中，λ 为各软化曲线的斜率。

图 6.56（a）和（b）描绘了 δ_1 和 λ 分别与 VCSR 的关系。在图 6.56（a）中，δ_1 随 VCSR 增加而呈线性衰减，并且不同 η 下的关系曲线无明显区别，说明 δ_1 不受 η 影响，只与 VCSR 有关，基于该试验现象，δ_1 可以以如下公式表达：

$$\delta_1 = 1.08 - 2.14\text{VCSR} \tag{6.20}$$

再看图 6.56（b），斜率 λ 明显受到 VCSR 和 η 二者共同的影响。λ 随 VCSR 增加而呈线性减小。η 越大减小的速度也越大。此外，图 6.56（b）中的三条关系曲线均未经过原点（VCSR=0），而是与 λ=0 交于 VCSR>0 的点。联系之前对

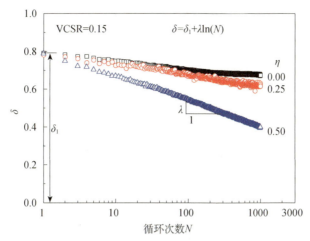

图 6.55　以 VCSR=0.15 为例，竖向动模量在不同扭剪应力比下的对比

初始动模量的分析（图 6.54），当 VCSR 很小（为 0.05）时，E_d 保持恒定值，不随循环次数发生变化。因此，对于这样的曲线，其斜率 λ 为零。也就是说，当试样受到的循环应力水平足够小时，试样刚度不发生软化，变形响应主要为"弹性"。最早由 Matsui 等（1980）定义门槛循环应力比，低于该值不会产生孔隙水压力的累积，也不会有明显的刚度软化。因此，图 6.56（b）中的截距也可看作是门槛循环应力比（TCSR）。η=0.00，0.25 和 0.50 时的 TCSR 值分别为 0.09，0.07 和 0.05。

TCSR 随 η 值的增大而减小，可表示为

$$\text{TCSR}_\eta = 0.087 - 0.080\eta \tag{6.21}$$

当 VCSR 高于门槛值时，斜率 λ 可表示为

$$\lambda = k_\eta(\text{VCSR} - \text{TCSR}_\eta) \tag{6.22}$$

其中，TCSR_η 和 k_η 均为关于 η 的无量纲参数。

图 6.57 中给出了 TCSR_η 和 k_η 与扭剪应力比的关系，k_η 的绝对值随 η 值增大而增大，与前述关于软化快慢的分析一致。k_η 可用 η 表示为

$$k_\eta = -0.12 - 0.33\eta - 0.98\eta^2 \tag{6.23}$$

将公式（6.20）～式（6.23）代表的参数全部代入式（6.19），则软化指数 δ 预测模型可表示为

$$\delta = \delta_1 + k_\eta(\text{CSR} - \text{TCSR}_\eta)\ln(N)$$
$$= (1.08 - 2.14\text{CSR}) + (-0.12 - 0.33\eta - 0.98\eta^2)[\text{CSR} - (0.087 - 0.080\eta)]\ln(N) \tag{6.24}$$

为验证模型的准确性，图 6.58 中对 VCSR=0.15 时 δ 的预测值和实测值进行对比，由图可见模型预测的准确性良好。

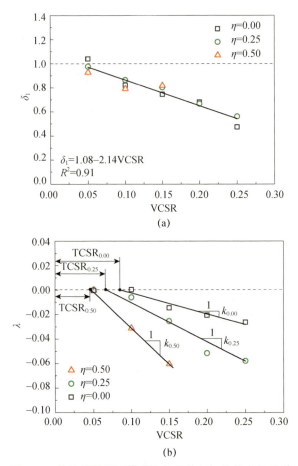

(a)

(b)

图 6.56 软化指数预测模型中的参数与加载状态的关系

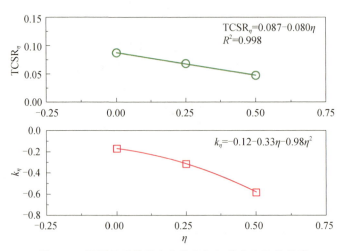

图 6.57 预测经验模型中参数值与扭剪应力比的关系

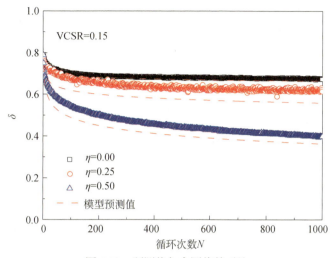

图 6.58   预测值与实测值的对比

4. 应变累积特性

图 6.59 描绘了三组不同竖向循环应力水平和扭剪应力比下竖向累积应变发展情况。当 VCSR=0.05 时，三个不同扭剪应力比之下的累积应变曲线非常接近，加载 1000 次循环后值均不超过 0.05%，这与仪器自身的精度 10^{-4} 相当。随着 VCSR 增加，累积应变发展逐渐明显，不同 η 下的曲线之间差距加大，并且这样的差距随着 VCSR 的增加而越来越大。

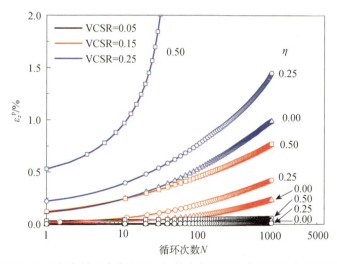

图 6.59   不同竖向循环应力水平和扭剪应力比下竖向累积应变发展情况

图 6.60 描绘了循环加载 150 次之后各试验的累积应变和相应 VCSR 的关系。对于某一 VCSR，η 值更高的试验累积应变更大，意味着扭剪应力在其中发

挥的不利影响。因此在实际工程中，受扭剪应力水平高的路基将处于更不利工况，需加以关注。

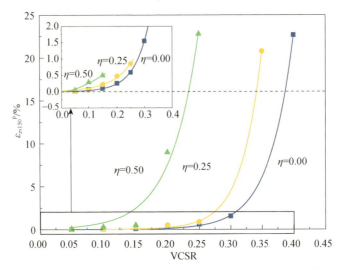

图 6.60　循环加载 150 次后不同竖向循环应力水平和扭剪应力比下的累积应变

为归一化图中的三条不同曲线，考虑剪应力水平的影响，在计算中引入总循环应力比（CSR）概念（Cai et al.，2017）：

$$CSR = VCSR\sqrt{1+4\eta^2} \tag{6.25}$$

图 6.61 为所有未破坏的试验在循环加载 1000 次之后的累积应变。归一化之后的曲线几乎重合在一起，变成了唯一的关系曲线。这说明参数 CSR 可以作为考虑主应力轴旋转的应力水平指标。

安定理论被广泛应用在道路工程设计和有关的分析中（Sharp and Booker，1984；Werkmeister et al.，2005；Karg et al.，2010；Tang et al.，2015）。根据该理论，临界循环应力比和门槛循环应力比应作为区分不同土体循环响应状态的临界值。其中，临界循环应力比并不适用于作为实际工程中的道路设计准则。因为即使低于这一值，土体依然会累积较大的孔隙水压力，产生较多的累积应变（可达10%之多（Guo et al.，2013））。门槛循环应力比的要求又过于严格，低于这一值后，土体不会累积孔隙水压力，也不会产生累积应变。显然，在工程中达到这样的标准是过于保守的，将导致不必要的成本增加。Guo 等（2013）首先提出容许循环应力比这一概念，该值的提出使得安定理论在实际工程中更具实用价值。低于容许循环应力，可以在保证安全的前提下，允许土体产生一定的孔隙水压力。在图 6.60 中，容许循环应力随着 η 的增大（更严峻的工况）显著降低。图 6.61采用 CSR 作为应力水平的指标后，考虑主应力轴旋转影响的情况下，门槛循环应力比约为 0.05，容许循环应力比约为 0.22（估值方法参照 Guo 等（2013）），临界

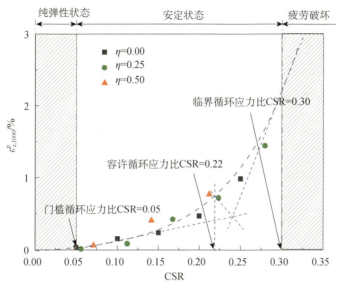

图 6.61 循环加载 1000 次后不同 CSR 下的累积应变

循环应力比约为 0.30。本章获得的容许循环应力比与 Guo 等（2013）的论文中对同批次土样各向同性固结后进行的循环三轴试验结果的值（根据本文的定义方式换算得 0.227）非常接近。

为更好预测各种交通运输设施的路基沉降大小，软黏土在循环荷载下的累积变形响应近年来一直受到关注（Lekarp et al.，2000a）。人们提出了大量的理论或基于试验结果的半经验模型，这些模型考虑了循环应力水平、循环加载次数等（Sweere，1990；Lekarp et al.，2000；Niemunis et al.，2005；Guo et al.，2013；Wang et al.，2013；Sun et al.，2015）。其中，Sweere（1990）曾提出一种幂函数形式的模型：

$$\varepsilon_z^p = aN^b \tag{6.26}$$

其中，N 为循环次数，a 和 b 为受应力水平、土性等影响的参数。

该模型的幂函数形式十分适用于对饱和温州软黏土长期循环三轴试验结果的预测（Guo et al.，2013）。对于本章中加入的主应力轴旋转影响的试验，该模型的幂函数形式依然适用（见图 6.62）。该模型只适用于处于安定状态的累积应变发展预测，在图 6.62 中也只给出了未破坏的试验结果。

如图 6.62（a）所示，a 表示第一次循环累积应变量，b 表示双对数坐标下曲线斜率。由总循环应力比 CSR 表示的考虑主应力轴旋转的累积应变预测模型为

$$a = 0.0004e^{23.7\text{CSR}} \tag{6.27}$$

$$b = -1.7\text{CSR} + 0.7 \tag{6.28}$$

为能科学地验证该模型，根据试验结果计算模型参数时并未采用 VCSR=0.10 时的三个试验（DI10，DII10 和 DIII10），这三个试验结果被单独抽取出来作

为验证组，其验证结果如图 6.63 所示，该模型可以合理地预测试验结果。

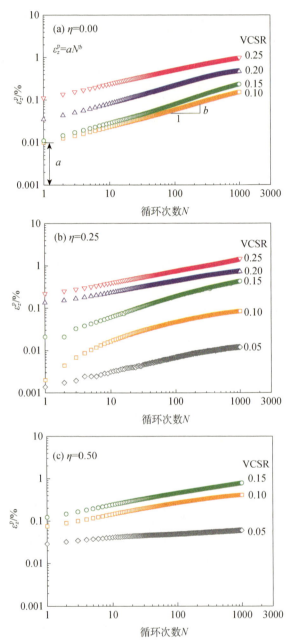

图 6.62　不同扭剪应力比下累积应变发展情况

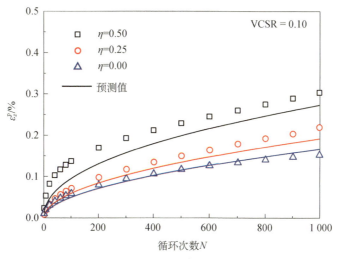

图 6.63　预测值与实测值对比

6.5.4　回弹特性与应变累积特性关系

事实上，本章试验结果中的回弹特性（软化现象）和累积变形响应特性在规律上是相似的：CSR 很小时，软化现象几乎不出现，累积应变也几乎没有产生。当 CSR 增大时，软化现象逐渐加剧，累积应变也逐渐增大。当 CSR 大到一定程度时，试样软化严重，累积应变也飞速增长直至破坏。

图 6.64 描绘了在半对数坐标下，累积应变 ε_z^p 和软化指数 δ 分别在第 500 次循环和第 1000 次循环时的关系。对于任意应力状态下的试样，ε_z^p 和 δ 之间都存在一条唯一的指数关系。这个关系与循环次数 N 无关，与竖向循环应力比 VCSR 无关，甚至与扭剪应力比 η 无关。这个关系在半对数坐标下呈直线。因此，累积应变和软化指数的关系可表示为

$$\varepsilon_z^p = e^{m+n\delta} \tag{6.29}$$

或者

$$\ln\varepsilon_z^p = m + n\delta \tag{6.30}$$

其中，参数 m 和 n 分别表示该关系曲线在半对数坐标下的截距和斜率。经回归分析，本章试验结果中的参数为 $m=0.85$，$n=-3.33$，相关性系数为 0.96。

为验证该关系曲线，以下采用了其他学者文章中（Zhou and Gong，2001；Guo et al.，2013）关于饱和软黏土在不排水条件下进行循环加载试验的数据。图 6.65 展示了这些数据在不同循环加载次数下累积应变 ε_z^p 和软化指数 δ 之间的关系。由图可见，这两个研究中的试验数据同样存在类似的指数关系。

值得指出的是，该关系曲线并不适用于所有 δ 值。如图 6.64 所示，在两个极端情况下：

（1）δ 约等于 1 时。这说明此时几乎没有发生软化现象，土体循环响应特征

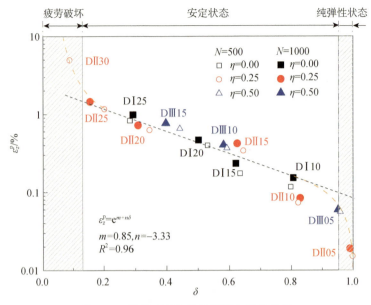

图 6.64　累积应变和软化指数之间的关系

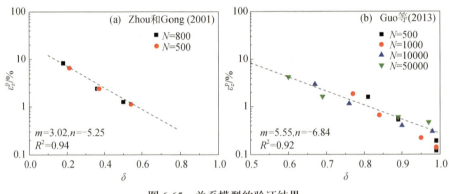

图 6.65　关系模型的验证结果

主要以"弹性"为主，并且也几乎未产生累积应变。因此，相应的数据点将在非常低的位置，这将偏离原来的直线趋势，在关系曲线右端出现一小段向下的急拐弯，如图中的试样 DⅡ05 和 DⅢ05。

（2）δ 非常接近 0 时。δ 非常小说明此时土体发生了明显的刚度软化，在这种情况下土体也会产生非常大的累积应变，并随后破坏。所以该情况下响应的数据点也将偏离原来的直线趋势。这解释了为什么 DⅡ30（破坏）偏离关系线，而 DⅡ25（未破坏）的两个点都在直线上。

这两个极端情况加上中间的主要数据段组成三个区域，恰恰代表了安定理论中对土体循环响应状态的基本分类（Collins and Boulbibane，2000；Werkmeister et al.，2005）。如图 6.64 中所标识的区域，这三个状态区域从左到右分别为：疲劳破坏、安定状态（包括弹性安定状态和塑性安定状态）和纯弹性状态。本模型更适用于处于安定状态的土体循环响应。

该关系曲线存在的原因，可以说是因为累积应变是关于循环次数的幂次函数，软化系数实际上与动模量规律一致（初始动模量为常数）——是关于循环次数的对数函数。二者在数学上存在一定的关系。循环次数和应力状态的影响都被包括在了软化指数的表达式中，因此若要以软化指数表示累积应变，很可能存在一个数学上的简易表达。从另一方面来说，累积变形响应和回弹特性都只独立地受当前土体结构影响，也就是说，某种土在某一时刻只会产生某种程度的累积变形响应和某种程度的回弹特性，这一时刻必对应着两个确定的累积变形响应和回弹特性结果。因此，一种结构的土也只有一条属于自己的关系线。当然，该关系式的普适性还需更多试验研究结果的支撑。

6.6　本章小结

本章利用 GDS 动态空心圆柱系统，对饱和软黏土进行了一系列的不排水条件下的定向剪切试验及大周数循环扭剪试验。揭示了复杂应力路径下软黏土的孔压、应变、回弹特性、非共轴特性等力学特性的发展规律，并完成相关模型构建。主要得到的结论如下：

（1）在长期纯主应力轴旋转条件下，土体依然能产生一定的变形，甚至破坏。土体主应变增量的方向及大小发展情况存在三个典型发展模式。非共轴角度的大小在周期内存在两个波峰和两个波谷，在极坐标内非共轴角的变化曲线形成了一个倾斜的椭圆区域。一般来说，在每个主应力轴旋转周期内，非共轴大小与大主应力角的变化关系是固定的，且在长期循环加载下该关系并不随循环次数变化。非共轴随着偏应力或广义偏应力线性减小。中主应力系数对此关系影响较小。当应力水平极低时，平均非共轴大小约为 45°。加载速率对周期内平均非共轴大小影响较小，但是对非共轴在周期内的波动幅度有一定影响。

（2）主应变增量大小在周期内波动近似正弦函数，在每个周期中，非共轴大小的发展曲线均存在两个波峰和两个波谷。当以 4 倍 α 作圆周轴时，主应变增量大小在极坐标内的曲线是两圈几乎重合的偏心正圆，主应变增量与大主应力角在周期内的关系可以用角函数表示。各应力水平下得到的主应变增量大小和非共轴角度大小之间的关系曲线在半对数坐标下呈近似的线性关系，主应变增量大小随着非共轴角大小的增大而减小，且中主应力系数对该线性关系影响甚微。

（3）扭剪应力水平对软黏土循环荷载下竖向刚度软化及塑性应变的累积有着不容忽视的影响，并且该影响随着竖向循环应力比的增大而增加。该现象可以从应力路径和相关静力试验所得应变包络面之间的关系解释。考虑主应力轴旋转的温州软黏土容许循环应力比为 0.22。软黏土在循环加载下竖向累积应变的发展与循环次数呈幂次关系。基于此形式，建立了考虑主应力轴旋转的温州软黏土累积应变经验模型。

（4）软化指数和累积应变的关系曲线具有一定的唯一性，并不受竖向循环应力比 VCSR、扭剪循环应力比 η 和循环次数 N 的影响。该曲线可分为三部分，即：纯弹性状态、安定状态和疲劳破坏状态。关系曲线主要部分处于安定状态，并且在半对数坐标下，曲线在该区间内呈直线。

第 7 章　饱和软黏土动强度准则及本构理论

7.1　概述

饱和软黏土动强度准则是指在动态荷载作用下，土体的强度特性及其破坏准则。动强度准则主要用于评估土体在动态荷载下的稳定性和承载能力。土体动强度准则是研究土体在动荷载作用下的力学行为的重要工具。它涉及土体的动力特性、应力-应变关系以及破坏机制等方面。动强度准则的建立基于实验室试验和现场试验数据，用于预测和评估土体在动态荷载下的表现。

饱和软黏土本构模型是描述饱和软黏土力学性质的数学方程，它可以预测土体在受载时的应力-应变关系。本构模型通过考虑土体的物理和力学性质，将复杂的土体行为简化为一组数学方程。常见的土体本构模型包括弹性模型、弹塑性模型、黏塑性模型等。这些模型的选择取决于土体类型、应用场景和工程目的。饱和软黏土本构模型在岩土工程实践中具有重要的意义。首先，它可以帮助工程师预测饱和软黏土在给定荷载下的力学行为，从而指导工程设计和结构计算。其次，本构模型可以用于评估不同土体材料及其组合的工程性能，为灾害防治、基础工程和地下结构的设计提供依据。此外，本构模型还可用于优化工程方案、确定合理的土体参数、分析土体的稳定性和变形特性等。

本章首先介绍了常用的饱和软黏土动强度准则和动本构模型，然后在广义弹黏塑性边界面（BS-EVP）框架的基础上开发了一个弹黏塑性边界面模型，以模拟黏土在单调和循环荷载作用下的行为。

7.2　饱和软黏土动强度准则

强度理论反映材料在复杂应力状态下是否屈服或者破坏，包含两个方面：

（1）破坏准则：材料破坏时破坏面的应力状态函数；

（2）屈服准则：材料弹性区和塑性区边界面处的应力状态函数。

因而可知，材料的强度准则表征其应力-应变曲线上发生破坏/屈服的特殊阶段。如图 7.1 所示，当材料的应力-应变曲线到达峰值时，该处的应力状态函数可写作 $f(\sigma_{ij},C)=0$，式中 C 为与材料性质有关的强度参数。该式是材料强度的数学表达，表现了材料的承载能力。

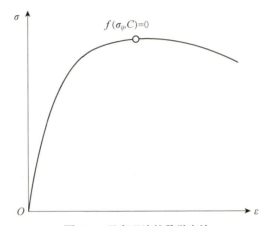

图 7.1　强度理论的数学表达

强度理论是最早研究的经典课题之一，现已在物理、力学、材料科学、地球科学和工程中得到广泛的应用，并已成为学习材料力学、塑性力学、工程力学、岩土力学、土力学、岩石力学、岩土塑性力学、材料成型力学等不同专业的基础，形成了众多研究成果。人们已对强度理论进行了大量的理论和实验研究。至目前，已经提出了上百个模型或准则，关于强度理论的应用研究的论文数以万计。强度理论的发展就像中国古语所说的那样"百花齐放，百家争鸣"。

在众多材料中，土具有显著的独特特性。由于其是由土颗粒、孔隙水和孔隙气体组成的三相介质，常表现出与其他材料显著不同的力学性质，如压硬性、剪胀性和摩擦性。土体在工程中常处于双向或三向的复杂应力状态下，不仅要承受静荷载作用，还要受到如地震荷载、波浪荷载、交通荷载以及人类活动（如打桩、爆破）产生的冲击荷载等一系列瞬时或循环荷载的作用。作为工程的基础，土体在复杂应力状态下的强度特性制约着工程的稳定性，因此关于土强度理论的研究具有极为重要的理论与工程意义。

大量研究表明，土体在低频循环动载下的强度准则可以继续沿用静强度下的强度准则（胡飞，2013）。本章将常用于饱和软黏土的强度理论的类别归纳为

图 7.2，根据数学表达式的形式，可将强度理论分为线性强度理论与非线性强度理论。线性强度理论的数学表达式为一次的线性方程，便于求得问题的解析解，得到了广泛应用。与线性强度理论相比，非线性强度理论大多都考虑了中主应力的影响，可以比较合理地描述材料的屈服和破坏特性，也便于与本构模型结合用于受荷变形分析。针对单一强度理论应用效果依赖材料特性的问题，统一强度理论考虑了所有应力分量以及它们对材料破坏的不同影响，形成了适用于各类材料的统一形式的数学表达式。

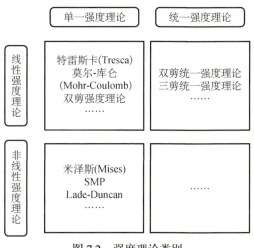

图 7.2　强度理论类别

7.2.1　线性单一强度理论

1. 特雷斯卡（Tresca）强度理论

Tresca 强度理论属于单剪强度理论，也称最大剪应力准则。该理论可表示为

$$f = \tau_{13} = C \text{ 或 } f = \sigma_1 - \sigma_3 = \sigma_t \tag{7.1}$$

式中，σ_t 为材料的拉伸屈服极限，$\tau_{13} = (\sigma_1 - \sigma_3)/2$。

通过增加静水球应力项 σ_m，推广的 Tresca 强度理论可写为

$$f = \tau_{13} + \beta\sigma_m = C \tag{7.2}$$

式中，β 为反映正应力对材料破坏的影响系数。该理论形式简单，易运用于 ABAQUS、ADINA、ANSYS、ASKA 等商业有限元软件中进行数值模拟分析。Yan 等（2018）采用 Tresca 屈服强度理论，考虑了饱和软黏土在循环荷载作用下的损伤行为，并成功应用于防波堤的分析中。Kim 等（2015）将 Tresca 强度理论应用于鱼雷锚对海床的冲击分析上，得到了应变软化、应变速率与土不排水剪切强度的关系。

2. 莫尔-库仑（Mohr-Coulomb）强度理论

在三向应力作用下，土体的受力情况可用于绘制三个应力圆，Mohr-Coulomb（M-C）强度理论最大的特点是只考虑最大的应力圆。如图 7.3 所示，黏性土的抗剪强度由 Coulomb 定理可表达为

$$\tau_f = c + \sigma \tan \varphi \tag{7.3}$$

式中，c 为土体黏聚力，σ 为法向总应力，φ 为土体内摩擦角。

Mohr 圆可通过土体的最大、最小主应力 σ_1 和 σ_3 确定，当抗剪强度线与 Mohr 圆相切时，有

$$\tau_f = \frac{\sigma_1 + \sigma_3}{2} \tan \varphi + c \tag{7.4}$$

M-C 理论属于单剪强度理论，记 $\sigma_{13} = (\sigma_1 + \sigma_3)/2$ 可表达为与式（7.2）相同的形式：

$$f = \tau_{13} + \beta \sigma_{13} = C \tag{7.5}$$

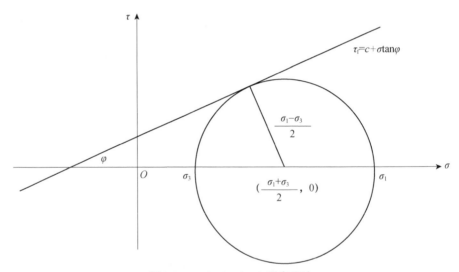

图 7.3　Mohr-Coulomb 强度理论

M-C 强度理论包含了滑动截面上正应力对土体破坏的作用，利用应力圆能直观清晰地判断土体状态与承载能力，因而广泛应用于岩土材料的研究中。针对岩土体的动强度研究，应用 M-C 理论的先决条件是确定动强度参数。邵生俊和谢定义（1991）在静力条件下 M-C 理论的基础上，通过饱和砂土的振动三轴试验和振动扭转试验，给出了动荷载下土的瞬态有效抗剪强度理论，阐明了土的有效抗剪强度包括黏聚力、内摩阻力和动黏滞力三部分，建立了瞬态有效抗剪强度的一般表达式。

M-C 理论的物理意义明确，且拥有简单的数学表达式，缺点是只考虑了三

个主应力中的最大、最小主应力 σ_1 和 σ_3，忽略了中间主应力 σ_2，这一点与试验现象不符，因此偏保守，难以发挥材料的强度潜力。同时，M-C 在三维应力空间中的屈服面存在尖顶和棱角的不连续点，导致数值计算不收敛，所以计算程序中采用 M-C 准则时常要做一些近似处理。

3. 双剪强度理论

双剪应力屈服准则由俞茂宏于 1961 年提出（姚仰平等，1994），该理论认为除了最大主剪应力外，其他主剪应力也将影响材料的屈服。由于三个主剪应力中只有两个独立量，因此只考虑两个较大的主剪应力对材料屈服的影响。双剪强度理论的数学表达式为

$$\begin{cases} f = \tau_{13} + \tau_{12} = \sigma_1 - \dfrac{1}{2}(\sigma_2 + \sigma_3) = \sigma_t, & \sigma_2 \leqslant \dfrac{\sigma_1 + \sigma_3}{2} \\ f = \tau_{13} + \tau_{23} = \dfrac{1}{2}(\sigma_1 + \sigma_2) - \sigma_3 = \sigma_t, & \sigma_2 \geqslant \dfrac{\sigma_1 + \sigma_3}{2} \end{cases} \tag{7.6}$$

通过增加静水球应力项，双剪强度理论的一般形式为

$$f = \begin{cases} \tau_{13} + \tau_{12} + \beta\sigma_m = C \\ \tau_{13} + \tau_{23} + \beta\sigma_m = C \end{cases} \tag{7.7}$$

该理论中考虑了中间主应力和静水压力的影响，研究证明该理论更适用于岩石材料。为使理论更适用于土体材料，双剪统一强度理论得以发展，该理论将在后文进行叙述。

7.2.2 非线性单一强度理论

1. 米泽斯（Mises）强度理论

Mises 强度理论认为，当应力偏量第二不变量达到某一值时，屈服开始产生，该理论可表示为

$$f = \frac{1}{\sqrt{2}} \sqrt{(\sigma_1 - \sigma_2)^2 + (\sigma_1 - \sigma_3)^2 + (\sigma_2 - \sigma_3)^2} = \sigma_t \tag{7.8}$$

李驰和王建华（2008）在不固结不排水条件下进行了大量饱和软黏土的循环三轴试验和循环扭剪试验。通过研究不同围压和不同静、动应力组合下饱和软黏土的应力、应变等效破坏关系，提出饱和软黏土的循环破坏同样遵循 Mises 屈服准则。

2. SMP 强度准则

由于 Mises 强度理论过高估计了三轴拉伸状态下土的强度，Matsuoka 等提出了能够考虑三个主应力不变量的 SMP（Shao-Matsushima-Ping）强度理论（松冈元，2001），其表达式为

$$f(I_1, I_2, I_3) = \frac{I_1 I_2}{I_3} = \frac{(\sigma_1 + \sigma_2 + \sigma_3)(\sigma_1\sigma_2 + \sigma_1\sigma_3 + \sigma_2\sigma_3)}{\sigma_1\sigma_2\sigma_3} = C \quad (7.9)$$

式中，I_1，I_2，I_3 分别为第一、第二、第三应力不变量。侯悦琪（2011）将简单各向异性砂土本构强度准则拓展到 SMP 强度准则中，通过引入各向异性张量表达式，考虑了砂土各向异性，并在不排水应力路径条件下与单元体试验结果进行了对比验证。

3. Lade-Duncan 强度理论

Lade 和 Duncan 根据真三轴强度破坏试验结果，通过考虑第三应力不变量的影响，提出了能够较好模拟三维应力状态下土体剪切屈服和破坏特性的 Lade-Duncan 强度理论。该强度理论更适用于砂土，表达式为

$$f(I_1, I_3) = \frac{I_1^3}{I_3} = \frac{(\sigma_1 + \sigma_2 + \sigma_3)^3}{\sigma_1\sigma_2\sigma_3} = C \quad (7.10)$$

应用该理论可在有限元动力分析中进行弹塑性模型的开发，在土体的强度测试中也可获得可靠结果。

7.2.3　线性统一强度理论

1. 双剪统一强度理论

为了建立适用于岩土材料的统一强度理论，双剪统一强度理论得以诞生和发展。其定义为：考虑正八面双剪单元体上的全部应力分量（图 7.4）以及它们对材料破坏的不同影响，当作用于双剪单元体上的两个较大剪应力及其面上的正应力影响函数到达某一极限值时，材料开始发生破坏。数学表达式如下：

$$f = \begin{cases} \tau_{13} + b\tau_{12} + \beta(\sigma_{13} + b\sigma_{12}) = C, & \tau_{12} + \beta\sigma_{12} \geqslant \tau_{23} + \beta\sigma_{23} \\ \tau_{13} + b\tau_{23} + \beta(\sigma_{13} + b\sigma_{23}) = C, & \tau_{12} + \beta\sigma_{12} \leqslant \tau_{23} + \beta\sigma_{23} \end{cases} \quad (7.11)$$

式中，b 为反应中间主应力作用的权系数；β 为反映正应力对材料破坏的影响系数；C 为与材料性质有关的强度参数；双剪应力 $\tau_{ij} = (\sigma_i - \sigma_j)/2$；各作用面上的正应力为 $\sigma_{ij} = (\sigma_i + \sigma_j)/2$。当 $b=0$ 时，式（7.11）退化为 Tresca 和 Mohr-Coulomb 单剪强度理论。

通过修正 b、β 等系数，双剪统一强度理论可方便地用于弹塑性解析解和其他问题。刘杰和赵明华（2006）应用双剪统一强度理论推导了刚性承台荷载与桩周土塑性区半径的解析算式。李杭州等（2014）基于双剪统一强度理论，建立了可以考虑应变硬化和应变软化的统一弹塑性模型。Cui 等（2022）利用双剪统一强度理论，推导了动弹性模量与静弹性模量之间的转化关系。

2. 三剪统一强度理论

三剪统一强度理论是胡小荣和林太清（2007）以十二面体为几何模型（图 7.5），以双剪统一强度理论为基础提出的，它是对双剪统一强度理论的完善及发展。其表达式为

$$(\alpha\sigma_1 - \sigma_3)(\sigma_1 - \sigma_3) + b(\alpha\sigma_1 - \sigma_2)(\sigma_1 - \sigma_2) + b(\alpha\sigma_2 - \sigma_3)(\sigma_2 - \sigma_3) = (1+b)(\sigma_1 - \sigma_3)\sigma_t$$

$$(7.12)$$

式中，σ_t 为材料的拉伸屈服极限；α 是材料的拉压屈服极限比，$\alpha = \sigma_t/\sigma_c$；$b$ 为中间主应力影响系数。

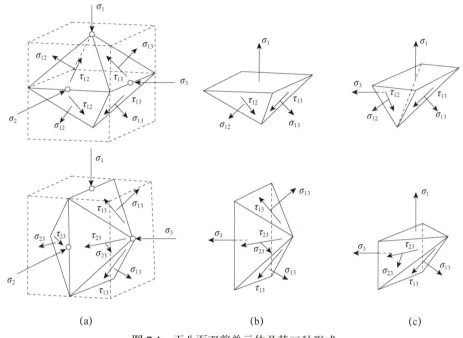

(a)　　　　　　　　　　(b)　　　　　　　　　　(c)

图 7.4　正八面双剪单元体及其三种形式

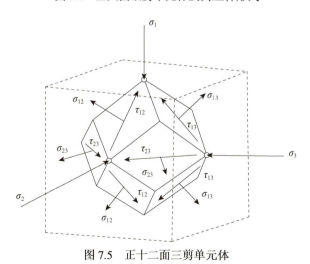

图 7.5　正十二面三剪单元体

对于不同的 b 和 α 值，三剪统一强度理论可以进行转化：

（1）外凸型统一强度理论：$0 \leqslant b \leqslant 1$；

（2）非凸型统一强度理论：$b < 0$ 或 $b > 1$；

（3）外凸型统一屈服准则：$0 \leqslant b \leqslant 1$ 且 $\alpha = 1$；

（4）非凸型统一屈服准则：$b < 0$ 或 $b > 1$ 且 $\alpha = 1$。

特别地，当 $\alpha = 1$，$b = 0$ 时，式（7.12）转化为 Tresca 屈服准则；当 $\alpha = 1$，$b = 1/3$ 时，转化为线性的 Mises 屈服准则；当 $\alpha < 1$，$b = 0$ 时，三剪统一强度理论退化为 M-C 强度理论。由此可见三剪统一强度理论包含了现今各大较为通用的强度理论，可以通过控制参数值实现自由转化。高江平和俞茂宏（2005）认为其他强度理论都是三剪统一强度理论的特殊情况或线性逼近，它包括了所有的强度理论，实现了强度理论真正意义上的统一。

理论上的高度包容性使得三剪统一强度理论的应用范围极为广泛。胡飞（2013）将三剪统一强度理论与土的动强度极限平衡概念相结合，对三剪统一强度准则公式进行转化，并考虑到材料的循环衰减特性，加入动荷载强度折减修正系数，推导出了适合计算一般岩土类材料的动强度公式。并进一步考虑土的动力特性，结合适合黏土的边界面理论，充分考虑土的初始循环硬化和循环软化特性，推导了适合饱和黏土固结不排水条件的动本构模型。

7.3 饱和软黏土动本构模型

土体在动荷载条件下的力学行为极其复杂，它在不同荷载条件、土性条件及排水条件下表现出极不相同的动力特性。要建立一个能适用于各种不同条件的动本构模型是不切实际的。应根据不同的土体材料条件与计算要求，建立保留主要因素且能反映实际情况的本构模型。土体的动本构模型主要可分为以下几类。

7.3.1 黏弹性模型

常用的黏弹性理论有等效线性模型和曼辛型非线性模型两大类。等效线性模型将土体视作黏弹性材料，不考虑卸载与再次加载时的应力-应变曲线（即滞回曲线）的详细数学表达式，而是给出等效弹性模量和等效阻尼比随剪应变幅值和有效应力状态变化的表达式；曼辛型非线性模型根据不同的加载条件、卸载后再加载条件直接给出动应力-应变的表达式。在给出初始加载条件下的动应力-应变关系式（即骨干曲线方程）后，再利用曼辛二倍法得出卸载后再加载条件下的动应力-应变关系，以构成滞回曲线方程。

沈珠江（1983）对等价黏弹性模型进行了比较全面的研究，认为完整的黏弹性模型应包含 4 个经验公式：①平均剪切模量；②阻尼比；③永久体应变增量和永久剪切应变增量；④对于处于完全不排水及部分排水条件下的饱和软黏土体，还需要给出孔隙水压力增长和消散的模型。

尽管黏弹性模型存在不足，如不能考虑应变软化、不能考虑应力路径的影响、不能考虑土的各向异性以及大应变时误差大等，但其形式上直观简单，经过适当处理和改进后结合动力有限元程序，可以计算出循环荷载下孔隙水压力和永久变形的平均发展过程（Gräbe et al.，2009）。

7.3.2　弹塑性模型

弹塑性模型将总变形分为弹性部分和塑性部分，分别用胡克定律和塑性理论进行求解，该理论多适用于软土的应力-应变求解。Roscoe 等（1963）于 1963 年提出了著名的剑桥模型，这是第一个全面考虑重塑正常固结或弱超固结黏土的压硬性和剪胀性的模型。随后在 1968 年提出了修正剑桥模型，形成了以状态面理论为基础的剑桥模型的完整理论体系。修正剑桥模型具有众多优点：①形式简单；②模型参数少，只需常规三轴试验即可确定参数；③参数物理意义明确，能够很好地反映重塑正常固结或弱超固结黏土的压硬性和剪缩性。因此修正剑桥模型是土力学中比较成熟的弹塑性本构模型，至今仍广泛应用于研究和工程实践中。

但修正剑桥模型存在一定局限性：屈服面只是塑性体应变的等值面，只采用塑性体应变作硬化参量，没有充分考虑剪切变形；只能反映土体剪缩，不能反映土体剪胀；没有考虑土的结构性这一根本内在因素的影响；在屈服面内加载仍会产生塑性变形等。为将剑桥模型应用于饱和软土的动力问题中，众多研究对该模型进行了改进与扩展。Li 和 Meissner（2002）在临界状态土力学和运动硬化的基础上提出了一个双面模型，用以预测饱和黏性土循环荷载下的不排水特性。Hong 等（2016）对修正剑桥模型进行了改进，用于描述天然硬黏土从弹性到塑性的过渡。在 Hong 等的研究基础上，Chen 等（2019）展开了进一步改进，用于描述循环荷载条件下饱和黏土的重要特征，如闭合的滞回环、循环安定和退化特性以及双向加载的不同应力-应变关系。在弹塑性理论中，卸载再加载过程中的应力-应变关系被假定为弹性，但实际上这一过程中也会产生塑性应变。该荷载条件会使正常固结黏土在再次加载过程中处于超固结状态，并产生塑性应变。为解决屈服面内应力状态无法造成塑性应变的问题，Hashiguchi（1977）提出下负荷面的概念，在该概念的描述下，能较好地反映土体的滞回特性、塑性应变积累性等主要循环加载特性。张锋和叶冠林（2007）在剑桥模型的基础上，借用 Nakai 和 Hinokio（2004）提出的土的密度的概念，加入了一个反映土体超固结比的状态变量 ρ，结合下负荷面的概念，推导了一个超固结重塑黏土的下负荷面剑桥模型。能够较为精确地描述超固结黏土的体积剪胀、应变软化等力学特性。

7.3.3　弹黏塑性模型

大量的试验研究和现场观测表明，饱和黏土具有显著的与时间和速率相关的力学行为，如应变速率敏感性、蠕变和应力松弛等。准确分析这类问题需要建立考虑土体黏性的本构模型，主要有两种思路如下所述。

1. 内时理论

内时理论由 Valanis（1971）于 1971 年提出，该理论认为塑性和黏性材料内任一点的应力状态是该点邻域内整个变形和温度历史的泛函。分析过程中采用内蕴时间来度量不可逆变形的历史，其大小取决于变形中的材料特性和变形程度。采用内时理论建立本构模型需要引入大量参数，这导致求解困难，因此目前使用较少。

2. 过应力理论

过应力理论由 Perzyna（1966）于 1961 年提出，该理论在经典塑性理论的基础上引入了与时间速率相关的黏塑性流动法则，将屈服面概念与土的黏滞性结合，来描述土体与时间相关的硬化或软化现象。例如，用硬化或软化函数来确定应变、应变速率和有效应力这些反映土体力学状态量的变化。结合过应力理论开展蠕变和应变率两类流变数值试验，是建立土体弹黏塑性本构模型的主要方法。

基于过应力理论建立的弹黏塑性模型，按照屈服面的选取，可以分为单屈服面模型和双屈服面模型。

单屈服面模型中通常选取体积屈服面（如剑桥屈服面）或剪切屈服面（如 Mohr-Coulomb 屈服面），并采用正交流动法则来确定黏塑性应变增量的方向。Adachi 和 Oka（1982）采用单屈服函数，建立了能考虑加荷速率影响和反映应变形时间效应的模型。该模型在修正后（Adachi et al.，1987）可进一步描述不排水蠕变的破坏特性和应变软化特性。Niemunis 和 Krieg（1996）认为黏塑性变形可以在参考屈服面内或外发生，由此建立了一个一维弹黏塑性模型。廖红建等（1998）采用非相关流动法则，屈服面和塑性势面都采用修正剑桥模型的形式，建立了一个考虑时间效应、剪胀性的弹黏塑性模型，在应力状态接近临界状态线时，该模型可以反映剪胀现象。

双屈服面过应力模型采用剪切屈服面和体积屈服面，分别用以解释体积蠕变和剪切蠕变，因此能比单屈服面模型更好地解释黏土的应变率效应。Hsieh 等（1990）将广义 Mises 屈服面镶嵌于修正剑桥模型的屈服面内，建立的模型能很好描述偏应力流变破坏。詹美礼等（1993）将殷宗泽的双屈服面模型与软土的流变性相结合，建立了带双屈服面的弹黏塑性固结模型，能较好地反映土体的剪胀、剪缩与流变特性。

为进一步研究黏土在循环荷载作用下对加载频率的依赖性，Dafalias（1982）提出了一个结合弹塑性和黏塑性的边界面（BS-EP/VP）框架。该框架中认为非弹性应变可分解为塑性（与时间无关）和黏塑性（与时间相关）两个分量。另有假设将非弹性应变全归为与时间相关的黏塑性应变，这意味着任何不可逆变形的发展都需要相应的时间，这是弹黏塑性（EVP）过应力理论的核心。在这一假设下，Shi 等（2019）结合 EVP 过应力理论与边界面塑性，提出了广义弹黏塑性边界面（BS-EVP）框架。通过该框架建立起来的模型有两大特点：①实现了低应变率向与应变率无关的边界面模型的自然过渡，简化了材料参数的标定；②不可恢复应变率完全取决于当前状态，消除了求解中的模型病态性和网格敏感性。

7.4　基于 BS-EVP 框架的弹黏塑性边界面模型

Huang 等（2022）在 BS-EVP 框架基础上开发了一个弹黏塑性边界面模型，以模拟黏土在单调和循环荷载作用下的行为。该模型中，应变被分解为弹性和黏塑性分量：

$$\dot{\varepsilon}_p = \dot{\varepsilon}_p^{\mathrm{e}} + \dot{\varepsilon}_p^{\mathrm{vp}} \tag{7.13}$$

$$\dot{\varepsilon}_q = \dot{\varepsilon}_q^{\mathrm{e}} + \dot{\varepsilon}_q^{\mathrm{vp}} \tag{7.14}$$

上标 e 和 vp 分别代表弹性与黏塑性分量，叠加点标记表示时间变化率。

与时间无关的各向同性弹性应变分量控制方程为

$$\dot{\varepsilon}_p^{\mathrm{e}} = \frac{\dot{p}}{K} \tag{7.15}$$

$$\dot{\varepsilon}_q^{\mathrm{e}} = \frac{\dot{q}}{3G} \tag{7.16}$$

K 和 G 分别为弹性体积模量与弹性剪切模量：

$$K = \frac{1+e_0}{\kappa} p, \quad G = \frac{3(1-2\nu)}{2(1+\nu)} K \tag{7.17}$$

式中，e_0 为初始孔隙比，κ 是 e-$\ln p$ 平面内各向同性卸载再加载线的斜率，ν 是泊松比。

由 Perzyna 的过应力理论知，黏塑性应变率由黏性函数计算：

$$\dot{\varepsilon}_p^{\mathrm{vp}} = \langle \varPhi \rangle R_p \tag{7.18}$$

$$\dot{\varepsilon}_q^{\mathrm{vp}} = \langle \varPhi \rangle R_q \tag{7.19}$$

R_p 和 R_q 分别为流变的体积和剪切分量。$\varPhi$ 为黏性函数，也是过应力 F 的函数：

$$\langle \varPhi(F) \rangle = \begin{cases} 0, & \varPhi(F) \leqslant 0 \\ \varPhi(F), & \varPhi(F) > 0 \end{cases} \tag{7.20}$$

引入倾斜边界面考虑天然沉积黏土的初始各向异性：

$$\bar{f}(\bar{p}, \bar{q}, \bar{p}_0, \alpha) = (\bar{q} - \alpha \bar{p})^2 - (M^2 - \alpha^2)\bar{p}(\bar{p}_0 - \bar{p}) = 0 \tag{7.21}$$

$(\bar{p}, \bar{q})$ 为映射应力，是实际应力 (p, q) 经过应力空间原点在边界面上的映射。

图 7.6 为率无关边界面模型与率相关边界面模型的示意图。M 为临界应力

比；p_0 和 α 是两个硬化变量，分别控制着边界面的大小和倾角。

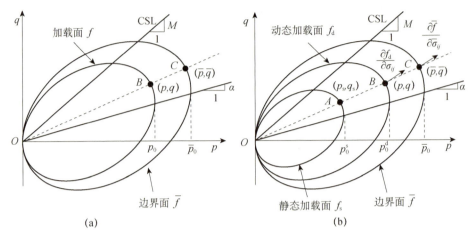

图 7.6 （a）率无关边界面模型；（b）率相关边界面模型

将实际应力偏离静态加载面的程度 （$p_0^d / p_0^s - 1$） 作为过应力函数 F 的度量，建立指数形式的黏性函数：

$$\Phi(F) = \mu[\exp(NF) - 1] = \mu \left\{ \exp \left[N \left(\frac{p_0^d}{p_0^s} - 1 \right) \right] - 1 \right\} \tag{7.22}$$

式中，μ 和 N 为黏性材料参数。

在图 7.6 的径向映射规则下，实际应力和静态应力可以通过以下表达式与映射应力相关联：

$$\overline{p} = b_d p, \quad \overline{q} = b_d q \tag{7.23}$$

$$\overline{p} = b_s p, \quad \overline{q} = b_s q \tag{7.24}$$

b_d、b_s 分别为动、静态加载面与边界面的相似比。由于投影中心在应力空间的原点，故根据径向映射规则，过应力函数可写为

$$F = \frac{p_0^d}{p_0^s} - 1 = \frac{b_s}{b_d} - 1 \tag{7.25}$$

代入式（7.22）得到黏性函数：

$$\Phi(F) = \mu[\exp(NF) - 1] = \mu \left\{ \exp \left[N \left(\frac{b_s}{b_d} - 1 \right) \right] - 1 \right\} \tag{7.26}$$

模型中采用了关联流动规则，并将边界面作为黏塑性势面。由此，塑性流动方向的体积分量和剪切分量分别为

$$R_p = \frac{-2\alpha(\overline{q} - \alpha\overline{p}) - (M^2 - \alpha^2)(\overline{p}_0 - 2\overline{p})}{\sqrt{[-2\alpha(\overline{q} - \alpha\overline{p}) - (M^2 - \alpha^2)(\overline{p}_0 - 2\overline{p})]^2 + [2(\overline{q} - \alpha\overline{p})]^2}} \tag{7.27}$$

$$R_q = \frac{2(\overline{q} - \alpha\overline{p})}{\sqrt{[-2\alpha(\overline{q} - \alpha\overline{p}) - (M^2 - \alpha^2)(\overline{p}_0 - 2\overline{p})]^2 + [2(\overline{q} - \alpha\overline{p})]^2}} \quad (7.28)$$

模型中有 3 个硬化内变量：$\overline{p}_0$、α 和 b_s。前两者分别控制边界面的各向同性硬化和旋转硬化。由修正剑桥模型得，$\overline{p}_0$ 的时间变化率由体积黏塑性应变率决定：

$$\dot{\overline{p}}_0 = \frac{1 + e_0}{\lambda - \kappa} \overline{p}_0 \dot{\varepsilon}_p^{vp} = \langle \Phi \rangle \frac{1 + e_0}{\lambda - \kappa} \overline{p}_0 R_p \quad (7.29)$$

结合式（7.21）和（7.23），加载面 $f = 0$ 可表达为

$$f = \overline{f}(\overline{p}(p,b), \overline{q}(p,b), \overline{p}_0, \alpha) = 0 \quad (7.30)$$

式中，b 为图 7.6（a）中加载面与边界面的相似比。

在式（7.30）上应用一致性条件：

$$\frac{\partial f}{\partial p}\dot{p} + \frac{\partial f}{\partial q}\dot{q} + \frac{\partial f}{\partial \overline{p}_0}\dot{\overline{p}}_0 + \frac{\partial f}{\partial b}\dot{b} = 0 \quad (7.31)$$

基于链式法则，式（7.31）中各偏导项可以写为

$$\begin{cases} \dfrac{\partial f}{\partial p} = \dfrac{\partial \overline{f}}{\partial \overline{p}}\dfrac{\partial \overline{p}}{\partial p} = b\dfrac{\partial \overline{f}}{\partial \overline{p}} \\[2mm] \dfrac{\partial f}{\partial q} = \dfrac{\partial \overline{f}}{\partial \overline{q}}\dfrac{\partial \overline{q}}{\partial q} = b\dfrac{\partial \overline{f}}{\partial \overline{q}} \\[2mm] \dfrac{\partial f}{\partial \overline{p}_0} = \dfrac{\partial \overline{f}}{\partial \overline{p}_0} \\[2mm] \dfrac{\partial f}{\partial b} = \dfrac{\partial \overline{f}}{\partial \overline{p}}\dfrac{\partial \overline{p}}{b} + \dfrac{\partial \overline{f}}{\partial \overline{q}}\dfrac{\partial \overline{q}}{b} = \dfrac{\partial \overline{f}}{\partial \overline{p}}p + \dfrac{\partial \overline{f}}{\partial \overline{q}}q \end{cases} \quad (7.32)$$

结合式（7.31）与（7.32），并代入塑性模量，得到相似比 b 的速率方向：

$$\hat{b} = \frac{-bK_p + \overline{K}_p}{\dfrac{\partial \overline{f}}{\partial \overline{p}}p + \dfrac{\partial \overline{f}}{\partial \overline{q}}q} \quad (7.33)$$

式中：

$$\begin{cases} \dfrac{\partial \overline{f}}{\partial \overline{p}} = -2\alpha(\overline{q} - \alpha\overline{p}) - (M^2 - \alpha^2)(\overline{p}_0 - 2\overline{p}) \\[2mm] \dfrac{\partial \overline{f}}{\partial \overline{q}} = 2(\overline{q} - \alpha\overline{p}) \end{cases} \quad (7.34)$$

同样地可以推导出相似比 b_s 的速率方向：

$$\hat{b}_s = \frac{-b_s K_p^* + \overline{K}_p}{\dfrac{\partial \overline{f}}{\partial \overline{p}}p_s + \dfrac{\partial \overline{f}}{\partial \overline{q}}q_s} \quad (7.35)$$

式中：

$$K_p^* = \bar{K}_p + h\bar{p}_0^3(b_s - 1) \tag{7.36}$$

b_s 的硬化规律可以表示为

$$\dot{b}_s = \langle \Phi \rangle \hat{b}_s \tag{7.37}$$

在所开发的模型中，采用率无关边界面中的塑性标量因子确定应力反转后再加载的开始时间。通过实际受力状态，对静态加载面进行重新定位。因此，在卸载后的再加载过程中，黏性函数的值可以保持为正，黏塑性应变会立即恢复。

综上所述，该弹黏塑性模型的特点有：

（1）使用旋转边界面来考虑天然黏土的初始各向异性条件；

（2）只需一个过应力函数来定义土体的黏性行为；

（3）过应力函数由静态和动态加载面定义，允许边界面内的应力状态存在黏塑性应变；

（4）假定硬化参数与累积黏塑性偏应变相关，可以更好地模拟黏土的循环特性；

（5）通过静态加载面重定位，实现了循环加载下黏塑性变形的积累。

用 Hinchberger 和 Rowe（2005）的不排水三轴试验数据验证所建立的模型。图 7.7 比较了不同应变率下应力-应变关系和有效应力路径的结果，发现模型与试验数据吻合较好，能准确预测较高应变率下土体的响应。

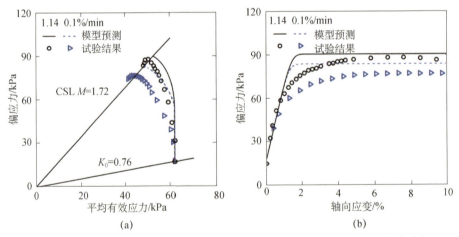

图 7.7　不同应变率下不排水三轴试验的模型预测和试验结果：（a）有效应力路径；
（b）应力-应变关系

加载频率是影响黏性响应的重要因素。图 7.8 给出了在不同加载频率下不排水循环三轴试验的数值模拟结果。模拟中循环次数为 500，循环偏应力幅值恒定为 36 kPa。当加载频率从 0.5 Hz 增加到 2.0 Hz 时，累积轴向应变和孔压均减小。尽管模拟结果与试验结果存在差异，但该差值可通过进一步优化塑性模量表达式实现减小。模拟结果表明，所开发的模型能够合理地模拟海洋黏土在高循环次数下的循环响应。

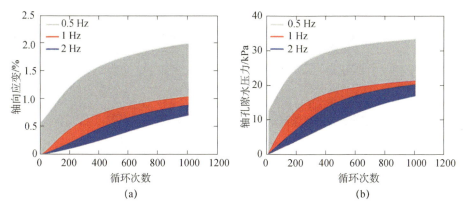

图 7.8　不同加载频率下不排水循环三轴试验的数值模拟：（a）轴向应变；（b）孔隙水压力

7.5　本章小结

本章首先介绍了常用的饱和软黏土动强度准则和动本构模型，然后在 BS-EVP 框架基础上开发了一个弹黏塑性边界面模型，以模拟黏土在单调和循环荷载作用下的行为。

（1）强度理论反映材料在复杂应力状态下是否屈服或者破坏，包含破坏准则和屈服准则两个方面。目前常用的线性单一强度理论包括 Tresca 强度理论、Mohr-Coulomb 强度理论和双剪强度理论；非线性单一强度理论包括 Mises 强度理论、SMP 强度准则和 Lade-Duncan 强度理论；线性统一强度理论包括双剪统一强度理论和三剪统一强度理论。

（2）土体在动荷载条件下的力学行为极其复杂，它在不同荷载条件、土性条件及排水条件下表现出极不相同的动力特性。应根据不同的土体材料条件与计算要求，建立保留主要因素且能反映实际情况的本构模型。目前常用的土体的动本构模型主要可分为黏弹性模型、弹塑性模型和弹黏塑性模型。

（3）在 BS-EVP 框架基础上开发了一个弹黏塑性边界面模型，以模拟黏土在单调和循环荷载作用下的行为。该模型使用旋转边界面来考虑天然黏土的初始各向异性条件；过应力函数由静态和动态加载面定义，允许边界面内的应力状态存在黏塑性应变；假定硬化参数与累积黏塑性偏应变相关，可以更好地模拟黏土的循环特性；通过静态加载面重定位，实现了循环加载下黏塑性变形的积累。通过与试验结果对比，表明所开发的模型能够合理地模拟黏土在高循环次数下的循环响应。

交通荷载下软土路基长期沉降分析和控制

8.1 概述

我国东南沿海地区深厚饱和软黏土广泛分布，随着经济的快速发展，软黏土地基上已建和在建大量高速公路、铁路、机场跑道等重大工程。软黏土含水量高、渗透性差、压缩性大、强度低，力学特性复杂。路堤静荷载和交通动荷载长期循环往复作用引起地基土应变累积、强度降低，导致重大工程过大变形和失稳等灾变，造成巨大经济损失，甚至威胁生命安全。以甬台温高速公路平苍段为例，通车 13 个月后，路基平均沉降量已达 45 cm，平均月沉降量为 3.46 cm；沪杭甬高速公路自 1998 年年底全线建成通车以来，最大沉降已达 2 m，在 2016 年仍以 4 mm/月的速率发展。除去软黏土地基本身固结不完全或蠕变沉降的原因，建成后产生大量沉降的另外很大一部分原因就来自交通荷载——以上海地铁一号线为例，在施工完成后到向公众开放前的 27 个月期间内，地铁线总沉降仅为平均 6 mm；然而，在开始服役的最初一个月期间，总沉降飙升约 60 mm，通车 15 年内总沉降最高达 295 mm。类似问题普遍存在于其他工程当中，交通荷载对土体及其上结构造成的影响不容忽视。超预期的沉降往往导致高额的维护成本，以及运行上的诸多问题（如"桥头跳车"问题、路面车辙（ratting）问题、路面开裂等），甚至威胁生命安全（如沉陷事故等）。

围绕过大变形机理不清晰、交通动力特性难表征、长期沉降控制缺准则的科学难题，本章首先基于本书黏土长期循环累积变形计算模型得到软基道路长期沉降计算方法，并通过某高速公路长期监测数据进行验证，然后提出了软基道路长期沉降控制准则。

8.2　软基道路长期沉降计算方法

8.2.1　黏土长期循环累积变形计算模型

图 8.1 展示了 VCSR=0.143 时竖向应变（ε_z）随循环次数（N）的演变。随着 N 增加，试样的 ε_z 不断增加。在相同的 VCSR 下，随着剪应力比（η）的增加，ε_z 逐渐增加。这说明了交通荷载引起的主应力旋转是不可忽视的，需要提出一个考虑主应力旋转效应的长期循环累积变形计算模型。

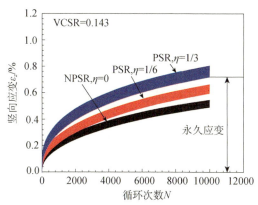

图 8.1　竖向应变随循环次数的演化（Adachi and Oka，1982）

Tang 等（2015）通过循环三轴试验（CT）研究了佛山软黏土的变形行为，得出 Matsui 等（1980）定义的阈值循环应力比（TCSR）为 0.03。同样，Cai 等（2017）也指出，在空心圆柱扭剪试验（CHCA）中，温州软黏土的 TCSR 为 0.03。考虑到低于 TCSR 的 CSR 不会导致永久应变的显著发展，图 8.2 总结了当 CSR>0.03 时，在 $\log(\varepsilon_p)$-$\log(N)$ 平面中，各种 CSR 下永久应变的发展。结果表明，在 100 至 10000 的范围内，$\log(\varepsilon_p)$-$\log(N)$ 呈线性关系，这表明在低幅值应力水平下，循环次数和永久应变遵循简单的幂函数关系。

为了计算循环荷载下软黏土的永久应变，Monismith 等（1975）提出了一个幂函数方程（$\varepsilon_p=aN^b$），该方程被不断改进并成功应用于预测路堤沉降。Wang 等（2013）对温州软黏土试样进行了 50000 次循环 CT 试验，并提出了计算永久应变的经验方程，如下所示：

$$\varepsilon_p = \varepsilon_{p,N_r}\left(\frac{N}{N_r}\right)^{\lambda} \tag{8.1}$$

其中，N_r 为参考循环次数；ε_{p,N_r} 为 N_r 对应的永久应变；λ 为 $\log(\varepsilon_p)$-$\log(N)$ 平面中直线的斜率。本章选择 1000 个循环作为 N_r，方程式（8.1）可以改写为

$$\varepsilon_p = \varepsilon_{p,1000}\left(\frac{N}{1000}\right)^{\lambda} \tag{8.2}$$

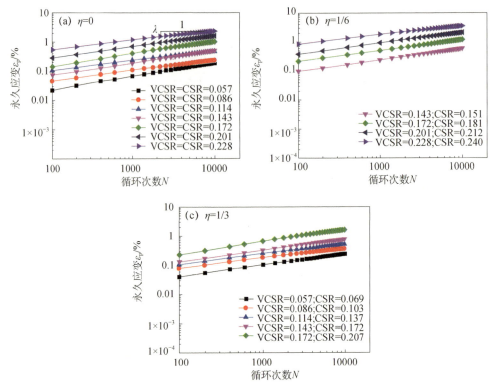

图8.2　NPSR 和 PSR 试验中累积应变随循环次数变化情况（双对数坐标）：
（a）$\eta=0$；（b）$\eta=1/6$；（c）$\eta=1/3$

　　图8.3 展示了在1000次循环下永久竖向应变（$\varepsilon_{p,1000}$）与 CSR 之间的线性关系，主应力旋转（PSR）不影响该线性关系。这意味着，尽管永久应变的发展取决于 VCSR 和 η，但 VCSR 和 η 的耦合效应可以由单个 CSR（$=$VCSR$(1+4\eta^2)^{0.5}$）来反映。上述线性关系可以用指数型方程表示：

$$\varepsilon_{p,N_{1000}} = a\mathrm{e}^{b\mathrm{CSR}} \tag{8.3}$$

其中，a 和 b 取决于土性质和荷载条件。

　　本章选择 CSR=0.1 作为参考循环应力比 $\mathrm{CSR_r}$。参数 a 定义为 $\mathrm{CSR_r}$ 下 1000 次循环的永久应变为 0.15。参数 b=15.69，是一个常数，表示 $\ln(\varepsilon_{p,1000})$-CSR 平面中直线的斜率。因此，方程式（8.3）可改写为

$$\varepsilon_p = a\mathrm{e}^{b(\mathrm{CSR}-\mathrm{CSR_r})}\left(\frac{N}{1000}\right)^{\lambda} \tag{8.4}$$

　　为了确定方程（8.4）的参数 λ，绘制了图8.4。温州软黏土的 λ 是一个常数，为 0.35。这意味着 λ 也与 PSR 无关。之前的研究人员在 CT 试验中已经发现 λ 可能为常数值，并大致认为 λ 只与土的性质有关（Ansal and Erken，1989；Andersen et al.，1980）。

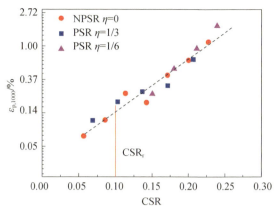

图 8.3　循环 1000 次后温州软黏土竖向累积应变与 CSR 关系（半对数坐标）

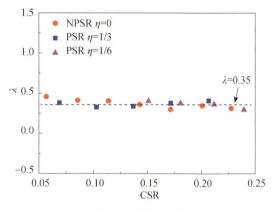

图 8.4　确定温州软黏土的参数 λ

　　Qian 等（2016）对上海软黏土进行了一系列的循环心形和循环三轴不排水试验。原状土样取自上海市黄浦区一个 $10\sim15\text{m}$ 深的基坑。试验的上海软黏土的基本性质如下：天然含水量 w_n=51.8%；比重 G_s=2.74；液限 w_L=44.17%；塑性指数 I_p=22.4；初始孔隙比 e_0=1.402。试样在不同有效围压（p_0'）下各向同性固结。固结完成后，在不排水条件下对试样施加 $0.05\sim0.175$ 范围的 VCSR 以及 η 为 1/4 的心形应力路径。使用的加载频率为 1 Hz，循环加载次数为 10000 次。同样地，方程（8.4）中上海软黏土的三个参数 a、b、λ 也可以从图 8.5 和图 8.6 中确定，分别为 0.10，13.91 和 0.34。

　　测试黏土的基本性质如下：天然含水量 w_n=45.5%；比重 G_s=2.67；液限 w_L=40.8%；塑性指数 I_p=21.6；初始孔隙比 e_0=1.33。试样在 100 kPa 的有效围压下进行各向同性固结。固结后，施加 VCSR=0.07，η=0.32 的心形加载路径。为了直接观察加载频率的影响，图 8.7 中绘制了不同循环次数（N=10，100，1000）下的永久应变与加载频率的关系图。永久应变随着频率的增加而减小，它们之间的

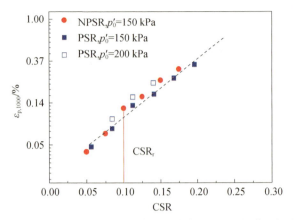

图 8.5　循环 1000 次后上海软黏土竖向累积应变与 CSR 关系（半对数坐标）

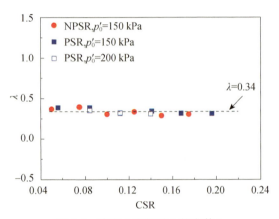

图 8.6　确定上海软黏土的参数 λ

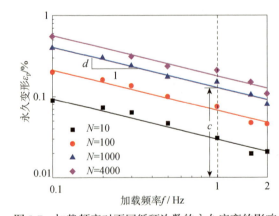

图 8.7　加载频率对不同循环次数的永久应变的影响

关系可以用幂函数来描述：

$$\varepsilon_p = c f^{-d} \tag{8.5}$$

其中，c 和 d 主要由土的性质决定。d 表示在 $\log(\varepsilon_p)$-$\log(f)$ 平面中直线的斜率，其值恒定为 0.5 左右，与加载持续时间无关。c 是 $f=1$ Hz 时的永久应变。考虑到加载频率效应，方程式（8.4）还可以写成

$$\varepsilon_p = \varepsilon_{p,1000}^{1\,Hz}\, f^{-d} \left(\frac{N}{1000}\right)^{\lambda} \ \ 或 \ \ \varepsilon_p = \left[a\mathrm{e}^{b(\mathrm{CSR}-\mathrm{CSR}_f)}\right]_{1\,Hz}\, f^{-d} \left(\frac{N}{1000}\right)^{\lambda} \qquad (8.6)$$

为了验证方程（8.6）预测长期永久应变的可行性，计算获得了不同 CSR 的竖向永久应变，并将试验结果进行比较。原状温州和上海黏土的对比结果分别如图 8.8、图 8.9 和 图 8.10 所示。在 NPSR、PSR 以及不同 f 的试验中，测试值和预测值能很好地匹配。在图 8.10 的情况下，$\varepsilon_{p,1000}^{1\,Hz}$ 和 λ 分别为 0.128% 和 0.28。

本章提出的模型涉及多个影响因素，例如，竖向循环应力、围压、主应力旋转和加载频率。该模型引入了四个参数，可以通过数次循环三轴试验轻松确定。图 8.11 解释了确定参数的程序。流程详述如下：

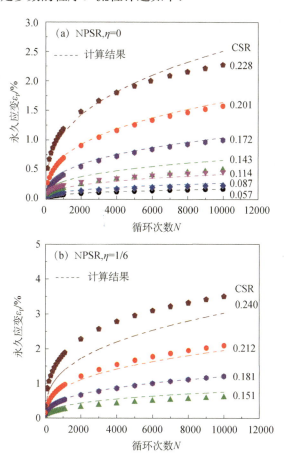

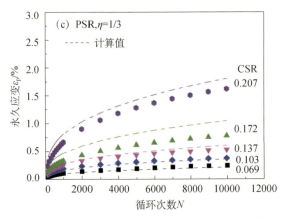

图 8.8　经验模型计算值和试验值的对比（温州软黏土）

（1）在规定的循环应力比（如 0.1、0.15 和 0.2）下，对原状路基土进行三次 1 Hz 加载频率的不排水循环三轴试验，至少 10000 次循环。对原状路基土进行一次不排水循环三轴试验，加载频率为 0.1 Hz，循环应力比为 0.1，至少进行 1000 次循环。

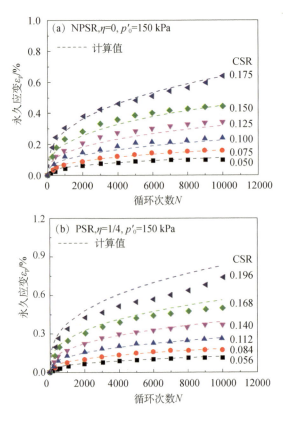

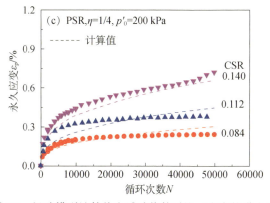

图8.9　经验模型计算值和试验值的对比（上海软黏土）

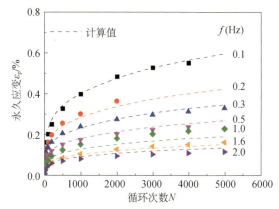

图8.10　不同频率下试验结果与计算结果的比较

（2）参数 a、b 和 λ 可根据图8.3和图8.4确定，其中 a 是循环应力比为0.1时1000次循环对应的永久应变；b 是在 $\ln(\varepsilon_{p,1000})$-CSR 中，连接三个1000次循环的永久应变数据点的线的斜率；λ 是 $\log(\varepsilon_p)$-$\log(N)$ 平面中直线的斜率。

（3）图8.7展示了在0.1 Hz和1 Hz的加载频率以及0.1的循环应力比下，1000次循环的永久应变。频率相关参数 d 可根据图8.7确定。

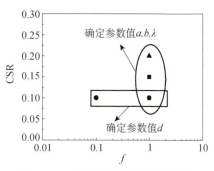

图8.11　确定模型参数取值的程序

8.2.2　某高速公路工程概况

某高速公路始建于 2005 年 9 月建成，2007 年 5 月竣工，2007 年底通车。该公路位于浙江沿海地区，大部分道路建在厚度为 20～30m 的软土路基上。地下水位位于地表以下约 1 m 处。软土的基本性质如下：天然含水量 w_n=44.3%～51.6%；比重 G_s=2.73；液限 w_L=45%；塑性指数 I_p=21；初始孔隙比 e_0=1.23～1.34。高速公路的沉降数据可以从浙江省交通规划设计研究院的汇总报告中获得。图 8.12 呈现了三个监测断面（K67+625、K67+750 和 K68+410）在施工和运营期间的沉降结果。

8.2.3　车流量及车辆引起的竖向动应力

对于车辆选择，只考虑重型卡车，因为重型卡车的重量是小客车的 10～30 倍。在整个公路通车后，车流量为每天 2200 辆卡车[12]。在实际的交通中，有许多类型的卡车，它们具有不同数量的车轴和不同的间距。本研究选取了中国五种常见的重型卡车类型进行计算，详细信息见表 8.1。

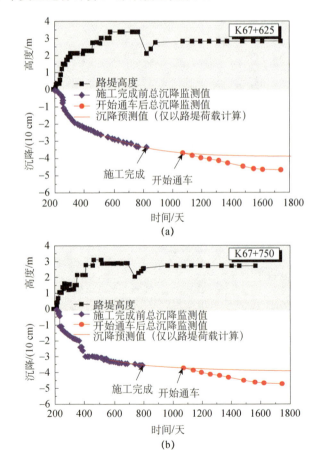

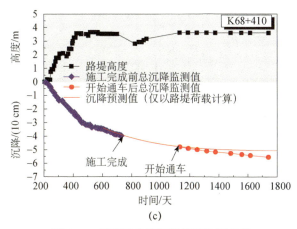

(c)

图 8.12　某高速公路沉降情况监测曲线

表 8.1　各式重型卡车基本情况及其分类

车轴数量	车辆类型	卡车结构图	总质量/t	日均车流量
2	货运汽车		10	1254
3	货运汽车		25	242
			30	110
4	拖挂车		43	220
5	拖挂车		55	352
6	拖挂车		100	22

　　通过布西内斯克（Boussinesq）理论可以计算出不同类型的卡车引起的竖向动应力。计算结果如图 8.13 所示，竖向应力幅值是随深度的增加而减小的。图 8.13（b）和（c）分别展示了 25t 和 30t 卡车的测试结果（虚线）和计算结果（实线）的良好对比。同时，根据之前的研究（Broms and Casbarian，1965），将扭剪应力与竖向循环应力之比（η）设定为 1/3，以模拟滚轮下方土体的真实应力状态。

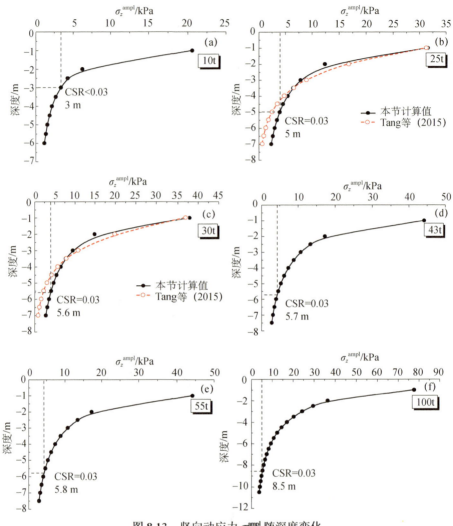

图 8.13 竖向动应力 σ_z^{ampl} 随深度变化

8.2.4 路堤荷载以及交通荷载引起的沉降

在沉降报告中，运营期间的实测沉降包括路堤荷载引起的沉降和交通荷载引起的沉降。为了准确计算交通荷载的沉降，有必要确定路堤荷载引起的沉降量。泊松曲线方程可用于求解路堤荷载引起的沉降。泊松曲线具有良好的适应性，可以根据已知的沉降数据模拟相当广泛的后期沉降数据。在时间序列预测中，泊松曲线的方程如下：

$$y_i = \frac{\kappa}{1 + \alpha e^{-\beta t}} \tag{8.7}$$

其中，t 是时间；y_i 是对应于时间的预测值；α、β 和 κ 是未确定的正参数。宰金珉和梅国雄（2000）提出了一种三阶段计算方法来获得泊松曲线方程中的各种参数。K67+625 的 α、β 和 κ 分别为 0.57、0.038 和 3.91。K67+750 的三个参数值分别为 0.26、0.025 和 4.01。在 K68+410 中，α、β 和 κ 分别为 0.50、0.015 和 5.10。

如图 8.12 所示，红色实线表示施工后路堤荷载引起的沉降。方程（8.6）用于预测三个监测断面（K67+625、K67+750 和 K68+410）的交通荷载引起的沉降。该地区的路基土的基本特性与上海软黏土相似。因此，方程（8.6）中 a、b、λ 和 d 的参数值与上海软黏土的参数值一致。考虑到路堤的刚度远高于软黏土，沉降计算从天然软路基开始。首先，把软土路基分为等厚的数层，以计算永久变形。将经验常数、交通荷载次数、每层的循环应力比和荷载频率代入方程式（8.6），以计算每层的累积应变（ε_{pi}）。当土层的 CSR 低于 TCSR 时，计算停止。永久沉降（S）可以使用分层求和法计算，如下式所示：

$$S=\sum_{i=1}^{n}\Delta S_i = \sum_{i=1}^{n}\varepsilon_{pi}H_i \tag{8.8}$$

其中，n 是土的总层数；ΔS_i 为第 i 层土的变形值；ε_{pi} 是第 i 层土的累积应变；H_i 是第 i 层土的厚度。

图 8.14 展示了 1 Hz 加载频率下交通荷载引起的计算沉降。将计算沉降与实测数据进行比较，可以得出以下结论：

（1）本研究提出的经验方程可以模拟公路的实测沉降。主应力旋转（PSR）下的沉降大于无主应力转动（NPSR）产生的沉降，前者更符合现场沉降。

（2）从表 8.2 的计算结果来看，影响路基工后沉降的因素是路堤厚度。在相同条件下，随着路堤厚度的增加，交通荷载引起的沉降减小。路堤的厚度也会影响 PSR 加剧道路沉降的效果。例如，K68+410 段的路堤厚度为 3.9 m，考虑 PSR 的道路沉降是考虑 NPSR 的 1.1 倍。随着路堤高度降至 3.1 m（K67+750），前者是后者的 1.2 倍。

根据现场测试，1 Hz 的加载频率是典型的交通荷载频率。为了研究交通频

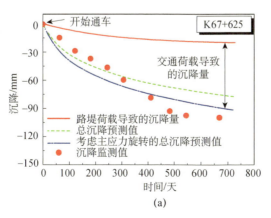

(a)

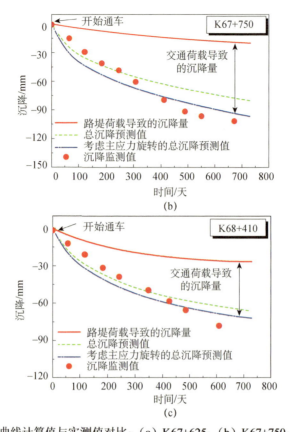

图 8.14　沉降曲线计算值与实测值对比：（a）K67+625；（b）K67+750；（c）K68+410

率对交通期间公路沉降的影响，图 8.15 展示了三种不同频率下交通荷载引起的沉降量，其中 f 为 0.5 Hz、1 Hz 和 2.5 Hz。低频荷载比高频荷载引起的沉降更大，监测数据介于两者之间。车辆的加载频率 f 可以在一定程度上表示车辆速度。

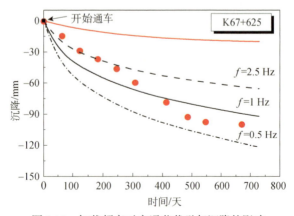

图 8.15　加载频率对交通荷载引起沉降的影响

表 8.2 计算沉降和实测沉降的对比

		K67+625	K67+750	K68+410
路堤高度/m		3.2	3.1	3.9
交通荷载导致的道路沉降（最后一个监测点）/mm	监测值	81	82	51
	计算值	72	74	40

8.2.5 不同类型车辆引起的沉降量占比

不同的卡车会导致道路沉降量的差异。这里展示了五种不同类型和不同载荷的卡车引起的道路沉降。以 K67+625 段为例，从表 8.3 和图 8.16 中可以看出，100 t 的卡车引起的道路沉降占总沉降的 35%，25 t 的卡车造成的沉降仅占总沉降量的 12.5%。然而，25 t 卡车的数量远远大于 100 t 卡车的数量。在相同深度下，较重的卡车比较轻的卡车产生更大的竖向动应力。此外，对于较重的卡车，TCSR 对应的土层深度也更深，即动应力的影响深度更深，如图 8.16 所示。上述事实充分说明，在道路工后沉降中，相比交通荷载数量，交通荷载的重量是更重要的影响因素。

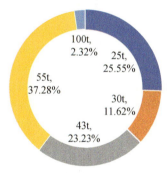

(a) 不同重量的卡车的车流密度占比

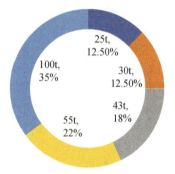

(b) 不同重量的卡车导致的沉降占比

图 8.16 不同类型卡车的信息：（a）车流密度比例；（b）对沉降贡献比例

表 8.3 不同类型卡车对沉降量的贡献情况（K67+750）

卡车总质量/t	车辆密度（卡车数目）/天	交通荷载导致的道路沉降/mm	占总沉降比例/%	总沉降/mm
10	1254	0	0	
25	242	9	12.5	
30	110	9	12.5	
43	220	13	18	72
55	352	16	22	
100	22	25	35	

8.3 软基道路长期沉降控制方法

8.3.1 门槛循环应力比和临界循环应力比

目前有关软黏土在循环荷载作用下的临界动应力水平主要有两个,即门槛循环应力比和临界循环应力比。

门槛循环应力比是指当动应力水平小于某一值时,软黏土在循环荷载下几乎不产生孔压的累积,也没有明显的残余应变,对应的动应力水平即为门槛循环应力比。门槛循环应力比最早由 Matsui 等(1980)提出,他们通过应力控制的循环三轴试验发现了这一门槛现象并称为"循环剪应力较低的边界值"。Ohara 和Matsuda(1988)通过对正常固结和超固结的高岭土进行应变控制单剪试验,发现正常固结和超固结土中都存在门槛循环应变。Vucetic(1994)通过试验研究对比分析了多种黏土与砂的门槛循环应变值。周建等(2000)、王军(2007)等也通过应力控制的三轴试验对杭州饱和软黏土进行了研究,得出其门槛循环应力比约为 0.02。Hsu 和 Vucetic(2006)利用挪威岩土工程研究所的循环单剪仪,分别确定了砂、黏土以及淤泥质黏土的门槛循环应变值。刘功勋等(2010)针对取自于长江口的海洋原状饱和软黏土,利用土工静力-动力液压三轴-扭转多功能剪切仪,通过应力控制试验分别研究了初始大主应力方向角、初始偏应力比、初始中主应力系数以及循环剪应力模式等因素对门槛循环应力比的影响。除应力控制外,更多的学者通过应变控制试验也证明了门槛值的存在。

图 8.17 为循环应力比 CSR<0.03 时,温州饱和软黏土试样的孔压随循环应力比变化的曲线。当循环应力比很小时,孔压不随循环次数的增加而累积,这是因为循环应力比较小时,土体的微观结构没有因循环作用发生改变。而当循环应力比较大时,随着循环次数的增加土体的结构开始破坏,孔压也开始累积。循环应力比存在一个临界值,当循环应力比小于该值时,循环荷载作用下饱和软黏土试样中没有孔压或者应变的累积。该循环应力比即为门槛循环应力比。

如果采用门槛循环应力比作为设计准则,必须要把土体强度提高到很高的水平,地基处理费用昂贵,以保证土体完全不发生变形。但实际工程中,土体往往被允许有一定程度的变形,因此采用门槛循环应力比作为设计准则是过于保守的。

临界循环应力比是指当动应力水平高于一定值时,软黏土试样经过很少的循环次数后应变就开始迅速发展达到破坏,而当动应力水平低于该值时,试样则不会达到破坏,而是经过较大循环次数后逐渐稳定下来,对应的应力水平即为临界循环应力比。临界循环应力比的概念最早由 Larew 和 Leonards(1962)提出,后来的学者通过试验进一步证明了临界循环应力比的存在,如 Sangrey 等(1978)、Matsui 等(1980)、Ansal 等(1989)、周建等(2000)、王军(2007)。

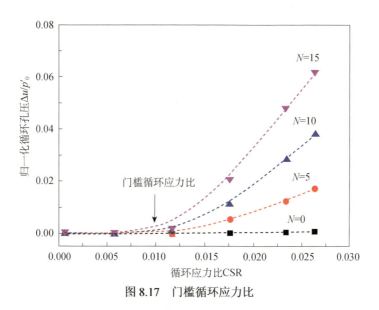

图 8.17　门槛循环应力比

交通工程允许路基土体产生一定的沉降变形但不允许产生过大沉降，显然采用门槛循环应力比作为控制标准是过于保守的，而采用临界循环应力比作为控制标准又往往会导致过大沉降的产生。因此，迫切需要在门槛循环应力比和临界循环应力比之间，寻找一个更合适的临界动应力水平作为交通工程设计的准则和依据。

图 8.18 为围压 100 kPa 时不同循环应力比下轴向应变随循环次数变化的曲线。当循环应力比 CSR 较小时，随着循环次数的增加，轴向应变增长速率越来越小，经过 50000 次循环后，仍未产生明显的破坏现象。随着循环应力比 CSR 的增大，试样的轴向应变逐渐增加。当循环应力比大于一定值时，轴向应变随循环次数的增加迅速增加，在很少的循环次数下即达到破坏（CSR=0.45 时约 2000 次，CSR=0.48 时约 300 次）。该值对应的应力水平称为临界循环应力比。可以看出，本文所用温州饱和软黏土的临界循环应力比取值在 0.42～0.45 之间。

临界循环应力比是土样破坏与否的分界点，在低于临界循环应力比的条件下，土体仍可能产生很大的变形（CSR=0.42 时产生 10%的累积应变）。因此采用临界循环应力比作为工程设计准则，可能导致土体产生过大的累积应变，难以满足应变控制标准。

图 8.19 为不同围压下经 50000 次循环后回弹模量（$M_{r,50000}$）随循环应力比变化的曲线。可以看出，围压越高，土体受到的侧向约束越大，相同循环应力比下回弹模量也越大。不同围压下，回弹模量都随循环应力比的变化而降低。当循环应力比较小时，降低趋势明显。随着循环应力比的增加，回弹模量的衰减趋势变缓。当循环应力比高于一定水平时，回弹模量随循环应力比的增加达到稳定。

为了统一不同围压下回弹模量随循环应力比的变化，利用围压值将 50000 次

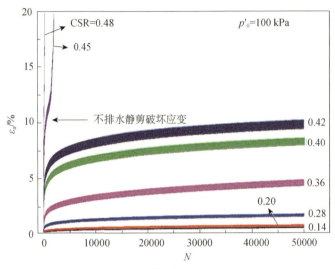

图 8.18 临界循环应力比

循环后的回弹模量进行归一化，得到归一化的回弹模量（$M_{r,50000}/p_0'$）随循环应力比变化的曲线，见图 8.20。可以看出，归一化后不同围压下的回弹模量表现出十分一致的发展规律。当循环应力比大于一定值时，回弹模量随循环应力比保持不变，达到一个恒定值。这是因为，当循环应力比足够大时，土体经长期循环加载后，其结构性逐渐破坏，最终达到一个最低值。从图 8.20 可以看出，当 CSR>0.32 时，温州饱和软黏土试样达到"渐近线强度"。此时，归一化回弹模量 $M_{r,50000}/p_0'$ 约为 90，即在围压 50 kPa、100 kPa、200 kPa 下温州饱和软黏土长期循环加载后回弹模量值分别为 4.5 MPa、9 MPa 和 18 MPa。

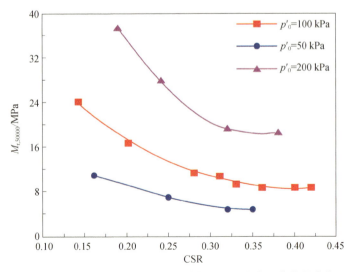

图 8.19 经 50000 次循环后回弹模量随循环应力比变化的曲线

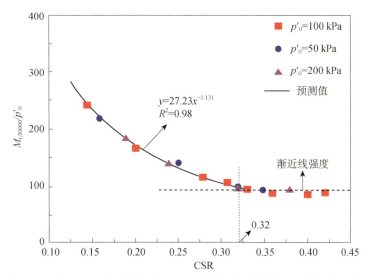

图 8.20 经 50000 次循环后归一化回弹模量随循环应力比变化的曲线

当 CSR<0.32 时，经 50000 次循环后土体的回弹模量都将高于"渐进线强度"，而且随着循环应力比的增加呈指数衰减。绪论中已经对土体回弹模量的经验方程进行了综述，回弹模量大都表达为动应力和围压的函数，而对于具有结构性的软黏土而言，由于静剪强度和围压之间不是简单的线性关系，以往得到的回弹模量计算公式在应用于软黏土时存在一些问题。本文基于试验数据，提出可以用下式对回弹模量进行分析：

$$M_{r,50000} / p_0' = k_1 (\text{CSR})^{k_2} \tag{8.9}$$

将 CSR 的定义代入公式（8.9）并整理可得

$$M_{r,50000} = k_1 p_0' (q_{\text{cyc}} / (2q_f))^{k_2} \tag{8.10}$$

利用回归分析，可得参数 k_1=27.23，k_2=-1.131。利用公式（8.10）对 50000 次循环后的回弹模量进行预测，结果如图 8.20 中实线所示，可以看出，公式（8.10）可以很好地预测不同围压下循环应力比 CSR<0.32 时温州饱和软黏土在长期循环后的回弹模量（相关系数达 0.98）。

8.3.2　容许循环应力比

显然，针对承受长期交通荷载、波浪荷载的工程而言，地基在不产生破坏的情况下允许产生一定的沉降，因此采用门槛循环应力比和临界循环应力比作为控制准则都是不合适的。控制准则应该是两者之间的某一循环应力比。

图 8.21 为经过 50000 次循环加载后，不同围压下试样的累积应变随循环应力比变化的曲线。当循环应力比较小时，随着循环应力比的增加，累积应变增长相对缓慢，近似呈线性；而当循环应力比大于一定值时，累积应变随循环次数增

加开始迅速增长，线性关系不再存在，累积应变和循环应力比之间为指数关系。经过 50000 次循环后的归一化回弹模量，也是在循环应力比较大时达到"渐近线强度"，对应的循环应力比 CSR=0.32。由图 8.21 可以看出，CSR=0.32 也可看作累积应变的分界点。

由此看出，CSR=0.32 也是一个临界的循环应力比，当循环应力比大于该值时，试样的回弹模量降到最低值，为"渐近线强度"；而累积应变开始迅速增长。该循环应力比可称为"容许循环应力比"。当循环应力比小于容许循环应力比时，经 50000 次循环加载后的累积应变小于 2%，该数值虽然不是最终的应变值，但 50000 次循环加载产生的累积应变占到总应变的 90%以上。根据前人研究（Chai and Miura，2002），交通荷载作用在地基中的影响深度约为 6 m，2%的应变对应的沉降为 12 cm。考虑到以下两点，这个沉降值是合理的：

（1）高速公路规范中对于沉降要求"软土地区一般路段的路基总沉降不大于 30 cm"；

（2）速度在 200 km/h 以下的高速铁路的工后沉降应不大于 15 cm。

相对于门槛循环应力比和临界循环应力比而言，容许循环应力比更适合作为承受长期交通荷载、波浪荷载等作用的工程设计准则。

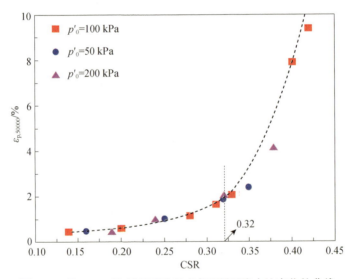

图 8.21　经 50000 次循环后累积应变随循环应力比变化的曲线

8.3.3　饱和软黏土临界动应力水平的安定理论解释

安定（shakedown）是指结构体在某一特定的循环荷载下，产生的塑性变形会在有限的循环次数后稳定下来，在安全界限之内，结构体不会产生破坏。而反复荷载增加到某一程度时，塑性变形随着循环荷载次数不断累积，呈现不稳定状态，结构体因过大塑性变形而产生破坏。安定理论用来描述弹塑性材料在循环荷载作用下的行为，可分为四个阶段：①纯弹性（purely elastic）行为；②弹性安定（elastic shakedown）行为；③塑性安定（plastic shakedown）行为；④累积破坏（ratchetting）行为，见图 8.22。

（1）纯弹性行为。

循环荷载非常小，弹塑性材料未进入屈服阶段。应力-应变关系呈线性，所有的应变完全恢复没有塑性变形产生。对应的最大应力水平为弹性界限。

（2）弹性安定行为。

随着循环荷载的增加，在最初的有限次数下应力-应变呈现塑性行为，但塑性变形微小。最终材料的反应仍是线弹性行为，没有进一步塑性变形的累积，达到安定状态。对应的最大应力水平为弹性安定界限。

（3）塑性安定行为。

循环荷载继续增加，在一定的循环次数下，材料有明显塑性变形的累积，但随后达到稳定，不再产生塑性变形，呈现出弹性行为，且伴随迟滞现象，显示有部分能量被材料吸收。对应的最大应力水平为塑性安定界限。

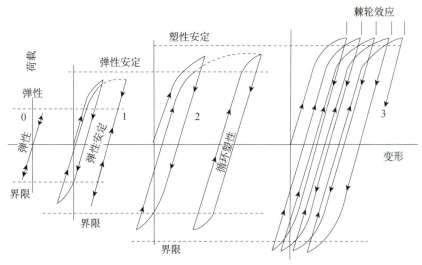

图 8.22　安定理论

（4）累积破坏行为。

循环荷载增加到一定值后，材料明显地进入屈服阶段，塑性变形迅速累积，材料在有限的循环次数后即发生破坏。

目前关于安定理论的三个界限（弹性界限、弹性安定界限和塑性安定界限）还没有一致的结论。结合上文对临界动应力水平的讨论，门槛循环应力比、容许循环应力比和临界循环应力比可以近似作为三个界限值。当循环应力比小于门槛循环应力比时，饱和软黏土试样表现出线性行为，没有变形和孔压的累积；当循环应力比位于门槛循环应力比和容许循环应力比之间时，饱和软黏土试样在开始的若干个循环内变形累积明显，然后逐渐稳定，塑性应变随循环应力比呈线性关系；当循环应力比位于容许循环应力比和临界循环应力比之间时，饱和软黏土试样在加载初期应变发展较快，在经过较大的循环次数后，变形逐渐稳定，塑性应变随循环应力比的增加呈指数增长；当循环应力比大于临界循环应力比时，土样变形迅速增大，在很少的循环次数下即已破坏。

8.3.4　工程应用案例：某软基机场二期跑道

某软基机场飞行区改扩建工程场地位于现有机场跑道的东侧，拟建工程包括新建跑道 3200.0 m×45.0 m、8 条滑移道，以及原有跑道平滑延长段 800.0 m×45.0 m。根据招标文件提供的拟建工程经济技术指标，经现场踏勘结合邻近场地地质资料，根据《民用机场勘察规范》的有关规定：拟建飞行区等级为 4D，拟建场地为一般场地，地基等级为一级地基。

根据勘察资料，拟建场地在勘探深度内，地基土主要为人工填土、滨海相淤（冲）积软土及深部黏性土，该场地地基属中等复杂场地，软弱地基土。

第①₁层　素填土。

为新近人工填土，组成成分差异大、工程地质特性均匀性差，具中-低压缩性；局部分布、厚度薄。

第①₂层　杂填土。

为新近人工填土，工程地质特性均匀性差、中-高压缩性，具有良好的渗透性；设计使用时应先清除其间的生活垃圾等不良成分。

第②层　黏土。

为原地表硬壳层，抗剪强度较低、承载能力较差，其表部约 0.30 m 为耕植土，设计使用时应先予以挖除；对于扩建工程，为主要受力压缩、固结土层，为了尽量减少工后沉降，应对土层进行必要的地基处理，如采用砂垫层堆载预压、排水固结等加固措施。

第③₁、③₃层　含粉砂淤泥质粉质黏土。

为冲淤积土土层，属软弱地基土，具含水量高、孔隙比大、压缩性高、灵敏度较高、抗剪强度低、承载能力差、物理力学强度不均匀、固结时间长等特点，为不均匀地基土；沿线厚度分布存在一定差异；对于扩建工程，为主要受力压缩、固结土层，为了尽量减少工后沉降，应对土层进行必要的地基处理，如采用砂垫层堆载预压、排水固结等加固措施。

第③₂层　粉砂夹淤泥。

为冲淤积土层，其物理力学性质受淤泥影响，工程地质特性均匀性差，中压缩性；具有较好的渗透性，可作为相邻土层加固处理的排水通道，但仅局部分布。

在局部位置：工程地质剖面线 4-4′ 与 6-6′ 之间部分位置粉砂密实度较好、具有一定厚度，对沉桩有一定的障碍作用，排水板插入并穿过该层的阻力很大，施工时应选择强度等性能好的排水板并借助外力予以试打，如选择孔 J7、J37、J71 等位置。

第③₄层　淤泥。

为典型的软弱地基土，具含水量高、孔隙比大、压缩性高、灵敏度较高、抗剪强度低、承载能力差、固结时间长等特点；沿线厚度分布存在一定差异；对于扩建工程，为受力压缩、固结土层，为了尽量减少工后沉降，宜对土层进行必要的地基处理。

第③₅层　淤泥。

本次勘察的大半勘探点控制到该层，其物理力学性质较上亚层稍好，但也属典型的软弱地基土，具含水量高、孔隙比大、压缩性高、灵敏度较高、抗剪强度低、承载能力差、固结时间长等特点；沿线厚度分布存在一定差异；对于扩建工程，应根据设计需要酌情予以加固处理。

第③₆层　粉砂夹淤泥。

为冲淤积土层，其物理力学性质受淤泥影响，工程地质特性均匀性差，中-低压缩性；具有较好的渗透性，可作为相邻土层加固处理的排水通道，但仅局部分布。

第③₇层　淤泥质黏土。

为软弱地基土，具含水量较高、孔隙比较大、压缩性较高、抗剪强度较低、承载能力较差、固结时间较长等特点；其埋藏深且顶面起伏大，对于扩建工程影响不大。

第④₁、④₂层　黏土。

呈"硬"、"软"相间；其中第④₁层黏土具有相对较好的抗剪强度与承载能力、中压缩性；④₂层黏土具有一定的抗剪强度与承载能力，具中-高压缩性；其埋藏深且顶面起伏大，对于扩建工程影响不大。

该机场一期跑道 1990 年投用，采用静力法控制超载高度为 2.5 m，超载高度不足，导致上部土体循环应力比大于容许值（图 8.23），长期沉降难以有效控制，竣工 4 年沉降量达到 166 mm，截至 2020 年最大沉降高达 575 mm，超过设计标准值近 10 倍。

为保证长期沉降满足设计要求，该机场二期跑道采用容许应力比控制增加超载高度至 4 m，降低循环应力比。二期跑道 2012 年投用，运营 10 余年来最大沉降仅有 62 mm，见图 8.24。

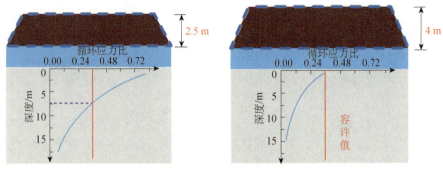

图8.23 该机场一期与二期跑道地基处理方案对比

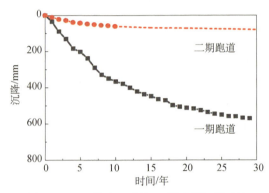

图8.24 温州机场一期与二期跑道沉降对比

8.4 本章小结

本章以饱和软黏土地基上交通基础设施工程为例，介绍了饱和软黏土动力特性在工程中的应用，实现了交通荷载下软土路基长期沉降分析和控制，本章主要研究的内容如下：

（1）基于饱和软黏土动力特性提出了长期循环累积变形计算模型，依托某软基高速公路工程进行长期沉降分析。对不同吨重卡车，分别分析车轮下路基土所受竖向应力水平；将车流量换算为循环次数，将应力水平和循环次数代入交通荷载下长期累积变形计算模型，平均主应力考虑土体 K_0 固结和超载预压进行计算，主应力轴旋转因素由扭剪应力水平反映，计算深度由 CSR=0.03 确定。通过与沉降数据对比，证明了提出的交通荷载下软基长期沉降计算方法的有效性。

（2）交通荷载应力路径下的软黏土动力特性试验结果表明，存在三个界限动应力水平，将软黏土的变形状态分为稳定区、亚稳定区、不稳定区和破坏区，其中不稳定区的上限可定义为容许循环应力比，提出了循环应力比小于容许循环应力比的加固准则。采用该准则对某软基机场二期跑道进行地基处理设计，优化了超载高度，实现了长期沉降的有效控制。

参考文献

白冰，章光，刘祖德. 冲击荷载作用下饱和软粘土的一些性状[J]. 岩石力学与工程学报，2002，21（3）：423-428.

柏立懂，项伟，Stavros S A，等. 干砂最大剪切模量的共振柱与弯曲元试验[J]. 岩土工程学报，2012，34（1）：184-188.

柏立懂，项伟，Stavros S A，等. 振动历史对砂土非线性剪切模量和阻尼比的影响[J]. 岩土工程学报，2012，34（2）：333-339.

陈存礼，谢定义. 偏应力往返作用下饱和砂土变形特性的试验研究[J]. 岩石力学与工程学报，2005，24（4）：669-675.

陈进美. 主应力方向变化下软粘土各向异性和非共轴特性试验研究 [M]. 杭州：浙江大学，2016.

陈颖平，黄博，陈云敏. 循环荷载作用下软粘土不排水累积变形特性[J]. 岩土工程学报，2008，30（5）：764-768.

陈颖平，黄博，陈云敏. 循环荷载作用下结构性软粘土的变形和强度特性[J]. 岩土工程学报，2005，27（9）：1065-1071.

陈颖平. 循环荷载作用下结构性软黏土特性的试验研究[D]. 杭州：浙江大学，2007.

董全杨，蔡袁强，徐长节，等. 干砂饱和砂小应变剪切模量共振柱弯曲元对比试验研究[J]. 岩土工程学报，2013，34（12）：2283-2289.

杜庆华. 工程力学手册[M]. 北京：高等教育出版社，1994.

高江平，俞茂宏. 三剪应力统一屈服准则研究[J]. 西安建筑科技大学学报（自然科学版），2005（4）：526-530，535.

谷川，蔡袁强，王军，等. 循环应力历史对饱和软黏土小应变剪切模量的影响[J]. 岩土工程学报，2012，34（9）：1654-1660.

谷川，蔡袁强，王军. 地震 P 波和 S 波耦合的变围压动三轴试验模拟[J]. 岩土工程学报，2012，34（10）：1903-1909.

谷川，王军，蔡袁强，等. 考虑变围压因素的饱和软黏土循环纯压动力特性试验研究[J]. 岩土工程学报，2013，35（7）：1307-1315.

管林波，周建，张勋，等. 中主应力系数和主应力方向对原状黏土各向异性的影响研究[J]. 岩石力学与工程学报，2010，29（增 2）：3871-3877.

郭莹. 复杂应力条件下饱和松砂的不排水动力特性试验研究[D]. 大连：大连理工大学，2003.

侯悦琪. 砂土本构关系与 LS-DYNA 二次开发应用[D]. 上海：上海交通大学，2011.

胡飞. 基于三剪统一强度理论的岩土类材料动强度及动本构关系研究[D]. 南昌：南昌大学，

2013.

胡小荣，林太清. 三剪屈服准则及其在极限内压计算中的应用[J]. 中国有色金属学报，2007，
（2）：207-215.

胡小荣，俞茂宏. 岩土类介质强度准则新探[J]. 岩石力学与工程学报，2004，（18）：3037-3043.

胡秀青，张艳，符洪涛，等. 水平双向荷载耦合对饱和软黏土动力特性的影响[J]. 岩土力学，2018，39（3）：839-847.

黄博，丁浩，陈云敏. 高速列车荷载作用的动三轴试验模拟[J]. 岩土工程学报，2011，33（2）：195-202.

蒋军. 循环荷载作用下粘土应变速率试验研究[J]. 岩土工程学报，2002，24（4）：528-531.

孔亮，王燕昌，郑颖人. 土体动本构模型研究评述[J]. 宁夏大学学报（自然科学版），2001（1）：17-22，40.

李驰，王建华. 饱和软黏土动力学特性循环扭剪试验研究[J]. 岩土力学，2008，（2）：460-464.

李杭州，廖红建，宋丽，等. 双剪统一弹塑性应变软化本构模型研究[J]. 岩石力学与工程学报，2014，33（4）：720-728.

李进军，黄茂松，王育德. 交通荷载作用下软土地基累积塑性变形分析[J]. 中国公路学报，2006，19（1）：1-5.

廖红建，俞茂宏，赤石胜，等. 粘性土的弹粘塑性本构方程及其应用[J]. 岩土工程学报，1998，20（2）：41-44.

刘飞禹，陈琳，胡秀青，等. 椭圆应力路径下饱和软黏土循环单剪试验[J]. 中国公路学报，2018，31（2）：218-225.

刘功勋，栾茂田，郭莹，等. 复杂应力条件下长江口原状饱和软黏土门槛循环应力比试验研究[J]. 岩土力学，2010，31（4）：1123-1129.

刘杰，赵明华. 基于双剪统一强度理论的碎石单桩复合地基性状研究[J]. 岩土工程学报，2005（6）：707-711.

刘杰，赵明华. 碎石桩复合地基性状的弹塑性分析[J]. 岩土力学，2006，（10）：1678-1684.

栾茂田，聂影，杨庆，等.不同波形下饱和黏土耦合循环剪切特性的对比研究[J].岩土工程学报，2008，（9）：1276-1281.

潘林有，王军. 振动频率对饱和软粘土相关性能的影响[J]. 自然灾害学报，2007，16（6）：204-208.

彭武平，杨毅，李春霖，等. 土动力特性研究综述[C]. 中国水力发电工程学会抗震防灾专业委员会. 现代水利水电工程抗震防灾研究与进展（2013年）. 四川大学，水利水电学院，2013：6.

邵生俊，谢定义. 饱和砂土的动强度及破坏准则[J]. 岩土工程学报，1991，（1）：24-33.

佘成学，刘杰. 基于Mohr强度理论的双参数抛物线型屈服准则[J]. 武汉大学学报（工学版），2008，（1）：31-34.

沈扬，周建，龚晓南，等. 考虑主应力方向变化的原状软黏土应力应变性状试验研究[J]. 岩土力学，2009，30（12）：3720-3726.

沈珠江. 理论土力学[M]. 北京：中国水利水电出版社，2000.

沈珠江. 一个计算砂土液化变形的等价粘弹性模式[C]. 中国土木工程学会. 中国土木工程学会第四届土力学及基础工程学术会议论文选集. 南京水利科学研究院，1983：9.

松冈元. 土力学[M]. 罗汀，姚仰平，译. 北京：中国水利水电出版社，2001.

孙奇，董全杨，蔡袁强，等. 砂土小应变动力特性弯曲-伸缩元联合测试试验研究[J]. 岩土工程学报，2016，38（1）：100-108.

汪闻韶. 饱和砂土振动孔隙水压力试验研究[J]. 水利学报，1962（2）：39-49.

王常晶，陈云敏.列车荷载在地基中引起的应力响应分析[J].岩石力学与工程学报，2005，（7）：1178-1186.

王军. 单、双向激振循环荷载作用下饱和软粘土动力特性研究[D]. 杭州：浙江大学，2007.

王军，蔡袁强，潘林有.双向激振下饱和软黏土应变软化现象试验研究[J]. 岩石土工程学报，2009，31（2）：178-185.

王军，蔡袁强. 循环荷载作用下饱和软黏土应变累积模型研究[J]. 岩石力学与工程学报，2008，27（2）：331-338.

王军，蔡袁强，丁光亚，等. 双向激振下饱和软黏土动模量与阻尼变化规律试验研究[J]. 岩石力学与工程学报，2010，29（2）：423-432.

王淑云，鲁晓兵，赵京，等. 粉质黏土周期荷载后的不排水强度衰化特性[J]. 岩土力学，2009，30（10）：2991-2995.

王雅茹，边成友. 申嘉湖高速公路交通量预测[J]. 北方交通，2008，（6）：195-198.

吴宏伟，李青，刘国彬. 利用弯曲元测量上海原状软黏土各向异性剪切模量的试验研究[J]. 岩土工程学报，2013，35（1）：150-156.

伍婷玉. 交通荷载引起主应力轴旋转下粘土应变累积及非共轴特性[D]. 杭州：浙江大学，2019.

徐志英，沈珠江. 地震液化的有效应力二维动力分析方法[J]. 华东水利学院学报，1981，（3）：1-14.

严佳佳. 主应力连续旋转下软粘土非共轴变形特性试验和模型研究[D]. 杭州：浙江大学，2014.

严佳佳，李伯安，陈利明，等. 原状软粘土各向异性及其对工程影响研究[J]. 西北地震学报，2011，33（增刊）：155-159.

杨彦豪. 软粘土非共轴特性的试验研究[D]. 杭州：浙江大学，2014.

姚仰平，谢定义，俞茂宏. 复杂应力下砂土的广义双剪应力破坏准则及双硬化本构模型[J]. 西安建筑科技大学学报，1994，（4）：392-397.

要明伦，聂栓林. 饱和软粘土动变形计算的一种模式[J]. 水利学报，1994，（7）：51-55.

殷宗泽. 一个土体的双屈服面应力-应变模型[J]. 岩土工程学报，1988，（4）：64-71.

俞茂宏. 强度理论新体系[M]. 西安：西安交通大学出版社，1992.

俞茂宏. 双剪理论及其应用[M]. 北京：科学出版社，1998.

俞茂宏. 岩土类材料的统一强度理论及其应用[J]. 岩土工程学报，1994，（2）：1-10.

俞茂宏，Yoshimine M，强洪夫，等. 强度理论的发展和展望[J]. 工程力学，2004，（6）：1-20.

袁泉. 砂土小应变剪切模量各向异性试验研究及数值模拟[D]. 长春：吉林大学，2009.

宰金珉，梅国雄. 全过程的沉降量预测方法研究[J]. 岩土力学，2000，（4）：322-325.

詹美礼，钱家欢，陈绪禄. 软土流变特性试验及流变模型[J]. 岩土工程学报，1993，（3）：54-62.

张锋，叶冠林. 计算土力学[M]. 北京：人民交通出版社，2007.

张建民，谢定义. 饱和砂土振动孔隙水压力理论与应用研究进展[J]. 力学进展，1993，23（2）：165-180.

张茹，涂扬举，费文平，等. 振动频率对饱和黏性土动力特性的影响[J]. 岩土力学，2006，（5）：699-704.

张学言. 岩土塑性力学[M]. 北京：人民交通出版社，1993.

张勇，孔令伟，郭爱国，等. 循环荷载下饱和软黏土的累积塑性应变试验研究[J]. 岩土力学，2009，30（6）：1542-1548.

郑颖人，沈珠江，龚晓南. 岩土塑性力学原理[M]. 北京：中国建筑工业出版社，2002.

周建，龚晓南. 循环荷载作用下饱和软粘土应变软化研究[J]. 土木工程学报，2000，33（5）：75-79.

周建，龚晓南，李剑强. 循环荷载作用下饱和软粘土特性试验研究[J]. 工业建筑，2000，30（11）：43-47.

曾飞涛. 岩土材料的广义线性强度准则和弹性参数研究[D]. 大连：大连理工大学，2019.

Adachi T，Oka F. Constitutive equations for normally consolidated clay based on elasto-viscoplasticity [J]. Soils and Foundations，1982，22（4）：57-70.

Adachi T，Oka F，Mimura M. Mathematical structure of an overstress elasto-viscoplastic model for clay[J]. Soils and Foundations，1987，27（3）：31-42.

Allen J J，Thompson M R. Resilient response of granular materials subjected to time-dependent lateral stresses[J]. Transportation Research Record，1974（510）：1-13.

Andersen K H. Cyclic and static laboratory tests on Drammen clay[J]. Journal of the Geotechnical Engineering Division，1980，106：499-529.

Andersen K H，Lauritzsen R. Bearing capacity for foundations with cyclic loads[J]. Journal of Geotechnical Engineering，1988，114（5）：540-555.

Andersen K H. Bearing capacity under cyclic loading—offshore，along the coast，and on land. The 21st Bjerrum Lecture presented in Oslo，23 November 2007[J]. Canadian Geotechnical Journal，2009，46（5）：513-535.

Ansal A M，Erken A. Undrained behavior of clay under cyclic shear stresses[J]. Journal of Geotechnical Engineering，1989，115（7）：968-983.

Andersen K H, Rosenbrand W F, Brown S F, et al. Cyclic and static laboratory tests on Drammen clay[J]. Journal of the Geotechnical Engineering Division, 1980, 106 (5): 499-529.

Ansal A M, Erken A. Undrained behavior of clay under cyclic shear stresses[J]. Journal of Geotechnical Engineering, 1989, 115 (7): 968-983.

Arthur J R F, Menzies B K. Discussion: inherent anisotropy in a sand[J]. Geotechnique, 1972, 22 (1): 115-128.

Azzouz A S, Malek A M, Baligh M M. Cyclic behavior of clays in undrained simple shear[J]. Journal of Geotechnical Engineering, 1989, 115 (5): 637-657.

Bardet J P. Hypoplastic model for sands[J]. Journal of Engineering Mechanics, 1990, 116 (9): 1973-1994.

Broms B B, Casbarian A O. Effects of rotation of the principal stress axes and of the intermediate principal stress on shear strength[C]. Proc. 6th Int. Conf. on SMFE, Montreal, Canada, 1965, 1: 179-183.

Boulanger R W, Seed R B. Liquefaction of sand under bidirectional monotonic and cyclic loading[J]. Journal of Geotechnical Engineering, 1995, 121 (12): 870-878.

Broms B B, Casbarian A O. Effects of rotation of the principal stress axes and of the intermediate principal stress on shear strength[C]. Proc. 6th Int. Conf. on SMFE, Montreal, Canada, 1965, 1: 179-183.

Brown S F, Hyde A F L. Significance of cyclic confining stress in repeated-load triaxial testing of granular material[J]. Transportation Research Record, 1975 (537): 49-58.

Cai Y Q, Guo L, Jardine R J, et al. Stress-strain response of soft clay to traffic loading[J]. Géotechnique, 2017, 67 (5): 446-451.

Chai J C, Miura N. Traffic-load-induced permanent deformation of road on soft subsoil[J]. Journal of Geotechnical and Geoenvironmental Engineering, 2002, 128 (11): 907-916.

Chan F W K. Permanent Deformation Resistance of Granular Layers in Pavements[M]. Nottingham: University of Nottingham, 1990.

Chazallon C, Hornych P, Mouhoubi S. Elastoplastic model for the long-term behavior modeling of unbound granular materials in flexible pavements[J]. International Journal of Geomechanics, 2006, 6 (4): 279-289.

Chen R P, Zhu S, Hong P Y, et al. A two-surface plasticity model for cyclic behavior of saturated clay[J]. Acta Geotechnica, 2019, 14: 279-293.

Cui Y, Qu Z, Wang L, et al. Twin shear unified strength solution of shale gas reservoir collapse deformation in the process of shale gas exploitation[J]. Energies, 2022, 15 (13): 4691.

Dafalias Y F. Bounding surface formulation of soil plasticity[J]. Soil Mechanics-Transient and Cyclic Loads, 1982: 253-282.

Dyvik R, Berre T, Lacasse S. Comparison of truly undrained and constant volume direct simple shear tests[J]. Géotechnique，1987，37（1）：3-10.

Finn W D L，Bhatia S K. Prediction of seismic porewater pressures[J]. International Society for Soil Mechanics and Geotechnical Engineering，1981，10：201-206.

Finno R J，Cho W. Recent stress-history effects on compressible Chicago glacial clays[J]. Journal of Geotechnical and Geoenvironmental Engineering，2011，137（3）：197-207.

Gu C，Wang J，Cai Y，et al. Undrained cyclic triaxial behavior of saturated clays under variable confining pressure[J]. Soil Dynamics and Earthquake Engineering，2012，40：118-128.

Guo L，Cai Y，Jardine R J，et al. Undrained behaviour of intact soft clay under cyclic paths that match vehicle loading conditions[J]. Canadian Geotechnical Journal，2018，55（1）：90-106.

Guo L，Wang J，Cai Y，et al. Undrained deformation behavior of saturated soft clay under long-term cyclic loading[J]. Soil Dynamics and Earthquake Engineering，2013，50：28-37.

Gutierrez M，Ishihara K. Non-coaxiality and energy dissipation in granular materials[J]. Soils and Foundations，2000，40（2）：49-59.

Gutierrez M，Ishihara K，Towhata I. Flow theory for sand during rotation of principal stress direction[J]. Soils and Foundations，1991，31（4）：121-132.

Gräbe P J，Clayton C R I. Effects of principal stress rotation on permanent deformation in rail track foundations[J]. Journal of Geotechnical and Geoenvironmental Engineering，2009，135（4）：555-565.

Hardin B O，Drnevich V P. Shear modulus and damping in soils：measurement and parameter effects（terzaghi leture）[J]. Journal of the Soil Mechanics and Foundations Division，1972，98（6）：603-624.

Hashiguchi K，Chen Z P. Elastoplastic constitutive equation of soils with the subloading surface and the rotational hardening[J]. International Journal for Numerical and Analytical Methods in Geomechanics，1998，22（3）：197-227.

He B，Yang S，Andersen K H，et al. DSS tests on marine clays for offshore windfarm foundation design[J]. Marine Georesources & Geotechnology，2024，42（1）：104-113.

Hight D W，Gens A，Symes M J. The development of a new hollow cylinder apparatus for investigating the effects of principal stress rotation in soils[J]. Géotechnique，1983，33：355-383.

Hinchberger S D，Rowe R K. Evaluation of the predictive ability of two elastic-viscoplastic constitutive models[J]. Canadian Geotechnical Journal，2005，42（6）：1675-1694.

Hong P Y，Pereira J M，Tang A M，et al. A two-surface plasticity model for stiff clay[J]. Acta Geotechnica，2016，11：871-885.

Hsieh H S，Kavazanjian Jr E，Borja R I. Double-yield-surface Cam-clay plasticity model. I：theory[J]. Journal of Geotechnical Engineering，1990，116（9）：1381-1401.

Hsu C C，Vucetic M. Threshold shear strain for cyclic pore-water pressure in cohesive soils[J]. Journal of Geotechnical and Geoenvironmental Engineering，2006，132（10）：1325-1335.

Huang Z, Shi L, Sun H, et al. A simple bounding surface elasto-viscoplasticity model for marine clays under monotonic and cyclic loading[J]. Ocean Engineering, 2022, 266: 113129.

Hong W P, Lade P V. Elasto-plastic behavior of K_0-consolidated clay in torsion shear tests[J]. Soils and Foundations, 1989, 29 (2): 127-140.

Hyde A F L, Ward S J. A pore pressure and stability model for a silty clay under repeated loading[J]. Geotechnique, 1985, 35 (2): 113-125.

Hyodo M, Hyde A F L, Aramaki N. Liquefaction of crushable soils[J]. Geotechnique, 1998, 48 (4): 527-543.

Hyodo M, Hyde A F L, Yamamoto Y, et al. Cyclic shear strength of undisturbed and remoulded marine clays[J]. Soils and Foundations, 1999, 39: 45-58.

Hyodo M, Yasuhara K, Ito H, et al. Field test and analysis for evaluating stresses in low embankment and base ground subjected to traffic load[J]. Tsuchi-to-Kiso, 1989, 37: 33-38.

Hyodo M, Yasuhara K, Hirao K. Prediction of clay behaviour in undrained and partially drained cyclic triaxial tests[J]. Soils and Foundations, 1992, 32: 117-127.

Hyodo M, Yamamoto Y, Sugiyama M. Undrained cyclic shear behaviour of normally consolidated clay subjected to initial static shear stress[J]. Soils and Foundations, 1994, 34 (4): 1-11.

Idriss I M, Dobry R, Singh R D. Nonlinear behavior of soft clays during cyclic loading[J]. Journal of the Geotechnical Engineering Division, 1978, 104 (12): 1427-1447.

Ishihara K, Towhata I. Sand response to cyclic rotation of principal stress directions as induced by wave loads[J]. Soils & Foundations, 1983, 23: 11-26.

Ishikawa T, Sekine E, Miura S. Cyclic deformation of granular material subjected to moving-wheel loads[J]. Canadian Geotechnical Journal, 2011, 48: 691-703.

Jiang M, Li L, Yang Q. Experimental investigation on deformation behavior of TJ-1 lunar soil simulant subjected to principal stress rotation[J]. Advances in Space Research, 2013, 52 (1): 136-146.

Jin H, Guo L. Effect of phase difference on the liquefaction behavior of sand in multidirectional simple shear tests[J]. Journal of Geotechnical and Geoenvironmental Engineering, 2021, 147 (12): 06021015.

Karg C, François S, Haegeman W, et al. Elasto-plastic long-term behavior of granular soils: modelling and experimental validation[J]. Soil Dynamics and Earthquake Engineering, 2010, 30: 635-646.

Khedr S. Deformation characteristics of granular base course in flexible pavements[J]. Transportation Research Record, 1985, 1043: 131-138.

Kim Y H, Hossain M S, Wang D. Effect of strain rate and strain softening on embedment depth of a torpedo anchor in clay[J]. Ocean Engineering, 2015, 108: 704-715.

Kim Y S. Static simple shear characteristics of Nak-Dong River clean sand[J]. KSCE Journal of Civil

Engineering, 2009, 13（6）: 389-401.

Kodaka T, Itabashi K, Fukuzawa H, et al. Cyclic shear strength of clay under simple shear condition[J]. Soil Dynamics and Earthquake Engineering, 2010: 234-239.

Kokusho T. Liquefaction potential evaluations: energy-based method versus stress-based method[J]. Canadian Geotechnical Journal, 2013, 50（10）: 1088-1099.

Kumar J, Madhusudhan B N. On determining the elastic modulus of a cylindrical sample subjected to flexural excitation in a resonant column apparatus[J]. Canadian Geotechnical Journal, 2010, 47（11）: 1288-1298.

Ladd C C, Varallyay J. The influence of stress system on the behavior of saturated clays during undrained shear[J]. Research Report No. R65-11, MIT, Cambridge, Mass, 1965.

Lade P V, Inel S. Rotational kinematic hardening model for sand[C]. Numerical Models in Geomechanics: NUMOG VI, 1997: 9-14.

Lade P V, Kirkgard M M. Effects of stress rotation and changes of b-values on cross-anisotropic behavior of natural, K_0-consolidated soft clay[J]. Soils and Foundations, 2000, 40（6）: 93-105.

Lade P V, Nam J, Hong W P. Interpretation of strains in torsion shear tests[J]. Computers and Geotechnics, 2009, 36（1-2）: 211-225.

Larew H G, Leonards G A. A repeated load strength criterion[C]. Proceedings of Highway Research Board, 1962, 41: 529-556.

Lashkari A, Latifi M. A non-coaxial constitutive model for sand deformation under rotation of principal stress axes[J]. International Journal for Numerical and Analytical Methods in Geomechanics, 2008, 32: 1051-1086.

Law K T, Cao Y L, He G N. An energy approach for assessing seismic liquefaction potential[J]. Canadian Geotechnical Journal, 1990, 27（3）: 320-329.

Lekarp F, Isacsson U, Dawson A. State of the art. I: resilient response of unbound aggregates[J]. Journal of Transportation Engineering, ASCE, 2000, 126（1）: 66-75.

Leong E C, Yeo S H, Rahardjo H. Measuring shear wave velocity using bender elements[J]. Geotechnical Testing Journal, 2005, 28（5）: 488-498.

Li C, Wang J H, Shi M L. Experimental study on cyclic mechanics characteristic of saturated soft clay strata[J]. Transactions of Tianjin University, 2006, 12（2）: 137-141.

Li D, Selig E T. Cumulative plastic deformation for fine-grained subgrade soils[J]. Journal of Geotechnical Engineering, 1996, 122（12）: 1006-1013.

Li L L, Dan H B, Wang L Z. Undrained behavior of natural marine clay under cyclic loading[J]. Ocean Engineering, 2011, 38（16）: 1792-1805.

Li T, Meissner H. Two-surface plasticity model for cyclic undrained behavior of clays[J]. Journal of Geotechnical and Geoenvironmental Engineering, 2002, 128（7）: 613-626.

Li Y, Yang Y, Yu H S, et al. Correlations between the stress paths of a monotonic test and a cyclic test under the same initial conditions[J]. Soil Dynamics and Earthquake Engineering，2017，101：153-156.

Lin H. Three-dimensional static and dynamic behavior of kaolin clay with controlled microfabric using combined axial-torsional testing[D]. Knoxville：The University of Tennessee，2003.

Lin H，Penumadu D. Experimental investigation on principal stress rotation in Kaolin clay[J]. Journal of Geotechnical and Geoenvironmental Engineering，2005，131（5）：633-642.

Malek A M，Azzouz A S，Baligh M M，et al. Behavior of foundation clays supporting compliant offshore structures[J]. Journal of Geotechnical Engineering，1989，115（5）：615-636.

Matasovic N，Vucetic M. A pore pressure model for cyclic straining of clay[J]. Soils and Foundations，1992，32（3）：156-173.

Matasović N，Vucetic M. Generalized cyclic-degradation-pore-pressure generation model for clays[J]. Journal of Geotechnical Engineering，1995，121（1）：33-42.

Matsuda H，Hendrawan A P，Ishikura R，et al. Effective stress change and post-earthquake settlement properties of granular materials subjected to multi-directional cyclic simple shear[J]. Soils and Foundations，2011，51（5）：873-884.

Matsui T，Ohara H，Ito T. Cyclic stress-strain history and shear characteristics of clay[J]. Journal of the Geotechnical Engineering Division，1980，106（10）：1101-1120.

Mao X，Fahey M. Behaviour of calcareous soils in undrained cyclic simple shear[J]. Géotechnique，2003，53：715-727.

Miura K，Miura S，Toki S. Deformation behavior of anisotropic dense sand under principal stress axes rotation[J]. Soils and Foundations，1986，26（1）：36-52.

Monismith C L，Ogawa N，Freeme C R. Permanent deformation characteristics of subsoil due to repeated loading[J]. Transportation Research Record Journal of the Transportation Research Board，1975（537）：1-17.

Moses G G，Rao S N，Rao P N. Undrained strength behaviour of a cemented marine clay under monotonic and cyclic loading[J]. Ocean Engineering，2003，30：1765-1789.

Mroz Z，Pietruszczak S. A constitutive model for sand with anisotropic hardening rule[J]. International Journal for Numerical and Analytical Methods in Geomechanics，1983，7（3）：305-320.

Nakai T，Hinokio M. A simple elastoplastic model for normally and over consolidated soils with unified material parameters[J]. Soils and Foundations，2004，44（2）：53-70.

Nakata Y，Hyodo M，Murata H. Non-coaxiality of sand subjected to principal stress rotation[C]. Proceedings of the Conference on Deformation and Progressive Failure in Geomechanics，1997：265-270.

Nataatmadja A，Parkin A K. Characterization of granular materials for pavements[J]. Canadian Geotechnical Journal，1989，26（4）：725-730.

Niemunis A，Krieg S. Viscous behaviour of soil under oedometric conditions[J]. Canadian

Geotechnical Journal，1996，33（1）：159-168.

Nikitas G，Vimalan N J，Bhattacharya S. An innovative cyclic loading device to study long term performance of offshore wind turbines[J]. Soil Dynamics and Earthquake Engineering，2016，82：154-160.

Nishimura S，Jardine R J，Minh N A. Shear strength anisotropy of natural London Clay[J]. Géotechnique，2007，57：49-62.

Ohara S，Matsuda H. Study on the settlement of saturated clay layer induced by cyclic shear[J]. Soils and Foundations，1988，28（3）：103-113.

Pan K，Yang Z X. Evaluation of the liquefaction potential of sand under random loading conditions: equivalent approach versus energy-based method[J]. Journal of Earthquake Engineering，2020，24（1）：59-83.

Paul M，Sahu R B，Banerjee G. Undrained pore pressure prediction in clayey soil under cyclic loading[J]. International Journal of Geomechanics，2015，15（5）：04014082.

Paute J L，Hornych P，Benaben J P. Repeated load triaxial testing of granular materials in the French Network of Laboratories des Ponts et Chaussées[C]. Flexible Pavements. Proceedings of The European Symposium Euroflex 1993 Held In Lisbon，Portugal，20-22 September 1993. 1996.

Perzyna P. Fundamental problems in viscoplasticity[J]. Advances in Applied Mechanics，1966，9：243-377.

Polito C P，Green R A，Lee J. Pore pressure generation models for sands and silty soils subjected to cyclic loading[J]. Journal of Geotechnical and Geoenvironmental Engineering，2008，134（10）：1490-1500.

Porcino D，Caridi G，Ghionna V N. Undrained monotonic and cyclic simple shear behaviour of carbonate sand[J]. Géotechnique，2008，58（8）：635-644.

Powrie W，Yang L A，Clayton，C R I. Stress changes in the ground below ballasted railway track during train passage[C]. Proceedings of Institution of Mechanical Engineering，Part F：Journal of Rail and Rapid Transit March 1，2007，221（2）：247-262.

Qian J G，Wang Y G，Yin Z Y，et al. Experimental identification of plastic shakedown behavior of saturated clay subjected to traffic loading with principal stress rotation[J]. Engineering Geology，2016，214：29-42.

Revil-Baudard B. Numerical investigation into the dynamic behavior of sands[J]. Mechanics Research Communications，2021，114：103664.

Rondón H A，Wichtmann T，Triantafyllidis T，et al. Comparison of cyclic triaxial behavior of unbound granular material under constant and variable confining pressure[J]. Journal of Transportation Engineering，2009，135（7）：467-478.

Roscoe K H，Burland J B. On the generalized stress-strain behaviour of wet clay[J]. Engineering Plasticity，1968：535-609.

Roscoe K H, Schofield A N, Thurairajah A. Yielding of clays in states wetter than critical[J]. Geotechnique, 1963, 13 (3): 211-240.

Rudolph C, Bienen B, Grabe J. Effect of variation of the loading direction on the displacement accumulation of large-diameter piles under cyclic lateral loading in sand[J]. Canadian Geotechnical Journal, 2014, 51 (10): 1196-1206.

Saada A S, Ou C D. Stress-strain relations and failure of anisotropic clays[J]. Journal of Soil Mechanics and Foundations Division, ASCE, 1973, 99 (SM12): 1091-1111.

Saada A S, Bianchini G F. Strength of one dimensionally consolidated clays[J]. Journal of the Geotechnical and Engineering Division, ASCE, 1975, 101 (GT11): 1151-1164.

Saada A S, Townsend F C. State-of-the-art: laboratory strength testing of soils[J]. ASTM, Philadelphia, Pennsylvania, 1981: 7-77.

Sakai A, Samang L, Miura N. Partially-drained cyclic behavior and its application to the settlement of a low embankment road on silty-clay[J]. Soils and Foundations, 2003, 43 (1): 33-46.

Sangrey D A, Castro G, Poulos S J, et al. Cyclic loading of sands, silts and clays[C]. From Volume I of Earthquake Engineering and Soil Dynamics-Proceedings of the ASCE Geotechnical Engineering Division Specialty Conference, June 19-21, 1978, Pasadena, California. Sponsored by Geotechnical Engineering Division of ASCE in cooperation with, 1978.

Seed H B. Stabilization of potentially liquefiable sand deposits using gravel drains[J]. Journal of the Geotechnical Engineering Division, 1977, 103 (7): 62-69.

Seed H B, Martin P P, Lysmer J. The Generation and Dissipation of Pore Water Pressures During soil Liquefaction[M]. Los Angeles: University of California, 1975.

Shi Z, Hambleton J P, Buscarnera G. Bounding surface elasto-viscoplasticity: a general constitutive framework for rate-dependent geomaterials[J]. Journal of Engineering Mechanics, 2019, 145 (3): 04019002.

Simonsen E, Isacsson U. Soil behavior during freezing and thawing using variable and constant confining pressure triaxial tests[J]. Canadian Geotechnical Journal, 2001, 38 (4): 863-875.

Sivathayalan S, Vaid Y P. Influence of generalized initial state and principal stress rotation on the undrained response of sands[J]. Canadian Geotechnical Journal, 2002, 39 (1): 63-76.

Sweere G T H. Unbound Granular Bases for Roads [M]. Delft: Delft University of Technology, 1990.

Su D, Li X S. Impact of multidirectional shaking on liquefaction potential of level sand deposits[J]. Géotechnique, 2008, 58 (4): 259-267.

Su D. Resistance of short, stiff piles to multidirectional lateral loadings[J]. Geotechnical Testing Journal, 2012, 35 (2): 313-329.

Sun L, Gu C, Wang P. Effects of cyclic confining pressure on the deformation characteristics of natural soft clay[J]. Soil Dynamics and Earthquake Engineering, 2015, 78: 99-109.

Tang L S, Chen H K, Sang H T, et al. Determination of traffic-load-influenced depths in clayey subsoil based on the shakedown concept[J]. Soil Dynamics and Earthquake Engineering，2015，77：182-191.

Tang Y Q，Cui Z D，Zhang X，et al. Dynamic response and pore pressure model of the saturated soft clay around the tunnel under vibration loading of Shanghai subway[J]. Engineering Geology，2008，98（3-4）：126-132.

Tao M，Shen Y，Wang X，et al. Ability analysis of HCA to imitate stress path of soil caused by train load [J]. Rock and Soil Mechanics，2013，34：3166-3172.

Thian S Y，Lee C Y. Cyclic stress-controlled tests on offshore clay[J]. Journal of Rock Mechanics and Geotechnical Engineering，2017，9（2）：376-381.

Tong Z X，Zhang J M，Yu Y L，et al. Drained deformation behavior of anisotropic sands during cyclic rotation of principal stress axes[J]. Journal of Geotechnical and Geoenvironmental Engineering，2010，136（11）：1509-1518.

Valanis K C. A theory of viscoplasticity without a yield surface，part I—general theory[J]. Archives of Mechanics，1971，23：517-533.

Vaid Y，Sayao A，Hou E，et al. Generalized stress-path-dependent soil behaviour with a new hollow cylinder torsional apparatus[J]. Canadian Geotechnical Journal，1990，27：601-616.

Vucetic M. Cyclic threshold shear strains in soils[J]. Journal of Geotechnical Engineering，1994，120（12）：2208-2228.

Vucetic M，Dobry R. Degradation of marine clays under cyclic loading[J]. Journal of Geotechnical Engineering，1988，114（2）：133-149.

Vucetic M. Normalized behavior of offshore clay under uniform cyclic loading[J]. Canadian Geotechnical Journal，1988，25（1）：33-41.

Wang J，Guo L，Cai Y，et al. Strain and pore pressure development on soft marine clay in triaxial tests with a large number of cycles[J]. Ocean Engineering，2013，74：125-132.

Wang J，Wu L，Cai Y，et al. Monotonic and cyclic characteristics of K_0-consolidated saturated soft clay under a stress path involving a variable confining pressure[J]. Acta Geotechnica，2021，16（4）：1161-1174.

Wang Y，Gao Y，Cai Y，et al. Effect of initial state and intermediate principal stress on noncoaxiality of soft clay-involved cyclic principal stress rotation[J]. International Journal of Geomechanics，2018，18：04018081.

Werkmeister S，Dawson A R，Wellner F. Permanent deformation behaviour of granular materials[J]. Road Materials and Pavement Design，2005，6：31-51.

Wichtmann T，Niemunis A，Triantafyllidis T. On the influence of the polarization and the shape of the strain loop on strain accumulation in sand under high-cyclic loading[J]. Soil Dynamics and Earthquake Engineering，2007，27（1）：14-28.

Wichtmann T，Triantafyllidis T. Influence of a cyclic and dynamic loading history on dynamic properties of dry sand, part I: cyclic and dynamic torsional prestraining[J]. Soil Dynamics and Earthquake Engineering, 2004, 24 (2): 127-147.

Wichtmann T, Andersen K H, Sjursen M A, et al. Cyclic tests on high-quality undisturbed block samples of soft marine Norwegian clay[J]. Canadian Geotechnical Journal, 2013, 50 (4): 400-412.

Xiao J, Juang C H, Wei K, et al. Effects of principal stress rotation on the cumulative deformation of normally consolidated soft clay under subway traffic loading[J]. Journal of Geotechnical and Geoenvironmental Engineering, 2013, 140 (4): 0001069.

Xiong H, Guo L, Cai Y, et al. Experimental study of drained anisotropy of granular soils involving rotation of principal stress direction[J]. European Journal of Environmental and Civil Engineering, 2016, 20 (4): 431-454.

Yang Z X, Li X S, Yang J. Undrained anisotropy and rotational shear in granular soil[J]. Géotechnique, 2007, 57 (4): 371-384.

Yang Z X, Pan K. Energy-based approach to quantify cyclic resistance and pore pressure generation in anisotropically consolidated sand[J]. Journal of Materials in Civil Engineering, 2018, 30 (9): 04018203.

Yasuhara K, Hirao K, Hyde A F L. Effects of cyclic loading on undrained strength and compressibility of clay[J]. Soils and Foundations, 1992, 32 (1): 100-116.

Yasuhara K, Murakami S, Song B W, et al. Postcyclic degradation of strength and stiffness for low plasticity silt[J]. Journal of Geotechnical and Geoenvironmental Engineering, 2003, 129 (8): 756-769.

Yasuhara K, Yamanouchi T, Hirao K. Cyclic strength and deformation of normally consolidated clay[J]. Soils and Foundations, 1982, 22 (3): 77-91.

Yan Z, Wang Y Z, Yang Z X, et al. A strength degradation model of saturated soft clay and its application in caisson breakwater[J]. Journal of Zhejiang University-Science A, 2018, 19 (8): 650-662.

Yıldırım H, Erşan H. Settlements under consecutive series of cyclic loading[J]. Soil Dynamics and Earthquake Engineering, 2007, 27 (6): 577-585.

Yin Z Y, Karstunen M, Chang C S, et al. Modeling time-dependent behavior of soft sensitive clay[J]. Journal of Geotechnical and Geoenvironmental Engineering, 2011, 137: 1103-1113.

Youn J U, Choo Y W, Kim D S. Measurement of small-strain shear modulus G_{max} of dry and saturated sands by bender element, resonant column, and torsional shear tests[J]. Canadian Geotechnical Journal, 2008, 45 (10): 1426-1438.

Zaman M, Chen D, Laguros J. Resilient moduli of granular materials[J]. Journal of Transportation Engineering, ASCE, 1994, 120 (6): 967-988.

Zeng L L, Gao Y F, Hong Z S. Quantitative shear strength-consolidation stress-void ratio interrelations for reconstituted clays[J]. Géotechnique，2021，71（10）：843-852.

Zergoun M，Vaid Y. Effective stress response of clay to undrained cyclic loading[J]. Canadian Geotechnical Journal，1994，31：714-727.

Zhou J，Gong X N. Strain degradation of saturated clay under cyclic loading[J]. Canadian Geotechnical Journal，2001，38（1）：208-212.

Zhou J，Yan J，Liu Z，et al. Undrained anisotropy and non-coaxial behavior of clayey soil under principal stress rotation[J]. Journal of Zhejiang University Science A，2014，15（4）：241-254.

Zhou Y，Chen Y. Influence of seismic cyclic loading history on small strain shear modulus of saturated sands[J]. Soil Dynamics and Earthquake Engineering，2005，25（5）：341-353.